洪錦魁簡介

一位跨越電腦作業系統與科技時代的電腦專家，著作等身的作家。

❑ DOS 時代他的代表作品是 IBM PC 組合語言、C、C++、Pascal、資料結構。

❑ Windows 時代他的代表作品是 Windows Programming 使用 C、Visual Basic。

❑ Internet 時代他的代表作品是網頁設計使用 HTML。

❑ 大數據時代他的代表作品是 R 語言邁向 Big Data 之路。

❑ 人工智慧時代他的代表作品是機器學習 + 數學、微積分 + Python 實作

作品曾被翻譯為簡體中文、馬來西亞文，英文，近年來作品則是在北京清華大學和台灣深智同步發行：

1：C、Java、Python 最強入門邁向頂尖高手之路王者歸來

2：OpenCV 影像創意邁向 AI 視覺王者歸來

3：Python 網路爬蟲：大數據擷取、清洗、儲存與分析王者歸來

4：演算法最強彩色圖鑑 + Python 程式實作王者歸來

5：網頁設計 HTML+CSS+JavaScript+jQuery+Bootstrap+Google Maps 王者歸來

6：機器學習彩色圖解 + 基礎數學、基礎微積分 + Python 實作王者歸來

7：R 語言邁向 Big Data 之路王者歸來、matplotlib 從 2D 到 3D 資料視覺化

8：Excel 完整學習、Excel 函數庫、Excel VBA 應用王者歸來

9：Python 操作 Excel 最強入門邁向辦公室自動化之路王者歸來

10：Power BI 最強入門－大數據視覺化 + 智慧決策 + 雲端分享王者歸來

洪錦魁先生著作最大的特色是，所有程式語法或是功能解說會依特性分類，同時以實用範例做解說，讓整本書淺顯易懂，讀者可以由他的著作事半功倍輕鬆掌握相關知識。2022 年上半年博客來電腦暢銷書排行榜，前 50 名有 9 本是洪錦魁先生的著作。

序

Python 視窗 GUI 設計
活用 tkinter 之路
王者歸來
第 4 版序

2020 年 2 月筆者出版了市面上第一本 Python GUI 設計使用 tkinter 第 3 版的中文圖書，很快該書就已經銷售超過 5000 本，本書基本上是該書籍的新版，在這個版本除了修訂文字的錯誤，另外增加 GUI 專題實作，讓整個 GUI 的設計實例更加完善，讀者可以獲得更好的參考。

在 Python 應用程式內有內附 tkinter 模組，這個模組主要是設計使用者圖形介面 (GUI, Graphical User Interface)，可以用它設計跨平台的視窗應用程式，程式設計師可以使用此模組的控件 (Widget) 設計圖形介面讓使用者可以和電腦做溝通。tkinter 模組簡單好用，但是目前卻沒有一本書籍將這個模組做一個完整的功能介紹，這也是筆者決定撰寫本書的動力。

本書基本上不對 Python 語法做介紹，所以讀者需有 Python 知識才適合閱讀本書，如果讀者未有 Python 觀念，建議讀者可以先閱讀筆者所著下列書籍，相信必可以建立完整的 Python 知識。

本書以約 312 個程式實例講解下列知識：

❏ Python tkinter Widget 解說
❏ Python tkinter.ttk Widget 解說

- ❏ Widget 共通屬性
- ❏ Widget 共通方法
- ❏ 變數類別 Variable Classes
- ❏ 事件與綁定 Events and Binds
- ❏ 計算器 (Calculator) 設計
- ❏ 文書編輯程式 (Editor) 設計
- ❏ 動畫遊戲設計
- ❏ 謝爾賓斯基三角形、遞迴樹、科赫雪花等碎形 (Fractal) 設計
- ❏ 走馬燈設計
- ❏ 模擬海龜繪圖
- ❏ 球類競賽
- ❏ 風扇設計
- ❏ 單個或多個反彈球設計
- ❏ 鐘擺與旋轉鐘擺設計
- ❏ 建立長條圖與動態排序
- ❏ mp3 音樂播放器
- ❏ 視窗介面的 Youtube 影音下載

寫過許多的電腦書，本書沿襲筆者著作的特色，程式實例豐富，相信讀者只要遵循本書內容必定可以在最短時間精通視窗程式設計，編著本書雖力求完美，但是學經歷不足，謬誤難免，尚祈讀者不吝指正。

洪錦魁 2022-10-20
jiinkwei@me.com

圖書資源說明

本書籍的所有程式實例可以在深智公司網站 deepmind.com.tw 下載。

臉書粉絲團

歡迎加入：王者歸來電腦專業圖書系列

歡迎加入：iCoding 程式語言讀書會 (Python, Java, C, C++, C#, JavaScript, 大數據，人工智慧等不限)，讀者可以不定期獲得本書籍和作者相關訊息。

歡迎加入：穩健精實 AI 技術手作坊

目錄

第三章　視窗控件配置管理員

第四章　功能鈕 Button

第九章　與數字有關的 Widget

第十章　Message 與 Messagebox

第十三章　OptionMenu 與 Combobox

第十四章　容器 PanedWindow 和 Notebook

第十五章　進度條 Progressbar

第十六章　功能表 Menu 和工具列 Toolbars

第十七章　文字區域 Text

第二十章　GUI 專題實作

附錄 A　RGB 色彩表

附錄 B　函數或方法索引表

第一章

基本觀念

1-1 認識 GUI 和 tkinter

　　GUI 英文全名是 Graphical User Interface，中文可以翻譯為**圖形使用者介面**。早期人與電腦之間的溝通是文字形式的溝通，例如：早期的 DOS 作業系統、Windows 的命令提示視窗、Linux 系統，… 等。本書主要是說明如何設計圖形使用者介面 (GUI)，讓使用者可以與電腦做溝通，本書將介紹使用 Python 內附的 tkinter 模組設計這方面的程式。

　　Tk 是一個**開放原始碼** (open source) 的圖形介面的開發工具，原先是 Tcl(Tool Command Language) 語言的 GUI 函數庫，最初發展是從 1991 年開始，具有跨平台的特性，可以在 Linux、Windows、Mac OS … 等作業系統上執行，這個 Tk 工具提供許多圖形介面，例如：標籤 (Label)、功能表 (Menu)、按鈕 (Button) … 等。目前這個 Tk 工具已經移植到 Python 語言，屬於 Python 語言內建的模組，在 Python 2 版本模組名稱是 Tkinter，在 Python 3 版本模組稱 tkinter 模組。

　　在安裝 Python 時，就已經同時安裝此模組了，在使用前只需宣告導入此模組即可，如下所示：

```
from tkinter import *
```

　　未來我們就可以使用此模組的工具設計多樣化的 GUI 程式了。軟體版本變化的很快，在正式進入 Python 的 tkinter 模組前筆者先教讀者瞭解自己的 tkinter 版本。

程式實例 ch1_0.py：列出 tkinter 版本。

```
1  # ch1_0.py
2  import tkinter
3
4  print(tkinter.TkVersion)
```

執行結果

```
=============== RESTART: D:/PythonGUI/ch1_0.py ===============
8.6
>>>
```

1-2 建立視窗

可以使用下列方法建立視窗。

```
root = Tk()          # root 是自行定義的 Tk 物件名稱,也可以取其它名稱
root.mainloop()      # 放在程式最後一行
```

通常我們將使用 Tk( ) 方法建立的視窗稱**根視窗** (root window),未來可以在此根視窗建立許多**控件** (widget),甚至也可以在此根視窗建立上層視窗,此例筆者用 root 當做物件名稱,你也可以自行取其它名稱。上述 mainloop( ) 方法可以讓程式繼續執行,同時進入等待與處理視窗事件,若是按視窗右上方的**關閉**鈕,此程式才會結束。

程式實例 ch1_1.py:建立空白視窗,視窗預設名稱是 tk。

```
1   # ch1_1.py
2   from tkinter import *
3
4   root = Tk()
5   root.mainloop()
```

執行結果 下方右圖是更改視窗大小的結果。

在上述左邊視窗大小是預設大小,當視窗產生時,我們可以拖曳移動視窗或更改視窗大小。

註 在 GUI 程式設計中,有時候我們也將上述所建立的視窗 (window) 稱容器 (container)。

1-3 視窗屬性的設定

下列是與視窗相關的方法:

方法	說明
title( )	可以設定視窗的標題
geometry("widthxheight+x+y")	設定視窗寬 width 與高 height，單位是像素 pixel，和設定視窗位置。
maxsize(width,height)	拖曳時可以設定視窗最大的寬 (width) 與高 (height)
minsize(width,height)	拖曳時可以設定視窗最小的寬 (width) 與高 (height)
configure(bg="color")	設定視窗的背景顏色
resizable(True,True)	可設定可否更改視窗大小，第一個參數是寬，第二個參數是高，如果要固定視窗寬與高，可以使用 resizeable(0,0)
state("zoomed")	最大化視窗
iconify( )	最小化視窗
iconbitmap("xx.ico")	更改預設視窗圖示

程式實例 ch1_2.py：建立視窗標題 MyWindow，同時設定寬是 300，高是 160。

```
1   # ch1_2.py
2   from tkinter import *
3
4   root = Tk()
5   root.title("MyWindow")        # 視窗標題
6   root.geometry("300x160")      # 視窗大小
7   root.configure(bg='yellow')  # 視窗背景顏色
8   root.mainloop()
```

上述第 7 行筆者使用 bg 設定了視窗背景顏色，有關顏色相關名稱可以參考附錄 A。除了可以使用直接設定色彩名稱方式外，也可以使用 16 進位方式設定色彩 RGB，R(Red) 紅、G(Green) 綠、B(Blue) 藍，其中每個色彩使用 2 個 16 進位數字表示，其實也可以從附錄 A 的色彩表看到 RGB 數值所代表的顏色。

程式實例 ch1_3.py：使用 mystar.ico 更改系統預設的圖示，同時這個程式也使用了另一種更改背景顏色的方法。

```
1  # ch1_3.py
2  from tkinter import *
3
4  root = Tk()
5  root.configure(bg='#00ff00')     # 視窗背景顏色
6  root.iconbitmap("mystar.ico")    # 更改圖示
7  root.mainloop()
```

執行結果 新的視窗圖示 ——>

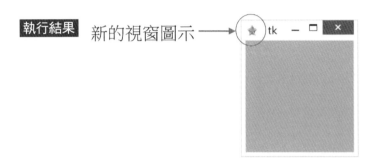

1-4 視窗位置的設定

geometry( ) 方法除了可以設定視窗的大小，也可以設定視窗的位置，此時它的語法格式如下：

geometry(widthxheight+x+y)

上述 widthxheight 已說明是視窗的寬和高，其中用 x 分隔。"+x" 如果第一個符號是 "+" 號則 x 是視窗左邊距離螢幕左邊的距離，如果是 "-x" 是 "-" 號則 x 是視窗右邊距離螢幕右邊的距離。"+y" 如果第一個符號是 "+"號則 y 是視窗上邊距離螢幕上邊的距離，如果是 "-y" 是 "-" 號則 y 是視窗下邊距離螢幕下邊的距離。

程式實例 ch1_4.py：建立一個 300x160 的視窗，此視窗左上角座標分別是 (400,200)。

```
1  # ch1_4.py
2  from tkinter import *
3
4  root = Tk()
5  root.geometry("300x160+400+200")        # 距離螢幕左上角(400,200)
6  root.mainloop()
```

執行結果

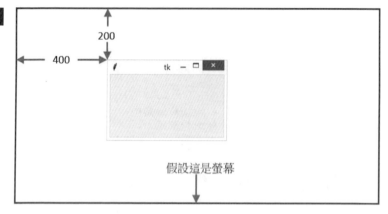

假設這是螢幕

Python 是一個可以很靈活使用的程式語言,可參考下列實例。

程式實例 ch1_5.py:重新設計呼叫 geometry( ) 方法,讀者未來可以自行判斷使用那一種方式建立視窗與設定視窗位置。

```
1   # ch1_5.py
2   from tkinter import *
3
4   root = Tk()
5   w = 300        # 視窗寬
6   h = 160        # 視窗高
7   x = 400        # 視窗左上角x軸位置
8   y = 200        # 視窗左上角Y軸位置
9   root.geometry("%dx%d+%d+%d" % (w,h,x,y))
10  root.mainloop()
```

執行結果 與 ch1_4.py 相同。

在 tkinter 模組可以使用下列方法獲得螢幕的寬度和高度。

winfo_screenwidth( )　　　　　　　　# 螢幕寬度

winfo_screenheight( )　　　　　　　　# 螢幕高度

程式實例 ch1_6.py:設計視窗同時將此視窗放在螢幕中央。

```
1   # ch1_6.py
2   from tkinter import *
3
4   root = Tk()
5   screenWidth = root.winfo_screenwidth()       # 螢幕寬度
6   screenHeight = root.winfo_screenheight()      # 螢幕高度
7   w = 300                                       # 視窗寬
```

```
 8    h = 160                                 # 視窗高
 9    x = (screenWidth - w) / 2               # 視窗左上角x軸位
10    y = (screenHeight - h ) / 2             # 視窗左上角Y軸位
11    root.geometry("%dx%d+%d+%d" % (w,h,x,y))
12    root.mainloop()
```

執行結果 讀者可以在螢幕中央看到此視窗。

1-5 認識 tkinter 的 Widget

1-5-1　tkinter 的 Widget

　　Widget 我們可以翻譯為**控件**或**元件**或**部件**。視窗建立完成後，下一步是在視窗內建立控件，我們將這些**控件**統稱 Widget。

- ❏ Button(按鈕)：可參考第 4 章。
- ❏ Canvas(畫布)：可參考第 19 章。
- ❏ Checkbutton(選項鈕)：可參考 7-2 節。
- ❏ Entry(文字方塊)：可參考第 5 章。
- ❏ Frame(框架)：可參考 8-1 節。
- ❏ Label(標籤)：可參考第 2 章。
- ❏ LabelFrame(標籤框架)：可參考 8-2 節。
- ❏ Listbox(表單)：可參考第 12 章。
- ❏ Menu(功能表)：可參考第 16 章。
- ❏ MenuButton(選單按鈕)：這是過時的控件，已經被 Menu( ) 取代。
- ❏ Message(訊息)：可參考 10-1 節。
- ❏ OptionMenu(下拉式表單)：可參考第 13-1 節。
- ❏ PanedWindow(面板)：可參考第 14-1 節。
- ❏ RadioButton(選項鈕)：可參考 7-2 節。
- ❏ Scale(捲軸值控制)：可參考 9-1 節。
- ❏ Scrollbar(捲軸)：可參考 12-8 節。

❑ Spinbox(可微調輸入控件)：可參考 9-2 節。

❑ Text(文字區域)：可參考第 17 章。

❑ TopLevel(上層視窗)：可參考 8-3 節。

　　下一章起筆者會一個一個介紹上述控件，另外在各章節中會穿插介紹控件配置管理員 (Layout Manager)、圖像 (Image)、事件 (Event)。最後筆者要讀者了解的是，在 tkinter 中所有的 Widget 其實是物件導向的**類別** (class)，我們就是透過呼叫**建構方法** (constructor) 達到建立相關 Widget 控件的目的。

1-5-2　加強版的 tkinter 模組

　　tkinter 在後來也推出了加強版的模組，稱 tkinter.ttk 有時簡稱 ttk，這個模組有 17 個 Widget，下列是原本 tkinter 有的：

❑ Button

❑ Checkbutton

❑ Entry

❑ Frame

❑ Label

❑ Labelframe

❑ Menubutton

❑ Radiobutton

❑ Scale

❑ Scrollbar

❑ Panedwindow

　　下列是 ttk 模組新增的 Widget:

❑ Combobox：可參考第 13-2 節。

❑ Notebook：可參考第 14-2 節。

❑ Progressbar：可參考第 15 章。

❑ Separator：可參考 2-16 節。

❑ Sizegrip：可以拖曳最上層視窗右下方的夾點更改最上層視窗的大小。

❑ Treeview：可參考第 18 章。

導入上述模組方式可以使用下列方式：

```
from tkinter import ttk
```

如果使用下列方式導入 ttk，可以覆蓋原先 tkinter 的控件，可參考程式實例 ch17_7.py 和 ch17_7_1.py。

```
from tkinter import *
from tkinter.ttk import *
```

使用 ttk 可以有更好的外觀，而且可以跨平台使用，不過並沒有 100% 相容。例如：有關 fg、bg 參數或一些相關外觀的參數 tk 和 ttk 是不相同。ttk 使用的是 ttk.Style 類別。

1-6 Widget 的共通屬性

設計**控件**時會看到下列共通屬性：

Dimensions：大小，相關應用可參考 2-3 節。

Colors：顏色，相關應用可參考 2-2 節。

Fonts：字型，相關應用可參考 2-6 節。

Anchor：錨 (位置參考點)，相關應用可參考 2-4 節。

Relief styles：屬性邊框，相關應用可參考 2-10 節。

Bitmaps：顯示位元圖，相關應用可參考 2-8 節。

Cursors：滑鼠外形，相關應用可參考 2-14 節。

本書第二章起，會分別說明與實作上述所有觀念。

1-7 Widget 的共通方法

設計控件時會看到下列共通方法：

Configuration

- config(option=value)：Widget 屬性可以在建立時設定，也可以在程式執行時使用 config( ) 重新設定，相關應用可參考 2-13 節。
- cget("option")：取得 option 參數值，相關應用可參考 2-13 節。
- keys( )：可以用此獲得所有該 Widget 的參數，可參考 2-15 節。

Event Processing

- mainloop( )：讓程式繼續執行，同時進入等待與處理視窗事件，相關應用可參考 1-2 節。
- quit( )：Python Shell 視窗結束，但是所建視窗繼續執行，相關應用可參考 5-3 節。
- update( )：更新視窗畫面，相關應用可參考 15-2 節。

Event callbacks

- bind(event,callback)：事件綁定，相關應用可參考 11-2 節。
- unbind(event)：解除綁定，相關應用可參考 11-3 節。

Alarm handlers

- after(time,callback)：間隔指定時間後呼叫 callback( ) 方法，相關應用可參考 2-13 節。

第二章

標籤 Label

2-1 標籤 Label 的基本應用

　　Label( ) 方法可以用在視窗內建立**文字**或**影像標籤**，有關影像標籤將在 2-8 節、2-9 節與 2-12 節討論，它的建構方法語法如下：

　　Label(父物件 ,options, …)

　　Label( ) 方法的第一個參數是**父物件**，表示這個標籤將建立在那一個父物件 (可想成父視窗或稱容器) 內。下列是 Label( ) 方法內其它常用的 options 參數：

- ❑ anchor：如果空間大於所需時，控制標籤的位置，預設是 CENTER(置中)，也可設 LEFT/RIGHT(靠左 / 靠右)。
- ❑ bg 或 background：背景色彩。
- ❑ bitmap：使用預設位元圖示當作標籤內容。
- ❑ borderwidth 或 bd：標籤邊界寬度，預設是 1。
- ❑ compound：可以設定標籤內含圖像和文字時，彼此位置關係。
- ❑ cursor：當滑鼠游標在標籤上方時的外形。
- ❑ fg 或 foreground：字型色彩。
- ❑ font：可選擇字型、字型樣式與大小。
- ❑ height：標籤高度，**單位是字元**。
- ❑ image：標籤以影像方式呈現。
- ❑ justify：在多行文件時最後一行的對齊方式 LEFT/CENTER/RIGHT(靠左 / **置中** / 靠右)，預設是**置中**對齊。
- ❑ padx/pady：標籤文字與標籤區間的間距，單位是**像素**。
- ❑ relief：預設是 relief=FLAT，可由此控制標籤的外框。
- ❑ text：標籤內容，如果有 "\n" 則可創造多行文字。
- ❑ textvariable：可以設定標籤以變數方式顯示。
- ❑ underline：可以設定第幾個文字有含底線，從 0 開始算起，預設是 -1 表示不含底線。

❑ width：標籤寬度，單位是字元。

❑ wraplength：本文多少寬度後換行，單位是字元。

　　我們在設計程式時，也可以將上述參數設定稱**屬性**設定。

程式實例 ch2_1.py：建立一個標籤，內容是 I like tkinter，同時在 Python Shell 視窗列出 label 的資料型態。

```
1   # ch2_1.py
2   from tkinter import *
3
4   root = Tk()
5   root.title("ch2_1")
6   label=Label(root,text="I like tkinter")
7   label.pack()          # 包裝與定位元件
8   print(type(label))    # 傳回Label物件
9
10  root.mainloop()
```

執行結果 下方右圖是滑鼠拖曳增加視窗寬度的結果，可以看到完整視窗標題。

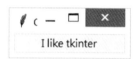 

　　上述左邊視窗大小是預設大小，很明顯視窗高度會比沒有**控件**時更小，因為 tkinter 只會安排足夠的空間顯示控件。上述第 7 行的 pack( ) 方法主要是**包裝視窗的 Widget 控件和定位視窗的物件**，所以我們可以在執行結果的視窗內見到上述 Widget 控件，此例 Widget 控件是標籤，下一章筆者將針對 pack 相關知識做完整說明。另外我們在 Python Shell 視窗可以看到下列列出 label 資料型態的結果是 tkinter.Label 資料型態。

```
==================== RESTART: D:/PythonGUI/ch2/ch2_1.py ====================
<class 'tkinter.Label'>
```

　　上述觀念很重要，因為未來如果設計複雜的 GUI 程式，我們需要隨時使用 Widget 控件的物件做更進一步的操作，此時需要使用此物件。

　　在網路上或是未來看到他人設計的 GUI 程式，對上述第 6 行和第 7 行，常看到可以組合成一行，可參考下列程式實例。

程式實例 ch2_2.py：使用 Label( ).pack( ) 方式重新設計 ch2_1.py。

```
1  # ch2_2.py
2  from tkinter import *
3
4  root = Tk()
5  root.title("ch2_2")
6  label=Label(root,text="I like tkinter").pack()
7  print(type(label))  # 傳回Label物件
8
9  root.mainloop()
```

執行結果 GUI 視窗的結果與 ch2_1.py 相同。

但是這時 Python Shell 視窗所傳回的 label 資料型態如下：

```
==================== RESTART: D:\PythonGUI\ch2\ch2_2.py ====================
<class 'NoneType'>
>>>
```

很明顯不是 tkinter.Label 型態，如果這時我們需要用此物件進一步操作 Widget 控件時就會發生錯誤，這是讀者需要特別留意的。

上述程式第 6 行有 "label="，因為它的資料型態已經不對了，也可以省略此設定，可參考程式實例 ch2_2_1.py 第 6 行。

```
6  Label(root,text="I like tkinter").pack()
```

至於未來程式設計，筆者建議將物件宣告與包裝 pack 方法分開，或是當真正不會使用此物件做更進一步操作時才使用這種宣告與包裝一起方式，未來比較不容易錯誤。

2-2 Widget 共通屬性 - Color 顏色

fg 或 foreground：可以設定前景色彩，在此相當於是標籤的顏色。bg 或 background 可以設定背景色彩。設定方式在 1-3 節已經有用實例說明 bg 的用法，fg 用法觀念相同，下列將直接以實例解說。

程式實例 ch2_3.py：擴充 ch2_2.py，設定文字前景顏色是藍色，背景顏色是黃色。

```
1   # ch2_3.py
2   from tkinter import *
3
4   root = Tk()
5   root.title("ch2_3")
6   label=Label(root,text="I like tkinter",
7               fg="blue",bg="yellow")
8   label.pack()
9
10  root.mainloop()
```

執行結果

2-3 Widget 的共通屬性 – Dimensions 大小

　　height 可以設定 Widget 控件 (此例是**標籤**) 的高度單位是**字元高度**，width 可以設定 Widget 控件 (此例是**標籤**) 的寬度單位是**字元寬度**。

程式實例 ch2_4.py：擴充 ch2_3.py，標籤寬度是 15，高度是 3，背景是淺黃色，前景是藍色。

```
1   # ch2_4.py
2   from tkinter import *
3
4   root = Tk()
5   root.title("ch2_4")
6   label=Label(root,text="I like tkinter",
7               fg="blue",bg="yellow",
8               height=3,width=15)
9   label.pack()
10
11  root.mainloop()
```

執行結果

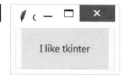

2-4 Widget 的共通屬性 – 錨 Anchor

所謂的錨 Anchor 其實是指標籤文字在標籤區域輸出位置的設定，在預設情況 Widget 控件是上下與左右置中對齊，可以參考 ch2_4.py 的執行結果，我們可以使用 anchor 選項設定 Widget 控件的對齊，它的觀念如下圖：

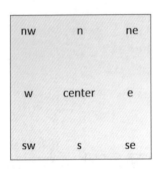

程式實例 ch2_5.py：使用 anchor 選項重新設計 ch2_4.py，讓字串從標籤區間左上角位置開始輸出。

```
1  # ch2_5.py
2  from tkinter import *
3
4  root = Tk()
5  root.title("ch2_5")
6  label=Label(root,text="I like tkinter",
7              fg="blue",bg="yellow",
8              height=3,width=15,
9              anchor="nw")
10 label.pack()
11
12 root.mainloop()
```

執行結果

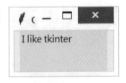

程式實例 ch2_6.py：重新設計 ch2_5.py，讓字串在標籤右下方空間輸出。

```
1  # ch2_6.py
2  from tkinter import *
3
4  root = Tk()
5  root.title("ch2_6")
```

```
 6  label=Label(root,text="I like tkinter",
 7              fg="blue",bg="yellow",
 8              height=3,width=15,
 9              anchor="nw")
10  label.pack()
11
12  root.mainloop()
```

執行結果

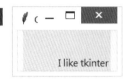

> **註**　anchor 的參數設定也可以使用內建**大寫常數**，例如：nw 使用 **NW**、n 使用 **N**、ne 使用 **NE**、w 使用 **W**、center 使用 **CENTER**、e 使用 **E**、sw 使用 **SW**、s 使用 **S**、se 使用 **SE**。當程式使用大寫常數時，可以省略字串的雙引號。

程式實例 ch2_6_1.py：使用大寫常數重新設計 ch2_6.py。

```
 9              anchor=SE)
```

執行結果 與 ch2_6.py 相同。

2-5 Label 文字輸出換行位置 wraplength

這個參數可以設定標籤文字在多少寬度後自動換行。

程式實例 ch2_7.py：重新設計 ch2_5.py，讓 40 像素後自動換行。

```
 1  # ch2_7.py
 2  from tkinter import *
 3
 4  root = Tk()
 5  root.title("ch2_7")
 6  label=Label(root,text="I like tkinter",
 7              fg="blue",bg="yellow",
 8              height=3,width=15,
 9              anchor="nw",
10              wraplength = 40)
11  label.pack()
12
13  root.mainloop()
```

執行結果　

2-6 Widget 的共通屬性 – 字型 Font

我們可以使用 font 參數，這個參數內含下列內容：

❑ 字型 family：Helvetica、Times、…，讀者可以進入 Word 內參考所有系統字型。

❑ 字型大小 size：單位是像素。

❑ weight：例如 bold、normal。

❑ slant：例如 italic、roman，如果不是 italic 則是 roman。

❑ underline：例如 True、False。

❑ overstrike：例如 True、False。

程式實例 ch2_8.py：重新設計 ch2_4.py，使用 Helvetica 字型，大小是 20，粗體顯示。

```
1   # ch2_8.py
2   from tkinter import *
3
4   root = Tk()
5   root.title("ch2_8")
6   label=Label(root,text="I like tkinter",
7               fg="blue",bg="yellow",
8               height=3,width=15,
9               font="Helvetica 20 bold")
10  label.pack()
11
12  root.mainloop()
```

執行結果　

在上述可以看到標籤區域相較 ch2_4.py 放大了，這是因為程式第 8 行 height 和 width 皆是和字型大小連動。另外，我們也可以用元組 (tuple) 方式處理第 9 行的 font 參數。

程式實例 ch2_8_1.py：使用元組 (tuple) 重新處理 ch2_8.py 第 9 行的 font 參數。

```
9                font=("Helvetica",20,"bold"))
```

執行結果 與 ch2_8.py 相同。

2-7 Label 的 justify 參數

在標籤的輸出中，如果是多行的輸出，在最後一行輸出時可以使用 justify 參數設定所輸出的標籤內容是 left/center/right(靠左 / 置中 / 靠右)，**預設是置中輸出**。

程式實例 ch2_9.py：使用預設方式執行多行輸出，並觀察最後一行是置中對齊輸出。

```
1  # ch2_9.py
2  from tkinter import *
3
4  root = Tk()
5  root.title("ch2_9")
6  label=Label(root,text="abcdefghijklmnopqrstuvwy",
7              fg="blue",bg="lightyellow",
8              wraplength=80)
9  label.pack()
10
11 root.mainloop()
```

執行結果 可參考下方左圖。

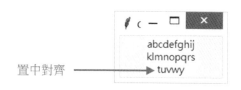

置中對齊

靠左對齊

程式實例 ch2_10.py：執行多行輸出，並設定最後一行是靠左對齊輸出。

```
1   # ch2_10.py
2   from tkinter import *
3
4   root = Tk()
5   root.title("ch2_10")
6   label=Label(root,text="abcdefghijklmnopqrstuvwy",
7                   fg="blue",bg="lightyellow",
8                   wraplength=80,
9                   justify="left")
10  label.pack()
11
12  root.mainloop()
```

執行結果 可參考上方右圖。

程式實例 ch2_11.py：更改第 9 行設定，獲得強制置中輸出，可參考下方左圖。

```
9                   justify="center")
```

程式實例 ch2_12.py：更改第 9 行設定，獲得靠右輸出，可參考上方右圖。

```
9                   justify="right")
```

2-8 Widget 的共通屬性 Bitmaps

tkinter 也提供功能讓我們可以在**標籤**位置放置內建的位元圖 (bitmap)，下列是在各作業系統平台街可以使用的位元圖。

error	hourglass	info	questhead	question
warning	gray12	gray25	gray50	gray75

下列是上述位元圖**由左到右、由上到下**依序的圖例。

程式實例 ch2_13.py：在標籤位置顯示 hourglass 位元圖。

```
1  # ch2_13.py
2  from tkinter import *
3
4  root = Tk()
5  root.title("ch2_13")
6  label=Label(root,bitmap="hourglass")
7  label.pack()
8
9  root.mainloop()
```

執行結果

2-9 compound 參數

圖像與文字共存時，可以使用此參數定義文字與圖像的關係。compound 參數可以是下列值：

left：圖像在左

right：圖像在右

top：圖像在上

bottom：圖像在下

center：文字覆蓋圖像上方

程式實例 ch2_14.py：圖像與文字共存時，圖像在左邊。

```
1   # ch2_14.py
2   from tkinter import *
3
4   root = Tk()
5   root.title("ch2_14")
6   label=Label(root,bitmap="hourglass",
7               compound="left",text="我的天空")
8   label.pack()
9
10  root.mainloop()
```

執行結果

程式實例 ch2_15.py：圖像與文字共存時，圖像在上邊。

```
1   # ch2_15.py
2   from tkinter import *
3
4   root = Tk()
5   root.title("ch2_15")
6   label=Label(root,bitmap="hourglass",
7               compound="top",text="我的天空")
8   label.pack()
9
10  root.mainloop()
```

執行結果

程式實例 ch2_16.py：圖像與文字共存時，文字覆蓋圖像上方。

```
1   # ch2_16.py
2   from tkinter import *
3
4   root = Tk()
5   root.title("ch2_16")
6   label=Label(root,bitmap="hourglass",
7               compound="center",text="我的天空")
8   label.pack()
9
10  root.mainloop()
```

執行結果

2-10 Widget 的共通屬性 Relief style

這個 relief 屬性也可以應用在許多 Widget 控件上，我們可以利用這個 relief 屬性建立 Widget 控件的邊框。

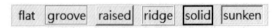

上述標籤名稱也就是 relief 屬性值的效果圖。

程式實例 ch2_17.py：建立 raised 屬性的標籤。

```
 1  # ch2_17.py
 2  from tkinter import *
 3
 4  root = Tk()
 5  root.title("ch2_17")
 6
 7  label=Label(root,text="raised",relief="raised")
 8  label.pack()
 9
10  root.mainloop()
```

執行結果

2-11 標籤文字與標籤區間的間距 padx/pady

在設計標籤或未來其它 Widget 控件時，若是不設定 Widget 的大小，系統將使用最適空間為此 Widget 的大小，在 2-3 節筆者有介紹建立 Widget 大小的方式。其實我們也可以透過設定標籤文字與標籤區間的間距，達到更改標籤區間的目的。padx 可以設定標籤文字左右邊界與標籤區間的 x 軸間距，pady 可以設定標籤文字上下邊界與標籤區間的 y 軸間距。

程式實例 ch2_18.py：重新設計 ch2_17.py，為了讓讀者更清楚了解 padx/pady 的意義，這個程式將標籤的背景設為淺黃色，然後將標籤文字與標籤區間的左右間距設為 5，標籤文字與標籤區間的上下間距設為 10。

```
 1  # ch2_18.py
 2  from tkinter import *
 3
 4  root = Tk()
 5  root.title("ch2_18")
 6
 7  label=Label(root,text="raised",relief="raised",
 8              bg="lightyellow",
 9              padx=5,pady=10)
10  label.pack()
11
12  root.mainloop()
```

執行結果

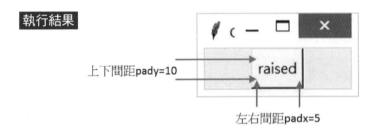

上下間距pady=10

左右間距padx=5

2-12 影像 PhotoImage

　　圖片功能可以應用在許多地方，例如：標籤、功能鈕、選項鈕、文字區域 … 等。在使用前可以用 PhotoImage( ) 方法建立此影像物件，然後再將此物件適度應用在其它視窗元件。它的語法如下：

　　imageobj = PhotoImage(file="xxx.gif")　　　　 # 副檔名 gif，傳回影像物件

　　需留意 PhotoImage( ) 方法早期只支援 gif 檔案格式，不接受常用的 jpg 或 png 格式的圖檔，筆者發現目前已可以支援 png 檔案了。為了單純建議可以將 gif 檔案放在程式所在資料夾。

　　未來可以在 Label( ) 方法內使用 "image=imageobj" 參數設定此影像物件即可。

程式實例 ch2_19.py：視窗顯示 html.gif 圖檔的基本應用。

```
1   # ch2_19.py
2   from tkinter import *
3
4   root = Tk()
5   root.title("ch2_19")
6
7   html_gif = PhotoImage(file="html.gif")
8   label=Label(root,image=html_gif)
9   label.pack()
10
11  root.mainloop()
```

執行結果

　　如果想要在標籤內顯示 jpg 圖檔，需藉助 PIL 模組的 Image 和 ImageTk 模組，請先導入 Pillow 模組，如下所示：

pip install pillow

　　注意在程式設計中需導入的是 PIL 模組，主要原因是要向舊版 Python Image Library 相容，如下所示：

from PIL import Image, ImageTk

程式實例 ch2_19_1.py：在標籤內顯示 yellowstone.jpg 檔案。

```
1  # ch2_19_1.py
2  from tkinter import *
3  from PIL import Image, ImageTk
4
5  root = Tk()
6  root.title("ch2_19_1")
7  root.geometry("680x400")
8
9  image = Image.open("yellowstone.jpg")
10 yellowstone = ImageTk.PhotoImage(image)
11 label = Label(root,image=yellowstone)
12 label.pack()
13
14 root.mainloop()
```

執行結果

我們可以參考 2-9 節觀念使用 compound 參數將影像與文字標籤共用。

程式實例 ch2_20.py：視窗內同時有文字標籤和影像標籤的應用。

```
1   # ch2_20.py
2   from tkinter import *
3
4   root = Tk()
5   root.title("ch2_20")
6   sseText = """SSE全名是Silicon Stone Education,這家公司在美國,
7   這是國際專業證照公司,產品多元與豐富."""
8   sse_gif = PhotoImage(file="sse.gif")
9   label=Label(root,text=sseText,image=sse_gif,bg="lightyellow",
10              compound="left")
11  label.pack()
12
13  root.mainloop()
```

執行結果

由上圖執行結果可以看到文字標籤第 2 行輸出時，是預設置中對齊。我們可以在
Label( ) 方法內增加 justify=LEFT 參數，讓第 2 行資料可以靠左輸出。

程式實例 ch2_21.py：重新設計 ch2_20.py，讓文字標籤的第 2 行資料靠左輸出，主要是第 10 行增加 justify="left" 參數，另外，這個程式讓圖像在文字標籤左邊。

```
1   # ch2_21.py
2   from tkinter import *
3
4   root = Tk()
5   root.title("ch2_21")
6   sseText = """SSE全名是Silicon Stone Education,這家公司在美國,
7   這是國際專業證照公司,產品多元與豐富."""
8   sse_gif = PhotoImage(file="sse.gif")
9   label=Label(root,text=sseText,image=sse_gif,bg="lightyellow",
10              justify="left",compound="right")
11  label.pack()
12
13  root.mainloop()
```

執行結果

靠左輸出

最後要提醒的是 bitmap 參數和 image 參數不能共存，如果發生了這個狀況，bitmap 參數將沒有作用。

程式實例 ch2_22.py：圖像與文字共存，文字覆蓋圖像上方。

```
1   # ch2_22.py
2   from tkinter import *
3
4   root = Tk()
5   root.title("ch2_22")
6   sseText = """SSE全名是Silicon Stone Education,這家公司在美國,
7   這是國際專業證照公司,產品多元與豐富."""
8   sse_gif = PhotoImage(file="sse.gif")
9   label=Label(root,text=sseText,image=sse_gif,bg="lightyellow",
10              compound="center")
11  label.pack()
12
13  root.mainloop()
```

執行結果

2-13 Widget 的共通方法 config( )

　　Widget 控件在建立時可以直接設定物件屬性，若是部分屬性未建立，未來在程式執行時如果想要建立或是更改屬性可以使用 config( ) 方法，至於此方法內屬性設定的參數用法與建立時相同。

程式實例 ch2_23.py：計數器的設計，這個程式會每秒更動一次計數器內容。

```
1   # ch2_23.py
2   from tkinter import *
3
4   counter = 0                              # 計數的全域變數
5   def run_counter(digit):                  # 數字變數內容的更動
6       def counting():                      # 更動數字方法
7           global counter
8           counter += 1                     # 定義這是全域變數
9           digit.config(text=str(counter))  # 列出標籤數字內容
10          digit.after(1000,counting)       # 隔一秒後呼叫counting
11      counting()                           # 啟動呼叫
12
13  root = Tk()
14  root.title("ch2_23")
15  digit=Label(root,bg="yellow",fg="blue",  # 黃底藍字
16          height=3,width=10,               # 寬10高3
17          font="Helvetic 20 bold")         # 字型設定
18  digit.pack()
19  run_counter(digit)                       # 呼叫數字更動方法
20
21  root.mainloop()
```

自動更動數字

上述程式第 5-11 行是方法內有方法的設計，第 10 行 after( ) 方法，第一個參數 1000 表示隔 1 秒會呼叫第 2 個參數指定的方法，此例是 counting( ) 方法。

2-14　Widget 的共通屬性 Cursors

Cursors 是滑鼠外形，程式設計時如果想要更改滑鼠外形，例如：我們可以設計滑鼠游標在**標籤** (Label) 或**按鈕** (Button) 時的外形，可以使用本功能。不過讀者需留意，滑鼠外形可能會因為作業系統不同而有所差異。下列是滑鼠外形與名稱表。

在一些 Widget 控件的參數中有 cursor 參數，可以由此設定滑鼠在此控件時的外形，如果省略，系統將沿用滑鼠游標在父容器的外形。

程式實例 ch2_24.py：當滑鼠游標經過 raised 標籤時，外型將變為 "heart"，這個程式的重點是第 10 行。

```
1  # ch2_24.py
2  from tkinter import *
3
4  root = Tk()
5  root.title("ch2_24")
```

```
 6
 7   label=Label(root,text="raised",relief="raised",
 8               bg="lightyellow",
 9               padx=5,pady=10,
10               cursor="heart")        # 滑鼠外形
11   label.pack()
12
13   root.mainloop()
```

執行結果

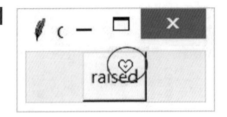

2-15 Widget 的共通方法 keys( )

在 2-1 節筆者介紹下列 Label( ) 語法：

Label(父物件 ,options, ⋯)

同時說明 options 的所有參數 (options)，其實 Widget 有一個共通方法 keys( ) 可以用串列 (list) 傳回這個 Widget 所有的參數。

程式實例 ch2_25.py：傳回所有標籤 Label( ) 方法的參數 (options)。

```
 1   # ch2_25.py
 2   from tkinter import *
 3
 4   root = Tk()
 5   root.title("ch2_25")
 6   label=Label(root,text="I like tkinter")
 7   label.pack()            # 包裝與定位元件
 8   print(label.keys())
 9
10   root.mainloop()
```

執行結果　

此程式重點是在 Python Shell 視窗可以列出所有 Label 的參數。

```
==================== RESTART: D:/PythonGUI/ch2/ch2_25.py ====================
['activebackground', 'activeforeground', 'anchor', 'background', 'bd', 'bg', 'bi
tmap', 'borderwidth', 'compound', 'cursor', 'disabledforeground', 'fg', 'font',
'foreground', 'height', 'highlightbackground', 'highlightcolor', 'highlightthick
ness', 'image', 'justify', 'padx', 'pady', 'relief', 'state', 'takefocus', 'text
', 'textvariable', 'underline', 'width', 'wraplength']
>>>
```

2-16　分隔線 Separator

設計 GUI 程式時，有時適度的在適當位置增加分隔線可以讓整體視覺效果更佳。在 tkinter.ttk 內有 Separator 模組，我們可以用此模組完成此工作，它的建構方法語法如下：

Separator(父物件 ,options)

Label( ) 方法的第一個參數是父物件，表示這個標籤將建立在那一個父物件內，options 參數如果是 HORIZONTAL 是建立水平分隔線，VERTICAL 則是建立垂直分隔線。

程式實例 ch2_26.py：在標籤間建立分隔線。

```
1   # ch2_26.py
2   from tkinter import *
3   from tkinter.ttk import Separator
4
5   root = Tk()
6   root.title("ch2_26")
7
8   myTitle = "一個人的極境旅行"
9   myContent = """2016年12月,我一個人訂了機票和船票,
10  開始我的南極旅行,飛機經杜拜再往阿根廷的烏斯懷雅,
11  在此我登上郵輪開始我的南極之旅"""
12
13  lab1 = Label(root,text=myTitle,
14              font="Helvetic 20 bold")
15  lab1.pack(padx=10,pady=10)
16
17  sep = Separator(root,orient=HORIZONTAL)
18  sep.pack(fill=X,padx=5)
19
20  lab2 = Label(root,text=myContent)
21  lab2.pack(padx=10,pady=10)
22
23  root.mainloop()
```

執行結果

上述程式第 18 行 pack(fill=X,padx=5)，表示此分隔線填滿 X 軸，它與視窗邊界左右皆是 5 像素，更多完整的 pack( ) 說明將在 3-2 節。

第三章

視窗控件配置管理員

　　前一章筆者講解了一個視窗含一個 Widget 控件，一個實用的程式一定是一個視窗含多個 Widget 控件，這時就會牽涉應如何將這些 Widget 控件配置到容器或稱視窗內。這也是本章的主題。由於目前我們所學的 Widget 控件只有標籤 (Label)，所以筆者將以此作為實例解說，未來章節介紹更多 Widget 控件後，我們會有更多實務的應用。

3-1　視窗控件配置管理員 Widget Layout Manager

　　在設計 GUI 程式時，可以使用 3 種方法包裝和定位各元件在容器或稱視窗內的位置，這 3 個方法又稱視窗控件配置管理員 (Widget Layout Manager)。

- ❏ pack 方法：將在 3-2 節解說。
- ❏ grid 方法：將在 3-3 節解說。
- ❏ place 方法：將在 3-4 節解說。

3-2　pack 方法

　　雖然我們稱 pack 方法，其實在 tkinter 內這是一個類別。這是最常使用的控件配置管理方法，它是使用相對位置的觀念處理 Widget 控件配置，至於控件正確位置是由 pack 方法自動完成。pack 方法的語法格式如下：

　　pack(options, …)

　　options 參數可以是 side、fill、padx/pady、ipadx/ipady、anchor 下面將分成各小節一一說明。

3-2-1　side 參數

　　side 參數可以垂直或水平配置控件，在正式更進一步解說前我們先看下列程式實例。

程式實例 ch3_1.py：一個視窗含 3 個標籤的應用，在前 2 章筆者在程式第 4 行建立 tk 物件時是用 root 當物件名稱，這物件名稱可以自行命名，此章筆者故意使用 window 當物件名稱以便讀者體會。

```
1   # ch3_1.py
2   from tkinter import *
3
4   window = Tk()
5   window.title("ch3_1")              # 視窗標題
6   lab1 = Label(window,text="明志科技大學",
7               bg="lightyellow")      # 標籤背景是淺黃色
8   lab2 = Label(window,text="長庚大學",
9               bg="lightgreen")       # 標籤背景是淺綠色
10  lab3 = Label(window,text="長庚科技大學",
11              bg="lightblue")        # 標籤背景是淺藍色
12  lab1.pack()                        # 包裝與定位元件
13  lab2.pack()                        # 包裝與定位元件
14  lab3.pack()                        # 包裝與定位元件
15
16  window.mainloop()
```

執行結果

由上圖可以看到當視窗有多個元件時，使用 pack 可以讓元件由上往下排列然後顯示，其實這也是系統的預設環境。使用 pack 方法時，也可以增加 side 參數設定元件的排列方式，此參數的值如下：

TOP：這是預設，由上往下排列。

BOTTOM：由下往上排列。

LEFT：由左往右排列。

RIGHT：由右往左排列。

程式實例 ch3_2.py：在 pack 方法內增加 "side=BOTTOM" 重新設計 ch3_1.py，另外本實例將標籤的寬度改為 15。

```
1   # ch3_2.py
2   from tkinter import *
3
4   window = Tk()
5   window.title("ch3_2")              # 視窗標題
6   lab1 = Label(window,text="明志科技大學",
7               bg="lightyellow",      # 標籤背景是淺黃色
8               width=15)              # 標籤寬度是15
9   lab2 = Label(window,text="長庚大學",
10              bg="lightgreen",       # 標籤背景是淺綠色
```

```
11                     width=15)            # 標籤寬度是15
12  lab3 = Label(window,text="長庚科技大學",
13                 bg="lightblue",          # 標籤背景是淺藍色
14                 width=15)                # 標籤寬度是15
15  lab1.pack(side=BOTTOM)                  # 包裝與定位元件
16  lab2.pack(side=BOTTOM)                  # 包裝與定位元件
17  lab3.pack(side=BOTTOM)                  # 包裝與定位元件
18
19  window.mainloop()
```

執行結果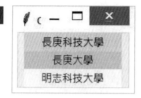

程式實例 ch3_3.py：在 pack 方法內增加 "side=LEFT" 重新設計 ch3_2.py。

```
1   # ch3_3.py
2   from tkinter import *
3
4   window = Tk()
5   window.title("ch3_3")                   # 視窗標題
6   lab1 = Label(window,text="明志科技大學",
7                 bg="lightyellow",         # 標籤背景是淺黃色
8                 width=15)                 # 標籤寬度是15
9   lab2 = Label(window,text="長庚大學",
10                bg="lightgreen",          # 標籤背景是淺綠色
11                width=15)                 # 標籤寬度是15
12  lab3 = Label(window,text="長庚科技大學",
13                bg="lightblue",           # 標籤背景是淺藍色
14                width=15)                 # 標籤寬度是15
15  lab1.pack(side=LEFT)                    # 包裝與定位元件
16  lab2.pack(side=LEFT)                    # 包裝與定位元件
17  lab3.pack(side=LEFT)                    # 包裝與定位元件
18
19  window.mainloop()
```

執行結果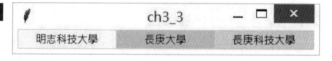

程式實例 ch3_4.py：重新設計 ch3_3.py，混合使用 side 參數。

```
1   # ch3_4.py
2   from tkinter import *
3
4   window = Tk()
```

```
5  window.title("ch3_4")                # 視窗標題
6  lab1 = Label(window,text="明志科技大學",
7                bg="lightyellow",       # 標籤背景是淺黃色
8                width=15)               # 標籤寬度是15
9  lab2 = Label(window,text="長庚大學",
10               bg="lightgreen",        # 標籤背景是淺綠色
11               width=15)               # 標籤寬度是15
12 lab3 = Label(window,text="長庚科技大學",
13               bg="lightblue",         # 標籤背景是淺藍色
14               width=15)               # 標籤寬度是15
15 lab1.pack()                           # 包裝與定位元件
16 lab2.pack(side=RIGHT)                 # 靠右包裝與定位元件
17 lab3.pack(side=LEFT)                  # 靠左包裝與定位元件
18
19 window.mainloop()
```

執行結果

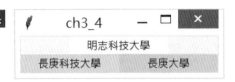

在 2-10 節筆者介紹了 Widget 的共通屬性 Relief style，這裡筆者將用我們已有的知識，將所有屬性內容列出來。

程式實例 ch3_5.py：列出所有 Relief style 屬性。

```
1  # ch3_5.py
2  from tkinter import *
3
4  Reliefs = ["flat","groove","raised","ridge","solid","sunken"]
5
6  root = Tk()
7  root.title("ch3_5")
8
9  for Relief in Reliefs:
10     Label(root,text=Relief,relief=Relief,
11           fg="blue",
12           font="Times 20 bold").pack(side=LEFT,padx=5)
13
14 root.mainloop()
```

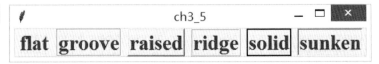

程式實例 ch3_5_1.py：列出所有 bitmaps 位元圖。

```
1  # ch3_5_1.py
2  from tkinter import *
3
4  bitMaps = ["error","hourglass","info","questhead","question",
5             "warning","gray12","gray25","gray50","gray75"]
6
7  root = Tk()
8  root.title("ch3_5_1")
9
10 for bitMap in bitMaps:
11     Label(root,bitmap=bitMap).pack(side=LEFT,padx=5)
12
13 root.mainloop()
```

執行結果
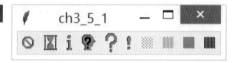

3-2-2　padx/pady 參數

　　另外，使用 pack 方法時，可以使用 padx/pady 參數設定**控件邊界與容器**（可想成視窗邊界）的距離或是**控件邊界間的距離**，在預設環境下視窗控件間的距離是 1 像素，如果期待有適度間距，可以增加參數 **padx/pady**，代表**水平間距 / 垂直間距**，可以分別在元件間增加間距。

程式實例 ch3_6.py：重新設計 ch3_5.py，在長庚大學標籤上下增加 10 像素間距。

```
1  # ch3_6.py
2  from tkinter import *
3
4  window = Tk()
5  window.title("ch3_6")                 # 視窗標題
6  lab1 = Label(window,text="明志科技大學",
7               bg="lightyellow")        # 標籤背景是淺黃色
8  lab2 = Label(window,text="長庚大學",
9               bg="lightgreen")         # 標籤背景是淺綠色
10 lab3 = Label(window,text="長庚科技大學",
11              bg="lightblue")          # 標籤背景是淺藍色
12 lab1.pack(fill=X)                     # 填滿X軸包裝與定位元件
13 lab2.pack(pady=10)                    # y軸增加10像素
14 lab3.pack(fill=X)                     # 填滿X軸包裝與定位元件
15
16 window.mainloop()
```

執行結果

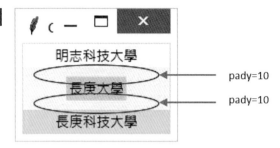

對上述程式而言,如果我們在明志科技大學標籤 pack 內增加 pady=10,此時明志科技大學標籤邊界與上邊容器邊界間距是 10,但是它與長庚大學間的間距由與彼此影響所以將是 20。

程式實例 ch3_7.py:重新設計 ch3_6.py,在明志科技大學標籤 pack 內增加 pady=10。

```
1  # ch3_7.py
2  from tkinter import *
3
4  window = Tk()
5  window.title("ch3_7")                  # 視窗標題
6  lab1 = Label(window,text="明志科技大學",
7             bg="lightyellow")           # 標籤背景是淺黃色
8  lab2 = Label(window,text="長庚大學",
9             bg="lightgreen")            # 標籤背景是淺綠色
10 lab3 = Label(window,text="長庚科技大學",
11             bg="lightblue")            # 標籤背景是淺藍色
12 lab1.pack(fill=X,pady=10)              # 填滿X軸,Y軸增加10像素
13 lab2.pack(pady=10)                     # Y軸增加10像素
14 lab3.pack(fill=X)                      # 填滿X軸包裝與定位元件
15
16 window.mainloop()
```

執行結果

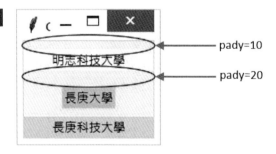

程式實例 ch3_8.py：設計 3 個標籤，標籤寬度是 15 字元寬，標籤的左右邊界與容器邊界是 50 像素。

```
1   # ch3_8.py
2   from tkinter import *
3
4   window = Tk()
5   window.title("ch3_8")               # 視窗標題
6   lab1 = Label(window,text="明志科技大學",
7                bg="lightyellow",       # 標籤背景是淺黃色
8                width=15)              # 標籤寬度是15
9   lab2 = Label(window,text="長庚大學",
10               bg="lightgreen",        # 標籤背景是淺綠色
11               width=15)              # 標籤寬度是15
12  lab3 = Label(window,text="長庚科技大學",
13               bg="lightblue",         # 標籤背景是淺藍色
14               width=15)              # 標籤寬度是15
15  lab1.pack(padx=50)                  # 左右邊界間距是50像素
16  lab2.pack(padx=50)                  # 左右邊界間距是50像素
17  lab3.pack(padx=50)                  # 左右邊界間距是50像素
18
19  window.mainloop()
```

執行結果

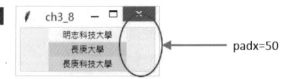

程式實例 ch3_9.py：重新設計 ch3_3.py，在長庚大學標籤左右增加 10 像素間距。

```
1   # ch3_9.py
2   from tkinter import *
3
4   window = Tk()
5   window.title("ch3_9")               # 視窗標題
6   lab1 = Label(window,text="明志科技大學",
7                bg="lightyellow",       # 標籤背景是淺黃色
8                width=15)              # 標籤寬度是15
9   lab2 = Label(window,text="長庚大學",
10               bg="lightgreen",        # 標籤背景是淺綠色
11               width=15)              # 標籤寬度是15
12  lab3 = Label(window,text="長庚科技大學",
13               bg="lightblue",         # 標籤背景是淺藍色
14               width=15)              # 標籤寬度是15
15  lab1.pack(side=LEFT)                # 包裝與定位元件
16  lab2.pack(side=LEFT,padx=10)        # 左右間距padx=10
17  lab3.pack(side=LEFT)                # 包裝與定位元件
18
19  window.mainloop()
```

3-2-3 ipadx/ipady 參數

ipadx 參數可以控制標籤文字與標籤容器的 x 軸間距，ipady 參數可以控制標籤文字與標籤容器的 y 軸間距。

程式實例 ch3_10.py：重新設計 ch3_1.py，讓長庚大學的 x 軸間距是 10。

```
1   # ch3_10.py
2   from tkinter import *
3
4   window = Tk()
5   window.title("ch3_10")                    # 視窗標題
6   lab1 = Label(window,text="明志科技大學",
7               bg="lightyellow")            # 標籤背景是淺黃色
8   lab2 = Label(window,text="長庚大學",
9               bg="lightgreen")             # 標籤背景是淺綠色
10  lab3 = Label(window,text="長庚科技大學",
11              bg="lightblue")              # 標籤背景是淺藍色
12  lab1.pack()                              # 包裝與定位元件
13  lab2.pack(ipadx=10)                      # ipadx=10包裝與定位元件
14  lab3.pack()                              # 包裝與定位元件
15
16  window.mainloop()
```

執行結果

程式實例 ch3_11.py：重新設計 ch3_10.py，讓長庚科技大學的 y 軸間距是 10。

```
1   # ch3_11.py
2   from tkinter import *
3
4   window = Tk()
5   window.title("ch3_11")                    # 視窗標題
6   lab1 = Label(window,text="明志科技大學",
7               bg="lightyellow")            # 標籤背景是淺黃色
8   lab2 = Label(window,text="長庚大學",
9               bg="lightgreen")             # 標籤背景是淺綠色
10  lab3 = Label(window,text="長庚科技大學",
```

```
11                    bg="lightblue")      # 標籤背景是淺藍色
12  lab1.pack()                            # 包裝與定位元件
13  lab2.pack(ipadx=10)                    # ipadx=10包裝與定位元件
14  lab3.pack(ipady=10)                    # ipady=10包裝與定位元件
15
16  window.mainloop()
```

執行結果

3-2-4 　anchor 參數

　　這個參數可以設定 Widget 控件在視窗的位置，它的觀念與 2-4 節類似，但是該節觀念是指控件內容在控件區域的位置設定 (實際的例子是指標籤文字在標籤區域的位置)。

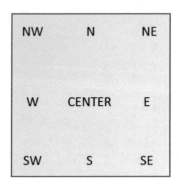

程式實例 ch3_12.py：在視窗右下方建立一個 OK 內容的標籤，其中標籤與視窗右邊和下方的間距是 10 像素。

```
1   # ch3_12.py
2   from tkinter import *
3
4   root = Tk()
5   root.title("ch3_12")
6   root.geometry("300x180")              # 設定視窗勘寬300高180
7   oklabel=Label(root,text="OK",         # 標籤內容是OK
8                 font="Times 20 bold",   # Times字型20粗體
9                 fg="white",bg="blue")   # 藍底白字
10  oklabel.pack(anchor=S,side=RIGHT,     # 從右開始在南方配置
```

```
11                    padx=10,pady=10)          # x和y軸間距皆是10
12
13  root.mainloop()
```

程式實例 ch3_13.py：擴充設計 ch3_12.py，增加設計一個紅底白字的 NO 標籤內容。

```
1   # ch3_13.py
2   from tkinter import *
3
4   root = Tk()
5   root.title("ch3_13")
6   root.geometry("300x180")              # 設定視窗勘寬300高180
7   oklabel=Label(root,text="OK",         # 標籤內容是OK
8               font="Times 20 bold",     # Times字型20粗體
9               fg="white",bg="blue")     # 藍底白字
10  oklabel.pack(anchor=S,side=RIGHT,     # 從右開始在南方配置
11              padx=10,pady=10)          # x和y軸間距皆是10
12  nolabel=Label(root,text="NO",         # 標籤內容是OK
13               font="Times 20 bold",    # Times字型20粗體
14               fg="white",bg="red")     # 紅底白字
15  nolabel.pack(anchor=S,side=RIGHT,     # 從右開始在南方配置
16              pady=10)                  # y軸間距皆是10
17
18  root.mainloop()
```

3-2-5　fill 參數

　　fill 參數主要功能是告訴 pack 管理程式，設定控件填滿所分配容器區間的方式，如果是 fill=X 表示控件可以填滿所分配空間的 X 軸不留白，如果是 fill=Y 表示控件可以填滿所分配空間的 Y 軸不留白，如果是 fill=BOTH 表示控件可以填滿所分配空間的 X 軸和 Y 軸。fill 預設是 NONE，表示保持原大小。

程式實例 ch3_14.py：重新設計 ch3_1.py，但是第一個和第三個標籤在 pack 方法內增加 fill=X 參數，此時可以看到第一個和第三個標籤填滿 X 軸空間。

```
1   # ch3_14.py
2   from tkinter import *
3
4   window = Tk()
5   window.title("ch3_14")                  # 視窗標題
6   lab1 = Label(window,text="明志科技大學",
7               bg="lightyellow")           # 標籤背景是淺黃色
8   lab2 = Label(window,text="長庚大學",
9               bg="lightgreen")            # 標籤背景是淺綠色
10  lab3 = Label(window,text="長庚科技大學",
11              bg="lightblue")             # 標籤背景是淺藍色
12  lab1.pack(fill=X)                       # 填滿X軸包裝與定位元件
13  lab2.pack()                             # 包裝與定位元件
14  lab3.pack(fill=X)                       # 填滿X軸包裝與定位元件
15
16  window.mainloop()
```

執行結果

　　如果所分配容器區間已經滿了，則使用此 fill 參數將不會有任何動作。坦白說在使用上仍有些小複雜，如果碰上要設計複雜的 Widget 控件佈局，建議可以使用 3-3 節所介紹的 grid 方法。

程式實例 ch3_15.py：驗證如果所分配容器區間已經滿了，則使用此 fill 參數將不會有任何動作。重新設計 ch3_14.py，但是第 13 行設定長庚大學 fill=Y。

```
13  lab2.pack(fill=Y)                       # 填滿Y軸包裝與定位元件
```

執行結果 與 ch3_14.py 相同。

由於長庚大學所分配的 Y 軸空間就是標籤高度，所以設定 fill=Y 後，不會有任何變化。

程式實例 ch3_16.py：重新設計 ch3_14.py 將明志科技大學標籤從左放置，長庚大學和長庚科技大學使用預設從上往下配置。

```
12   lab1.pack(side=LEFT)           # 從左配置控件
13   lab2.pack()                    # 預設從上開始配置控件
14   lab3.pack()                    # 預設從上開始配置控件
```

執行結果

上述明志科技大學標籤就是使用 fill=Y 的場合。

程式實例 ch3_17.py：重新設計 ch3_16.py，明志科技大學標籤從左放置同時使用 fill=Y，長庚大學標籤使用 fill=X。

```
12   lab1.pack(side=LEFT,fill=Y)    # 從左配置控件fill=Y
13   lab2.pack(fill=X)              # 預設從上開始配置控件fill=X
14   lab3.pack()                    # 預設從上開始配置控件
```

執行結果

從以上我們得到了一個完美的配置，但是如果我們拖曳增加視窗大小，可以看到下列結果。

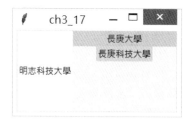

上述是因為我們沒有為長庚科技大學的 X 軸執行填滿。

程式實例 ch3_18.py：重新設計 ch3_17.py，擴展長庚科技大學的 X 軸。

```
12   lab1.pack(side=LEFT,fill=Y)          # 從左配置控件fill=Y
13   lab2.pack(fill=X)                     # 預設從上開始配置控件fill=X
14   lab3.pack(fill=X)                     # 預設從上開始配置控件fill=X
```

執行結果

如果這時我們拖曳增加視窗大小，可以看到下列結果。

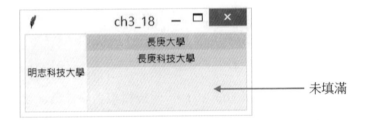

我們成功的填滿了長庚科技大學的 X 軸空間，但是這時也浮現了一個問題，長庚科技大學並沒有填滿 Y 軸空間。其實這就是使用 fill=BOTH 的場合。

程式實例 ch3_19.py：重新設計實例 ch3_18.py，使用 fill=BOTH 應用在長庚科技大學。

```
14   lab3.pack(fill=BOTH)                  # 預設從上開始配置控件fill=BOTH
```

執行結果

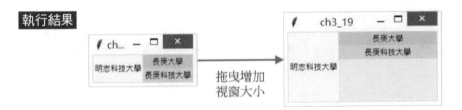

從上述我們發現 fill=BOTH 並沒有發揮功效，在擴充視窗大小時沒有擴充 Y 軸的空間。原因是當 Widget 控件從左到右配置時，pack 配置管理員所配置的空間是 Y 軸的空間。當 Widget 控件從上到下配置時，pack 配置管理員所配置的空間是 X 軸的空間。以上述實例而言，當擴充視窗大小時，長庚科技大學在 Y 軸的空間稱額外空間，這時需要借助下一小節的 expand 參數設定。

3-2-6 expand 參數

可設定 Widget 控件是否填滿**額外**的父容器空間，預設是 False(或是 0) 表示不填滿，如果是 True(或是 1) 表示填滿。

程式實例 ch3_20.py：在長庚科技大學的標籤中使用 expand=True 參數，並觀察執行結果。

```
14   lab3.pack(fill=BOTH,expand=True)     # fill=BOTH,expand=True
```

執行結果

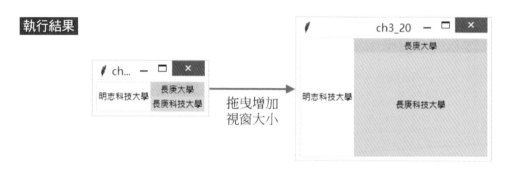

拖曳增加
視窗大小

閱讀至此，讀者應該了解 side、fill 與 expand 參數是互相影響的。

程式實例 ch3_21.py：從上到下配置標籤，expand 參數與 fill 參數的應用。

```
1   # ch3_21.py
2   from tkinter import *
3
4   root = Tk()
5   root.title("ch3_21")                # 視窗標題
6   root.geometry("300x200")
7
8   Label(root,text='Mississippi',bg='red',fg='white',
9        font='Times 24 bold').pack(fill=X)
10  Label(root,text='Kentucky',bg='green',fg='white',
11       font='Arial 24 bold italic').pack(fill=BOTH,expand=True)
12  Label(root,text='Purdue',bg='blue',fg='white',
13       font='Times 24 bold').pack(fill=X)
14
15  root.mainloop()
```

執行結果

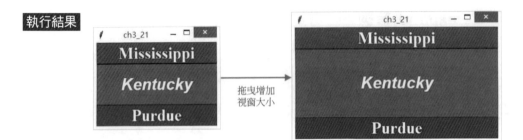

程式實例 ch3_22.py：從左到右配置標籤，expand 參數與 fill 參數的應用。

```
1  # ch3_22.py
2  from tkinter import *
3
4  root = Tk()
5  root.title("ch3_22")                 # 視窗標題
6
7  Label(root,text='Mississippi',bg='red',fg='white',
8        font='Times 20 bold').pack(side=LEFT,fill=Y)
9  Label(root,text='Kentucky',bg='green',fg='white',
10       font='Arial 20 bold italic').pack(side=LEFT,fill=BOTH,expand=True)
11 Label(root,text='Purdue',bg='blue',fg='white',
12       font='Times 20 bold').pack(side=LEFT,fill=Y)
13
14 root.mainloop()
```

執行結果

3-2-7　pack 的方法

pack 其實在 Python tkinter 中是一個類別，它提供下列方法供我們使用。

方法名稱	說明
slaves( )	傳回所有 Widget 控件物件
info( )	傳回 pack 選項的對應值
forget( )	隱藏 Widget 控件，可以用 pack(option,…) 復原顯示
location(x,y)	傳回此點是否在單元格，如果是傳回座標，如果不是傳回 (-1,-1)
size( )	傳回 Widget 控件大小
propagate(boolean)	參數是 True 表示父視窗大小由子控件決定這是預設

程式實例 ch3_23.py：重新設計 ch3_13.py，列出執行前後 Widget 控件的內容。

```
1   # ch3_23.py
2   from tkinter import *
3
4   root = Tk()
5   root.title("ch3_23")
6   root.geometry("300x180")              # 設定視窗勘寬300高180
7   print("執行前",root.pack_slaves())
8   oklabel=Label(root,text="OK",          # 標籤內容是OK
9                 font="Times 20 bold",    # Times字型20粗體
10                fg="white",bg="blue")    # 藍底白字
11  oklabel.pack(anchor=S,side=RIGHT,       # 從右開始在南方配置
12               padx=10,pady=10)           # x和y軸間距皆是10
13  nolabel=Label(root,text="NO",          # 標籤內容是OK
14                font="Times 20 bold",    # Times字型20粗體
15                fg="white",bg="red")     # 紅底白字
16  nolabel.pack(anchor=S,side=RIGHT,       # 從右開始在南方配置
17               pady=10)                   # y軸間距皆是10
18  print("執行後",root.pack_slaves())
19
20  root.mainloop()
```

執行結果 以下是 Python Shell 視窗的執行結果。

```
==================== RESTART: D:/PythonGUI/ch3/ch3_23.py ====================
執行前 []
執行後 [<tkinter.Label object .!label>, <tkinter.Label object .!label2>]
```

3-3 grid 方法

這是一種格狀或是想成是 Excel 試算表方式，包裝和定位視窗元件的方法，grid 方法的語法格式如下：

grid(options, …)

options 參數可以是 row、column、padx/pady、rowspan、columnspan、sticky 下面將分成各小節一一說明。

3-3-1　row 和 column

row 和 column 參數的觀念可參考下圖。

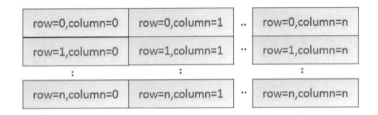

可以適度調整 grid( ) 方法內的 row 和 column 值，即可包裝視窗元件的位置。

程式實例 ch3_24.py：使用 grid( ) 方法取代 pack( ) 方法重新設計 ch3_2.py。

```
1   # ch3_24.py
2   from tkinter import *
3
4   window = Tk()
5   window.title("ch3_24")              # 視窗標題
6   lab1 = Label(window,text="明志科技大學",
7               bg="lightyellow",       # 標籤背景是淺黃色
8               width=15)               # 標籤寬度是15
9   lab2 = Label(window,text="長庚大學",
10              bg="lightgreen",        # 標籤背景是淺綠色
11              width=15)               # 標籤寬度是15
12  lab3 = Label(window,text="長庚科技大學",
13              bg="lightblue",         # 標籤背景是淺藍色
14              width=15)               # 標籤寬度是15
15  lab1.grid(row=0,column=0)           # 格狀包裝
16  lab2.grid(row=1,column=0)           # 格狀包裝
17  lab3.grid(row=1,column=1)           # 格狀包裝
18
19  window.mainloop()
```

執行結果

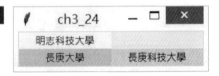

程式實例 ch3_25.py：重新設計 ch3_24.py，格狀包裝的另一個應用。

```
15  lab1.grid(row=0,column=0)              # 格狀包裝
16  lab2.grid(row=1,column=2)              # 格狀包裝
17  lab3.grid(row=2,column=1)              # 格狀包裝
```

執行結果

3-3-2 columnspan 參數

可以設定控件在 column 方向的合併數量，在正式講解 columnspan 參數功能前，筆者先介紹建立一個含 8 個標籤的應用。

程式實例 ch3_26.py：使用 grid 方法建立含 8 個標籤的應用。

```
1   # ch3_26.py
2   from tkinter import *
3
4   window = Tk()
5   window.title("ch3_26")                # 視窗標題
6   lab1 = Label(window,text="標籤1",relief="raised")
7   lab2 = Label(window,text="標籤2",relief="raised")
8   lab3 = Label(window,text="標籤3",relief="raised")
9   lab4 = Label(window,text="標籤4",relief="raised")
10  lab5 = Label(window,text="標籤5",relief="raised")
11  lab6 = Label(window,text="標籤6",relief="raised")
12  lab7 = Label(window,text="標籤7",relief="raised")
13  lab8 = Label(window,text="標籤8",relief="raised")
14  lab1.grid(row=0,column=0)
15  lab2.grid(row=0,column=1)
16  lab3.grid(row=0,column=2)
17  lab4.grid(row=0,column=3)
18  lab5.grid(row=1,column=0)
19  lab6.grid(row=1,column=1)
20  lab7.grid(row=1,column=2)
21  lab8.grid(row=1,column=3)
22
23  window.mainloop()
```

執行結果

　　如果發生了標籤 2 和標籤 3 的區間是被一個標籤佔用，此時就是使用 columnspan
參數的場合。

程式實例 ch3_27.py：重新設計 ch3_26.py，將標籤 2 和標籤 3 合併成一個標籤。

```
1   # ch3_27.py
2   from tkinter import *
3
4   window = Tk()
5   window.title("ch3_27")                  # 視窗標題
6   lab1 = Label(window,text="標籤1",relief="raised")
7   lab2 = Label(window,text="標籤2",relief="raised")
8   lab4 = Label(window,text="標籤4",relief="raised")
9   lab5 = Label(window,text="標籤5",relief="raised")
10  lab6 = Label(window,text="標籤6",relief="raised")
11  lab7 = Label(window,text="標籤7",relief="raised")
12  lab8 = Label(window,text="標籤8",relief="raised")
13  lab1.grid(row=0,column=0)
14  lab2.grid(row=0,column=1,columnspan=2)
15  lab4.grid(row=0,column=3)
16  lab5.grid(row=1,column=0)
17  lab6.grid(row=1,column=1)
18  lab7.grid(row=1,column=2)
19  lab8.grid(row=1,column=3)
20
21  window.mainloop()
```

執行結果　

3-3-3　rowspan 參數

　　可以設定控件在 row 方向的合併數量，若是看程式實例 ch3_26.py，如果發生了
標籤 2 和標籤 6 的區間是被一個標籤佔用，此時就是使用 rowspan 參數的場合。

程式實例 ch3_28.py：重新設計 ch3_26.py，將標籤 2 和標籤 6 合併成一個標籤。

```
1   # ch3_28.py
2   from tkinter import *
3
4   window = Tk()
5   window.title("ch3_28")                  # 視窗標題
6   lab1 = Label(window,text="標籤1",relief="raised")
7   lab2 = Label(window,text="標籤2",relief="raised")
8   lab3 = Label(window,text="標籤3",relief="raised")
```

```
9  lab4 = Label(window,text="標籤4",relief="raised")
10 lab5 = Label(window,text="標籤5",relief="raised")
11 lab7 = Label(window,text="標籤7",relief="raised")
12 lab8 = Label(window,text="標籤8",relief="raised")
13 lab1.grid(row=0,column=0)
14 lab2.grid(row=0,column=1,rowspan=2)
15 lab3.grid(row=0,column=2)
16 lab4.grid(row=0,column=3)
17 lab5.grid(row=1,column=0)
18 lab7.grid(row=1,column=2)
19 lab8.grid(row=1,column=3)
20
21 window.mainloop()
```

執行結果

請再看一次程式實例 ch3_26.py，若是標籤 2、標籤 3、標籤 6、標籤 7 是合併成一個標籤，此時需要同時設定 rowspan 和 columnspan，可參考下列實例。

程式實例 ch3_29.py：重新設計 ch3_26.py，將標籤 2、標籤 3、標籤 6 和標籤 7 合併成一個標籤。

```
1  # ch3_29.py
2  from tkinter import *
3
4  window = Tk()
5  window.title("ch3_29")              # 視窗標題
6  lab1 = Label(window,text="標籤1",relief="raised")
7  lab2 = Label(window,text="標籤2",relief="raised")
8  lab4 = Label(window,text="標籤4",relief="raised")
9  lab5 = Label(window,text="標籤5",relief="raised")
10 lab8 = Label(window,text="標籤8",relief="raised")
11 lab1.grid(row=0,column=0)
12 lab2.grid(row=0,column=1,rowspan=2,columnspan=2)
13 lab4.grid(row=0,column=3)
14 lab5.grid(row=1,column=0)
15 lab8.grid(row=1,column=3)
16
17 window.mainloop()
```

執行結果

3-3-4　padx 和 pady 參數

這 2 個參數的用法與 3-2-2 節 pack 方法的 padx/pady 參數相同，下列將直接以程式實例解說。

程式實例 ch3_30.py：重新設計 ch3_26.py，增加標籤間的間距。

```
1   # ch3_30.py
2   from tkinter import *
3
4   window = Tk()
5   window.title("ch3_30")                # 視窗標題
6   lab1 = Label(window,text="標籤1",relief="raised")
7   lab2 = Label(window,text="標籤2",relief="raised")
8   lab3 = Label(window,text="標籤3",relief="raised")
9   lab4 = Label(window,text="標籤4",relief="raised")
10  lab5 = Label(window,text="標籤5",relief="raised")
11  lab6 = Label(window,text="標籤6",relief="raised")
12  lab7 = Label(window,text="標籤7",relief="raised")
13  lab8 = Label(window,text="標籤8",relief="raised")
14  lab1.grid(row=0,column=0,padx=5,pady=5)
15  lab2.grid(row=0,column=1,padx=5,pady=5)
16  lab3.grid(row=0,column=2,padx=5,pady=5)
17  lab4.grid(row=0,column=3,padx=5,pady=5)
18  lab5.grid(row=1,column=0,padx=5)
19  lab6.grid(row=1,column=1,padx=5)
20  lab7.grid(row=1,column=2,padx=5)
21  lab8.grid(row=1,column=3,padx=5)
22
23  window.mainloop()
```

執行結果

3-3-5　sticky 參數

這個參數功能類似 anchor，但是只可以設定 N/S/W/E 意義是上 / 下 / 左 / 右對齊。原則上相同 column 的 Widget 控件，如果寬度不同時，grid 方法會保留最寬的控件當作基準，這時比較短的控件會置中對齊，可參考下列實例。

程式實例 ch3_31.py：觀察相同 column 的 Widget 控件發生寬度不同時，這時控件內容會置中對齊。

```
1  # ch3_31.py
2  from tkinter import *
3
4  window = Tk()
5  window.title("ch3_31")                # 視窗標題
6  lab1 = Label(window,text="明志工專")
7  lab2 = Label(window,bg="yellow",width=20)
8  lab3 = Label(window,text="明志科技大學")
9  lab4 = Label(window,bg="aqua",width=20)
10 lab1.grid(row=0,column=0,padx=5,pady=5)
11 lab2.grid(row=0,column=1,padx=5,pady=5)
12 lab3.grid(row=1,column=0,padx=5)
13 lab4.grid(row=1,column=1,padx=5)
14
15 window.mainloop()
```

執行結果

從上述可以看到明志工專標籤是置中對齊。

程式實例 ch3_32.py：重新設計 ch3_31.py，設定明志工專標籤是靠左對齊。

```
10 lab1.grid(row=0,column=0,padx=5,pady=5,sticky=W)
```

執行結果

sticky 參數的可能值 N/S/W/E 也可以組合使用：

sticky=N+S：可以拉長高度讓控件在頂端和底端對齊。

sticky=W+E：可以拉長寬度度讓控件在左邊和右邊對齊。

sticky=N+S+E：可以拉長高度讓控件在頂端和底端對齊，同時切齊右邊。

sticky=N+S+W：可以拉長高度讓控件在頂端和底端對齊，同時切齊左邊。

sticky=N+S+W+E：可以拉長高度讓控件在頂端和底端對齊，同時切齊左右邊。

在講解上述實例應用前，我們先修改 ch3_31.py 程式，並觀察執行結果。

程式實例 ch3_33.py：重新設計 ch3_31.py，主要是使用 relief="raised" 參數增加標籤的外觀。

```
6   lab1 = Label(window,text="明志工專",relief="raised")
7   lab2 = Label(window,bg="yellow",width=20)
8   lab3 = Label(window,text="明志科技大學",relief="raised")
```

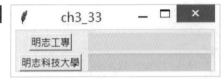

上述程式目的主要是了解標籤的寬度。

程式實例 ch3_34.py：使用 sticky=W+E 參數，重新設計 ch3_33.py，這個程式主要是要觀察明志工專標籤被拉長的結果。

```
10   lab1.grid(row=0,column=0,padx=5,pady=5,sticky=W+E)
```

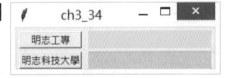

3-3-6　grid 方法的應用

程式實例 ch3_35.py：使用 grid 方法建立色彩標籤的應用。

```
1   # ch3_35.py
2   from tkinter import *
3
4   root = Tk()
5   root.title("ch3_35")                    # 視窗標題
6   Colors = ["red","orange","yellow","green","blue","purple"]
7
8   r = 0                                   # row編號
9   for color in Colors:
10      Label(root,text=color,relief="groove",width=20).grid(row=r,column=0)
11      Label(root,bg=color,relief="ridge",width=20).grid(row=r,column=1)
12      r += 1
13
14  root.mainloop()
```

執行結果
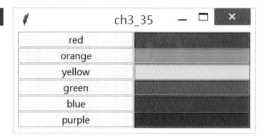

3-3-7 rowconfigure( ) 和 columnconfigure( )

在設計 Widget 控件的佈局時，有時候會碰上視窗縮放大小，此時可以使用上述方法設定第幾個 row 或 column 的縮放比例。例如：

```
rowconfigure(0, weight=1)          # row 0 的控件當視窗改變大小時縮放比是 1
columnconfigure(0, weight=1)       # column 0 的控件當視窗改變大小時縮放比是 1
```

程式實例 ch3_35_1.py：認識 rowconfigure( )、columnfigure( ) 與 sticky 參數的用法，首先筆者不使用 sticky 參數。

```
 1  # ch3_35_1.py
 2  from tkinter import *
 3
 4  root = Tk()
 5  root.title("ch3_35_1")
 6
 7  root.rowconfigure(1, weight=1)
 8  root.columnconfigure(0, weight=1)
 9
10  lab1 = Label(root,text="Label 1",bg="pink")
11  lab1.grid(row=0,column=0,padx=5,pady=5)
12
13  lab2 = Label(root,text="Label 2",bg="lightblue")
14  lab2.grid(row=0,column=1,padx=5,pady=5)
15
16  lab3 = Label(root,bg="yellow")
17  lab3.grid(row=1,column=0,columnspan=2,padx=5,pady=5)
18
19  root.mainloop()
```

執行結果 下列右邊是放大視窗的結果。

 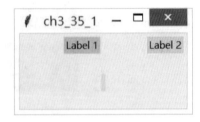

　　上述筆者特別使用底色表達各個標籤所佔據的空間，讀者可以看到在沒有使用 sticky 參數下，各個空間所佔據的空間概況。

程式實例 ch3_35_2.py：增加設計 lab1 的 sticky=W，讓可以切齊左邊。同時讓下方的標籤可以切齊上、下、左、右邊。

```python
1   # ch3_35_2.py
2   from tkinter import *
3
4   root = Tk()
5   root.title("ch3_35_2")
6
7   root.rowconfigure(1, weight=1)
8   root.columnconfigure(0, weight=1)
9
10  lab1 = Label(root,text="Label 1",bg="pink")
11  lab1.grid(row=0,column=0,padx=5,pady=5,stick=W)
12
13  lab2 = Label(root,text="Label 2",bg="lightblue")
14  lab2.grid(row=0,column=1,padx=5,pady=5)
15
16  lab3 = Label(root,bg="yellow")
17  lab3.grid(row=1,column=0,columnspan=2,padx=5,pady=5,
18            sticky=N+S+W+E)
19
20  root.mainloop()
```

執行結果

上述執行結果可以得到下方的標籤控件可以隨著視窗大小更改，而隨著更改大小，主要是第 18 行筆者設定 "sticky=N+S+W+E" 的結果。至於第 11 行筆者設定 "sticky=W"，會讓 lab1 控件向左切齊。

程式實例 ch3_35_3.py：改良上述實例 ch3_35_2.py 讓 lab1 空間可以左右切齊，同時放大視窗時有擴展效果。

```
11  lab1.grid(row=0,column=0,padx=5,pady=5,stick=W+E)
```

執行結果

3-4 place 方法

這是使用直接指定方法將 Widget 控件放在容器 (可想成視窗) 的方法，這個方法的語法格式如下：

place(options, …)

options 參數可以是 height/width、relx/rely、x/y、relheight/relwidth、bordermode、anchor，下面將分成各小節一一說明。

3-4-1 x/y 參數

這是使用 place( ) 方法內的 x 和 y 參數直接設定視窗元件的**左上方位置**，單位是**像素**，視窗顯示區的左上角是 (x=0,y=0)，x 是往右遞增，y 是往下遞增。同時使用這種方法時，視窗將不會自動調整大小而是使用預設的大小顯示，可參考 ch3_36.py 的執行結果。

程式實例 ch3_36.py：使用 place( ) 方法直接設定標籤的位置，重新設計 ch3_2.py。

```
1   # ch3_36.py
2   from tkinter import *
3
4   window = Tk()
5   window.title("ch3_36")                    # 視窗標題
6   lab1 = Label(window,text="明志科技大學",
7                   bg="lightyellow",         # 標籤背景是淺黃色
8                   width=15)                 # 標籤寬度是15
9   lab2 = Label(window,text="長庚大學",
10                  bg="lightgreen",          # 標籤背景是淺綠色
11                  width=15)                 # 標籤寬度是15
12  lab3 = Label(window,text="長庚科技大學",
13                  bg="lightblue",           # 標籤背景是淺藍色
14                  width=15)                 # 標籤寬度是15
15  lab1.place(x=0,y=0)                        # 直接定位
16  lab2.place(x=30,y=50)                      # 直接定位
17  lab3.place(x=60,y=100)                     # 直接定位
18
19  window.mainloop()
```

執行結果

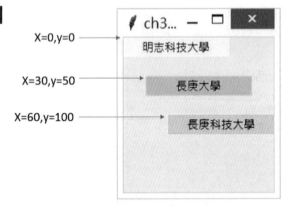

3-4-2　width/height 參數

　　有時候我們在設計視窗應用程式時，所預留的空間有限，如果想要將圖片檔案插入視窗內，可是擔心圖片太大，這時可以在插入圖片檔案時同時設定圖片的大小，此時可以使用 width/height 參數功能，這個參數可以直接設定 Widget 控件的實體大小。

程式實例 ch3_37.py：在視窗內直接設定圖片控件的位置與大小。

```
1   # ch3_37.py
2   from tkinter import *
3
4   root = Tk()
5   root.title("ch3_37")
6   root.geometry("640x480")
7
8   night = PhotoImage(file="night.png")     # 影像night
9   lab1 = Label(root,image=night)
10  lab1.place(x=20,y=30,width=200,height=120)
11  snow = PhotoImage(file="snow.png")       # 影像snow
12  lab2 = Label(root,image=snow)
13  lab2.place(x=200,y=200,width=400,height=240)
14
15  root.mainloop()
```

執行結果

3-4-3　relx/rely 參數與 relwidth/relheight 參數

可以設定相對於父容器 (可想成父視窗) 的 relx/rely 相對位置與 relwidth/relheight 相對大小，這個相對位置與相對大小對於父視窗而言是介於 0.0 ～ 1.0 之間。

程式實例 ch3_38.py：將影像 night.png 從相對位置 (0.1,0.1) 開始放置，相對大小是 (0.8,0.8)。

```
1   # ch3_38.py
2   from tkinter import *
3
4   root = Tk()
5   root.title("ch3_38")
6   root.geometry("640x480")
7
8   night = PhotoImage(file="night.png")
9   label=Label(root,image=night)
10  label.place(relx=0.1,rely=0.1,relwidth=0.8,relheight=0.8)
11
12  root.mainloop()
```

執行結果

在設計時，如果參數的某個相對大小未設定 (可能是 relwidth 或 relheight)，未設定的部分將以實際大小顯示，此時可能需要放大視窗寬度才可以顯示。

程式實例 ch3_39.py：重新設計 ch3_38.py，但是不設定 relwidth 參數。

```
10  label.place(relx=0.1,rely=0.1,relheight=0.8)
```

執行結果 圖像位置會偏移。

3-5 Widget 控件位置的總結

我們使用 tkinter 模組設計 GUI 程式時，雖然可以使用 place( ) 方法很精確的設定定位控件的位置，不過筆者建議盡量使用 pack( ) 和 grid( ) 方法定位元件的位置，因為當視窗元件一多時，使用 place( ) 需計算元件位置較不方便，同時若有新增或減少元件時又須重新計算設定元件位置，這樣會比較不方便。

第四章

功能鈕 Button

4-1 功能鈕基本觀念

功能鈕也可稱是**按鈕**，在視窗元件中我們可以設計按一下功能鈕時，執行某一個特定的動作，這個動作也稱 callback 方法，也就是說我們可以使用功能鈕當作是使用者與程式間溝通的橋樑。功能鈕上面可以有文字，或是和標籤一樣可以有影像，如果是文字型態的功能鈕，我們可以設定此文字的字型。

它的語法格式如下：

Button(父物件 , options, …)

Button( ) 方法的第一個參數是**父物件**，表示這個功能鈕將建立在那一個視窗內。下列是 Button( ) 方法內其它常用的 options 參數：

❑ activebackground：滑鼠游標在核取方塊時的背景顏色。

❑ activeforeground：滑鼠游標在核取方塊時的前景顏色。

❑ borderwidth 或 bd：邊界寬度預設是 2 個像素。

❑ bg 或 background：背景色彩。

❑ command：按一下功能鈕時，執行此所指定的方法。

❑ cursor：當滑鼠游標移至按鈕時的外形。

❑ fg 或 froeground：字型色彩。

❑ font：字型。

❑ height：高，單位是字元高。

❑ highlightbackground：當功能鈕取得焦點時的背景顏色。

❑ highlightcolor：當功能鈕取得焦點時的顏色。

❑ image：功能鈕上的圖形。

❑ justify：當文字含多行時，最後一行的對齊方式。

❑ padx：預設是 1，可設定功能鈕與文字的間隔。

❑ pady：預設是 1，可設定功能鈕的上下間距。

❑ relief：預設是 relief=FLAT，可由此控制文字外框。

- ❑ state：預設是 state=NORMAL，若是設定 DISABLED 則以灰階顯示功能鈕表示暫時無法使用。

- ❑ text：功能鈕名稱。

- ❑ underline：可以設定第幾個文字有含底線，從 0 開始算起，預設是 -1 表示不含底線。

- ❑ width：寬，單位是字元寬。

- ❑ wraplength：限制每行的文字數，預設是 0，表示只有 "\n" 才會換行。

程式實例 ch4_1.py：當按一下功能鈕時可以顯示字串 I love Python，底色是淺黃色，字串顏色是藍色。

```
1   # ch4_1.py
2   from tkinter import *
3
4   def msgShow():
5       label["text"] = "I love Python"
6       label["bg"] = "lightyellow"
7       label["fg"] = "blue"
8
9   root = Tk()
10  root.title("ch4_1")                      # 視窗標題
11  label = Label(root)                      # 標籤內容
12  btn = Button(root,text="列印訊息",command=msgShow)
13  label.pack()
14  btn.pack()
15
16  root.mainloop()
```

執行結果

上述程式的運作方式是在程式執行第 11 行時建立了一個不含屬性的標籤物件 label，和第 12 行一個功能鈕，如果有按一下**列印訊息鈕**時，會去啟動 msgShow 函數，然後此函數會執行設定設定標籤物件 label 的內容。過去我們學習 Label 時，一次使用 Label( ) 方法設定所有的屬性，未來讀者可以參考第 5-7 行方式，分別設定屬性內容。

我們在 2-13 節有學過 config( ) 方法，我們也可以使用該節的觀念一次設定所有的 Widget 控件屬性。

程式實例 ch4_2.py：使用 config( ) 方法取代第 5-7 行，重新設計程式實例 ch4_1.py。

```
1   # ch4_2.py
2   from tkinter import *
3
4   def msgShow():
5       label.config(text="I love Python",bg="lightyellow",fg="blue")
6
7   root = Tk()
8   root.title("ch4_2")                    # 視窗標題
9   label = Label(root)                    # 標籤內容
10  btn = Button(root,text="列印訊息",command=msgShow)
11  label.pack()
12  btn.pack()
13
14  root.mainloop()
```

執行結果 與 ch4_1.py 相同。

程式實例 ch4_3.py：擴充設計 ch4_2.py，若按結束鈕，視窗可以結束。

```
1   # ch4_3.py
2   from tkinter import *
3
4   def msgShow():
5       label.config(text="I love Python",bg="lightyellow",fg="blue")
6
7   root = Tk()
8   root.title("ch4_3")                    # 視窗標題
9   label = Label(root)                    # 標籤內容
10  btn1 = Button(root,text="列印訊息",width=15,command=msgShow)
11  btn2 = Button(root,text="結束",width=15,command=root.destroy)
12  label.pack()
13  btn1.pack(side=LEFT)
14  btn2.pack(side=LEFT)
15
16  root.mainloop()
```

執行結果

上述第 11 行的 root.**destroy** 可以關閉 root 視窗物件，同時程式結束。另一個常用的是 **quit**，可以讓 Python Shell 內執行的程式結束，但是 root 視窗則繼續執行，未來會做實例說明。

程式實例 ch4_4.py：重新設計 ch2_23.py 計時器程式設計，增加結束鈕，按結束鈕則程式執行結束。

```
1   # ch4_4.py
2   from tkinter import *
3
4   counter = 0                                # 計數的全域變數
5   def run_counter(digit):                    # 數字變數內容的更動
6       def counting():                        # 更動數字方法
7           global counter
8           counter += 1                       # 定義這是全域變數
9           digit.config(text=str(counter))    # 列出標籤數字內容
10          digit.after(1000,counting)         # 隔一秒後呼叫counting
11      counting()                             # 持續呼叫
12
13  root = Tk()
14  root.title("ch4_4")
15  digit=Label(root,bg="yellow",fg="blue",    # 黃底藍字
16              height=3,width=10,             # 寬10高3
17              font="Helvetica 20 bold")      # 字型設定
18  digit.pack()
19  run_counter(digit)                         # 呼叫數字更動方法
20  Button(root,text="結束",width=15,command=root.destroy).pack(pady=10)
21
22  root.mainloop()
```

執行結果

程式實例 ch4_5.py：在視窗右下角有 3 個鈕，按 Yellow 鈕可以將視窗背景設為黃色，按 Blue 按鈕可以將視窗背景設為藍色，按 Exit 按鈕可以結束程式。

```
1   # ch4_5.py
2   from tkinter import *
3
4   def yellow():                    # 設定視窗背景是黃色
5       root.config(bg="yellow")
6   def blue():                      # 設定視窗背景是藍色
7       root.config(bg="blue")
8
9   root = Tk()
10  root.title("ch4_5")
```

```
11  root.geometry("300x200")          # 固定視窗大小
12  # 依次建立3個鈕
13  exitbtn = Button(root,text="Exit",command=root.destroy)
14  bluebtn = Button(root,text="Blue",command=blue)
15  yellowbtn = Button(root,text="Yellow",command=yellow)
16  # 將3個鈕包裝定位在右下方
17  exitbtn.pack(anchor=S,side=RIGHT,padx=5,pady=5)
18  bluebtn.pack(anchor=S,side=RIGHT,padx=5,pady=5)
19  yellowbtn.pack(anchor=S,side=RIGHT,padx=5,pady=5)
20
21  root.mainloop()
```

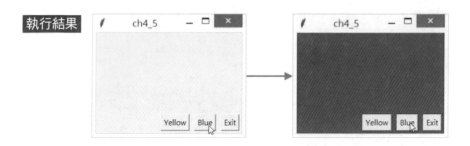

4-2 使用 lambda 表達式的好時機

在 ch4_5.py 設計過程，Yellow 按鈕和 Blue 按鈕是執行相同工作，但是所傳遞的顏色參數不同，其實這是使用 lambda 表達式的好時機，我們可以透過 lambda 表達式呼叫相同方法，但是傳遞不同參數方式簡化設計。

程式實例 ch4_5_1.py：使用 lambda 表達式重新設計 ch4_5.py。

```
1   # ch4_5_1.py
2   from tkinter import *
3
4   def bColor(bgColor):              # 設定視窗背景顏色
5       root.config(bg=bgColor)
6
7   root = Tk()
8   root.title("ch4_5")
9   root.geometry("300x200")          # 固定視窗大小
10  # 依次建立3個鈕
11  exitbtn = Button(root,text="Exit",command=root.destroy)
12  bluebtn = Button(root,text="Blue",command=lambda:bColor("blue"))
13  yellowbtn = Button(root,text="Yellow",command=lambda:bColor("yellow"
14  # 將3個鈕包裝定位在右下方
15  exitbtn.pack(anchor=S,side=RIGHT,padx=5,pady=5)
16  bluebtn.pack(anchor=S,side=RIGHT,padx=5,pady=5)
```

```
17    yellowbtn.pack(anchor=S,side=RIGHT,padx=5,pady=5)
18
19    root.mainloop()
```

執行結果 與 ch4_5.py 相同。

其實這個觀念未來可以應用在第 6 章設計計算器，可以讓工作變的非常簡潔。

4-3 建立含影像的功能鈕

一般功能鈕是用文字當作按鈕名稱，如前一節所示，我們也可以用影像當按鈕名稱，若是我們要使用影像當作按鈕，在 Button( ) 內可以省略 text 參數設定按鈕名稱，但是在 Button( ) 內要增加 image 參數設定影像物件。

程式實例 ch4_6.py：重新設計 ch4_2.py，使用 sun.gif 圖形取代列印訊息名稱按鈕。

```
1    # ch4_6.py
2    from tkinter import *
3
4    def msgShow():
5        label.config(text="I love Python",bg="lightyellow",fg="blue")
6
7    root = Tk()
8    root.title("ch4_6")                                # 視窗標題
9    label = Label(root)                                # 標籤內容
10
11   sunGif = PhotoImage(file="sun.gif")                # Image物件
12   btn = Button(root,image=sunGif,command=msgShow)    # 含影像的按鈕
13   label.pack()
14   btn.pack()
15
16   root.mainloop()
```

執行結果

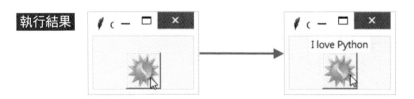

在設計功能鈕時，若是想要影像和文字並存在功能鈕內，需要在 Button( ) 內增加參數 "compund=xx"，xx 可以是 LEFT、TOP、RIGHT、BOTTOM、CENTER，分別代表圖形在文字的左、上、右、下、中央。

程式實例 ch4_7.py：重新設計 ch4_6.py，將 sun.git 圖形放在文字 Click Me 的上方。

```
12  btn = Button(root,image=sunGif,command=msgShow,      # 含文字與影像的按鈕
13              text="Click Me",compound=TOP)
```

執行結果

程式實例 ch4_8.py：在功能鈕內將文字與影像重疊。

```
12  btn = Button(root,image=sunGif,command=msgShow,      # 含文字與影像的按鈕
13              text="Click Me",compound=CENTER)
```

執行結果

程式實例 ch4_9.py：在功能鈕內將影像放在文字左邊。

```
12  btn = Button(root,image=sunGif,command=msgShow,      # 含文字與影像的按鈕
13              text="Click Me",compound=LEFT)
```

執行結果

4-4 簡易計算器按鈕佈局的應用

程式實例 ch4_10.py：簡易計算器按鈕佈局的應用，最上方黃色底是用標籤顯示，這也是一般數字顯示區。

```
1   # ch4_10.py
2   from tkinter import *
3
4   root = Tk()
5   root.title("ch4_10")                                    # 視窗標題
6   lab  = Label(root,text="",bg="yellow",width=20)
7   btn7 = Button(root,text="7",width=3)
8   btn8 = Button(root,text="8",width=3)
9   btn9 = Button(root,text="9",width=3)
10  btnM = Button(root,text="*",width=3)                    # 乘法符號
11  btn4 = Button(root,text="4",width=3)
12  btn5 = Button(root,text="5",width=3)
13  btn6 = Button(root,text="6",width=3)
14  btnS = Button(root,text="-",width=3)                    # 減法符號
15  btn1 = Button(root,text="1",width=3)
16  btn2 = Button(root,text="2",width=3)
17  btn3 = Button(root,text="3",width=3)
18  btnP = Button(root,text="+",width=3)                    # 加法符號
19  btn0 = Button(root,text="0",width=8)
20  btnD = Button(root,text=".",width=3)                    # 小數點符號
21  btnE = Button(root,text="=",width=3)                    # 等號符號
22
23  lab.grid(row=0,column=0,columnspan=4)
24  btn7.grid(row=1,column=0,padx=5)
25  btn8.grid(row=1,column=1,padx=5)
26  btn9.grid(row=1,column=2,padx=5)
27  btnM.grid(row=1,column=3,padx=5)                        # 乘法符號
28  btn4.grid(row=2,column=0,padx=5)
29  btn5.grid(row=2,column=1,padx=5)
30  btn6.grid(row=2,column=2,padx=5)
31  btnS.grid(row=2,column=3,padx=5)                        # 減法符號
32  btn1.grid(row=3,column=0,padx=5)
33  btn2.grid(row=3,column=1,padx=5)
34  btn3.grid(row=3,column=2,padx=5)
35  btnP.grid(row=3,column=3,padx=5)                        # 加法符號
36  btn0.grid(row=4,column=0,padx=5,columnspan=2)
37  btnD.grid(row=4,column=2,padx=5)                        # 小數點符號
38  btnE.grid(row=4,column=3,padx=5)                        # 等號符號
39
40  root.mainloop()
```

執行結果

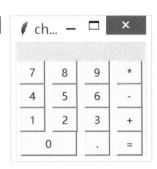

4-5 設計滑鼠游標在功能鈕的外形

在 2-14 節筆者已經說明了滑鼠游標在標籤的外形了，在 1-6 節筆者有說過這是共通屬性，所以也可以將此觀念應用在功能鈕，它的用法與 2-14 節程式實例 ch2_24.py 相同，下列將直接以實例解說。

程式實例 ch4_11.py：擴充設計 ch4_6.py，當滑鼠游標在功能鈕時外形是 star。

```
1   # ch4_11.py
2   from tkinter import *
3
4   def msgShow():
5       label.config(text="I love Python",bg="lightyellow",fg="blue")
6
7   root = Tk()
8   root.title("ch4_11")                          # 視窗標題
9   label = Label(root)                           # 標籤內容
10
11  sunGif = PhotoImage(file="sun.gif")           # Image物件
12  btn = Button(root,image=sunGif,command=msgShow,  # 含影像的按鈕
13              cursor="star")                    # star外形
14  label.pack()
15  btn.pack()
16
17  root.mainloop()
```

執行結果

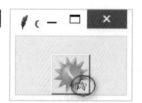

第五章

文字方塊 Entry

5-1 文字方塊 Entry 的基本觀念

　　所謂的**文字方塊 Entry**，通常是指單一行的文字方塊，在 GUI 程式設計中這是使用者輸入的最基本 Widget 控件，我們可以使用它輸入單行字串，如果所輸入的字串長度大於文字方塊的寬度，所輸入的文字會自動捲動造成部分內容無法顯示，碰到這種狀況時，可以使用鍵盤的方向鍵移動滑鼠游標到看不到的區域。需留意的是文字方塊 Entry 限定是單行文字，如果你想要處理多行文字需用 Widget 控件的 Text，本書將在第 17 章解說。它的使用格式如下：

Entry(父物件 , options, …)

　　Entry( ) 方法的第一個參數是**父物件**，表示這個文字方塊將建立在那一個視窗內。下列是 Entry( ) 方法內其它常用的 options 參數：

❑ bg 或 background：背景色彩。

❑ borderwidth 或 bd：邊界寬度預設是 2 個像素。

❑ command：當使用者更改內容時，會自動執行此函數。

❑ cursor：當滑鼠游標在核取方塊時的游標外形。

❑ exportselection：如果執行選取時，所選取的字串會自動輸出至剪貼簿，如果想要避免如此可以設定 exportselection=0。

❑ fg 或 froeground：字型色彩。

❑ font：字型。

❑ height：高，單位是字元高。

❑ highlightbackground：當文字方塊取得焦點時的背景顏色。

❑ highlightcolor：當文字方塊取得焦點時的顏色。

❑ justify：當文字含多行時，最後一行的對齊方式。

❑ relief：預設是 relief=FLAT，可由此控制文字外框。

❑ selectbackground：被選取字串的背景色彩。

❑ selectborderwidth：選取字串時的邊界厚度，預設是 1。

❑ selectforeground：被選取字串的前景色彩。

❑ show：顯示輸入字元，例如：show='*' 表示顯示星號，常用在密碼欄位輸入。

❑ state：輸入狀態，預設是 NORMAL 表示可以輸入，DISABLE 則是無法輸入。

❑ textvariable：文字變數。

❑ width：寬，單位是字元寬。

❑ xcrollcommand：在 x 軸使用捲軸。

程式實例 ch5_1.py：在視窗內建立標籤和文字方塊，執行簡單輸入姓名與地址的應用。

```
1  # ch5_1.py
2  from tkinter import *
3
4  root = Tk()
5  root.title("ch5_1")                        # 視窗標題
6
7  nameL = Label(root,text="Name ")           # name標籤
8  nameL.grid(row=0)
9  addressL = Label(root,text="Address")      # address標籤
10 addressL.grid(row=1)
11
12 nameE = Entry(root)                         # 文字方塊name
13 addressE = Entry(root)                      # 文字方塊address
14 nameE.grid(row=0,column=1)                  # 定位文字方塊name
15 addressE.grid(row=1,column=1)              # 定位文字方塊address
16
17 root.mainloop()
```

執行結果

上述第 8 行筆者設定 grid(row=0)，在沒有設定 "column=x" 的情況，系統將自動設定 "column=0"，第 10 行的觀念相同。

5-2 使用 show 參數隱藏輸入的字元

其實 Entry 控件具有可以使用 show 參數設定隱藏輸入字元的特性，所以也常被應用在密碼的輸入控制。

程式實例 ch5_2.py：將 ch5_1.py 改成輸入帳號和密碼，當輸入密碼時所輸入的字元將隱藏用 "*" 字元顯示。

```
1   # ch5_2.py
2   from tkinter import *
3
4   root = Tk()
5   root.title("ch5_2")                     # 視窗標題
6
7   accountL = Label(root,text="Account")   # account標籤
8   accountL.grid(row=0)
9   pwdL = Label(root,text="Password")      # pwd標籤
10  pwdL.grid(row=1)
11
12  accountE = Entry(root)                  # 文字方塊account
13  pwdE = Entry(root,show="*")             # 文字方塊pwd
14  accountE.grid(row=0,column=1)           # 定位文字方塊account
15  pwdE.grid(row=1,column=1)               # 定位文字方塊pwd
16
17  root.mainloop()
```

執行結果

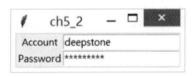

程式實例 ch5_3.py：建立一個公司網頁登入畫面。

```
1   # ch5_3.py
2   from tkinter import *
3
4   root = Tk()
5   root.title("ch5_3")                     # 視窗標題
6
7   msg = "歡迎進入Silicon Stone Educaiton系統"
8   sseGif = PhotoImage(file="sse.gif")     # Logo影像檔
9   logo = Label(root,image=sseGif,text=msg,compound=BOTTOM)
10  accountL = Label(root,text="Account")   # account標籤
11  accountL.grid(row=1)
12  pwdL = Label(root,text="Password")      # pwd標籤
13  pwdL.grid(row=2)
14
15  logo.grid(row=0,column=0,columnspan=2,pady=10,padx=10)
16  accountE = Entry(root)                  # 文字方塊account
17  pwdE = Entry(root,show="*")             # 文字方塊pwd
18  accountE.grid(row=1,column=1)           # 定位文字方塊account
19  pwdE.grid(row=2,column=1,pady=10)       # 定位文字方塊pwd
20
21  root.mainloop()
```

執行結果

5-3 Entry 的 get( ) 方法

Entry 有一個 get( ) 方法，可以利用這個方法獲得目前 Entry 的字串內容。Widget 控件有一個共通方法 quit，執行此方法時 Python Shell 視窗的程式將結束，但是此視窗應用程式繼續運行。

程式實例 ch5_4.py：擴充設計 ch5_3.py，增加 Login 和 Quit 功能鈕，如果按 Login 功能鈕在 Python Shell 將列出所輸入的 Account 和 Password，若是按 Quit 鈕則 Python Shell 視窗這邊的 ch5_4.py 執行結束，但是螢幕上仍可以看到此 ch5_4 視窗在執行。

```
1   # ch5_4.py
2   from tkinter import *
3   def printInfo():                         # 列印輸入資訊
4       print("Account: %s\nPassword: %s" % (accountE.get(),pwdE.get()
5
6   root = Tk()
7   root.title("ch5_4")                      # 視窗標題
8
9   msg = "歡迎進入Silicon Stone Educaiton系統"
10  sseGif = PhotoImage(file="sse.gif")      # Logo影像檔
11  logo = Label(root,image=sseGif,text=msg,compound=BOTTOM)
12  accountL = Label(root,text="Account")    # account標籤
13  accountL.grid(row=1)
14  pwdL = Label(root,text="Password")       # pwd標籤
15  pwdL.grid(row=2)
16
17  logo.grid(row=0,column=0,columnspan=2,pady=10,padx=10)
18  accountE = Entry(root)                    # 文字方塊account
19  pwdE = Entry(root,show="*")               # 文字方塊pwd
20  accountE.grid(row=1,column=1)             # 定位文字方塊account
```

```
21  pwdE.grid(row=2,column=1,pady=10)          # 定位文字方塊pwd
22  # 以下建立Login和Quit案鈕
23  loginbtn = Button(root,text="Login",command=printInfo)
24  loginbtn.grid(row=3,column=0)
25  quitbtn = Button(root,text="Quit",command=root.quit)
26  quitbtn.grid(row=3,column=1)
27
28  root.mainloop()
```

執行結果

下列是先按 Login 鈕，再按 Quit 鈕，在 Python Shell 視窗的執行結果。

```
==================== RESTART: D:/PythonGUI/ch5/ch5_4.py ====================
Account: deepstone
Password: deepstone
>>>
```

從上述執行結果可以看到，Login 鈕和 Quit 鈕並沒有切齊上方的標籤和文字方塊，我們可以在 grid( ) 方法內增加 sticky 參數，同時將此參數設為 W，即可靠左對齊欄位。

程式實例 ch5_5.py：使用 sticky=W 參數和 pady=5 參數，重新設計 ch5_4.py。

```
1   # ch5_5.py
2   from tkinter import *
3   def printInfo():                      # 列印輸入資訊
4       print("Account: %s\nPassword: %s" % (accountE.get(),pwdE.get()
5
6   root = Tk()
7   root.title("ch5_5")                   # 視窗標題
8
9   msg = "歡迎進入Silicon Stone Educaiton系統"
10  sseGif = PhotoImage(file="sse.gif")   # Logo影像檔
11  logo = Label(root,image=sseGif,text=msg,compound=BOTTOM)
12  accountL = Label(root,text="Account")   # account標籤
13  accountL.grid(row=1)
```

```
14  pwdL = Label(root,text="Password")          # pwd標籤
15  pwdL.grid(row=2)
16
17  logo.grid(row=0,column=0,columnspan=2,pady=10,padx=10)
18  accountE = Entry(root)                       # 文字方塊account
19  pwdE = Entry(root,show="*")                  # 文字方塊pwd
20  accountE.grid(row=1,column=1)                # 定位文字方塊accou
21  pwdE.grid(row=2,column=1,pady=10)            # 定位文字方塊pwd
22  # 以下建立Login和Quit案鈕
23  loginbtn = Button(root,text="Login",command=printInfo)
24  loginbtn.grid(row=3,column=0,sticky=W,pady=5)
25  quitbtn = Button(root,text="Quit",command=root.quit)
26  quitbtn.grid(row=3,column=1,sticky=W,pady=5)
27
28  root.mainloop()
```

執行結果   切齊column0   切齊column1

5-4 Entry 的 insert( ) 方法

在設計 GUI 程式時，常常需要在建立 Entry 的文字方塊內預設建立輸入文字，在 Widget 的 Entry 控件中可以使用 insert(index,s) 方法插入字串，s 是所插入的字串，字串會插入在 index 位置。程式設計時可以使用這個方法為文字方塊建立預設的文字，通常會將它放在 Entry( ) 方法建立完文字方塊後，然後使用此方法。

程式實例 ch5_6.py：擴充 ch5_5.py，為程式的 Account 建立預設文字為 "Kevin"，Password 建立預設文字為 "pwd"。相較於 ch5_5.py 這個程式增加第 20 和 21 行。

```
18   accountE = Entry(root)              # 文字方塊account
19   pwdE = Entry(root,show="*")         # 文字方塊pwd
20   accountE.insert(0,"Kevin")          # 預設Account內容
21   pwdE.insert(0,"pwd")                # 預設pwd內容
```

執行結果

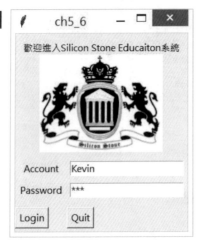

5-5　Entry 的 delete( ) 方法

在 tkinter 模組的應用中可以使用 delete(first,last=None) 方法刪除 Entry 內的從第 first 字元到第 last-1 字元間的字串，如果要刪除整個字串可以使用 delete(0,END)。

程式實例 ch5_7.py：擴充程式實例 ch5_6.py，當按 Login 按鈕後，清空文字方塊 Entry 的內容。

```
1    # ch5_7.py
2    from tkinter import *
3    def printInfo():                              # 列印輸入資訊
4        print("Account: %s\nPassword: %s" % (accountE.get(),pwdE.get()))
5        accountE.delete(0,END)                    # 刪除account文字方塊的帳號內容
6        pwdE.delete(0,END)                        # 刪除pwd文字方塊的密碼內容
7
8    root = Tk()
9    root.title("ch5_7")                           # 視窗標題
10
11   msg = "歡迎進入Silicon Stone Educaiton系統"
12   sseGif = PhotoImage(file="sse.gif")           # Logo影像檔
13   logo = Label(root,image=sseGif,text=msg,compound=BOTTOM)
14   accountL = Label(root,text="Account")         # account標籤
15   accountL.grid(row=1)
```

```
16  pwdL = Label(root,text="Password")        # pwd標籤
17  pwdL.grid(row=2)
18
19  logo.grid(row=0,column=0,columnspan=2,pady=10,padx=10)
20  accountE = Entry(root)                     # 文字方塊account
21  pwdE = Entry(root,show="*")                # 文字方塊pwd
22  accountE.insert(1,"Kevin")                 # 預設Account內容
23  pwdE.insert(1,"pwd")                       # 預設pwd內容
24  accountE.grid(row=1,column=1)              # 定位文字方塊accou
25  pwdE.grid(row=2,column=1,pady=10)          # 定位文字方塊pwd
26  # 以下建立Login和Quit案鈕
27  loginbtn = Button(root,text="Login",command=printInfo)
28  loginbtn.grid(row=3,column=0,sticky=W,pady=5)
29  quitbtn = Button(root,text="Quit",command=root.quit)
30  quitbtn.grid(row=3,column=1,sticky=W,pady=5)
31
32  root.mainloop()
```

執行結果

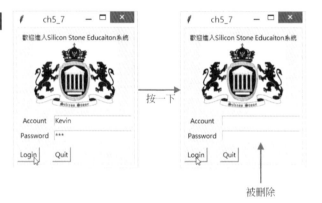

5-6 計算數學表達式使用 eval( )

Python 內有一個非常好用的計算數學表達式函數，可個函數可以直接傳回此數學表達是的計算結果。它的語法如下：

result = eval(expression)   # expression 是字串

上述計算結果也是用字串傳回。

程式實例 ch5_8.py：輸入數學表達式，本程式會傳回執行結果。

```
1  # ch5_8.py
2  from tkinter import *
3
4  expression = input("請輸入數學表達式 :")
5  print("結果是 : ", eval(expression))
```

```
==================== RESTART: D:\PythonGUI\ch5\ch5_8.py ====================
請輸入數學表達式 :9*10+8
結果是 :  98
>>>
```

　　瞭解了上述 eval( ) 函數的用法後，我們可以將上述觀念改為 GUI 設計。

程式實例 ch5_9.py：在 Entry 內輸入數學表達式，本程式會列出結果。

```
1   # ch5_9.py
2   from tkinter import *
3   def cal():                              # 執行數學式計算
4       out.configure(text = "結果 : " + str(eval(equ.get())))
5
6   root = Tk()
7   root.title("ch5_9")
8   label = Label(root, text="請輸入數學表達式:")
9   label.pack()
10  equ = Entry(root)                       # 在此輸入表達式
11  equ.pack(pady=5)
12  out = Label(root)                       # 存放計算結果
13  out.pack()
14  btn = Button(root,text="計算",command=cal)      # 計算按鈕
15  btn.pack(pady=5)
16
17  root.mainloop()
```

 執行結果

5-10

第六章

變數類別

6-1 變數類別的基本觀念

有些 Widget 控件在執行時會更改內容，例如：**文字方塊 (Entry)、選項鈕 (Radio Button)**，… 等。有些控件我們可以更改他們的內容，例如：**標籤 (Label)**，… 等。如果想要更改它們的內容可以使用這些控件的參數，例如：textvariable、variable、onvalue，… 等。

不過要將 Widget 控件的參數以變數方式處理時需要借助 tkinter 模組內的**變數類別 (Variable Classes)**，這個類別有 4 個子類別，每一個類別其實是一個資料類型的**建構方法 (constructor)**，我們可以透過這 4 個子類別的資料類型將它們與 Widget 控件的相關參數做結合：

```
x = IntVar( )          # 整數變數，預設是 0
x = DoubleVar( )       # 浮點數變數，預設是 0.0
x = StringVar( )       # 字串變數，預設是 ""
x = BooleanVar( )      # 布林值變數，True 是 1，False 是 0
```

6-2 get( ) 與 set( )

可以使用 get( ) 方法取得變數內容，可以使用 set( ) 方法設定變數內容。

程式實例 ch6_1.py：set( ) 方法的應用，這個程式在執行時若按 Hit 鈕可以顯示 "I like tkinter" 字串，如果已經顯示此字串則改成不顯示此字串。這個程式第 17 行是將標籤內容設為變數 x，第 8 行是設定顯示標籤時的標籤內容，第 11 行則是將標籤內容設為空字串如此可以達到不顯示標籤內容。

```
1   # ch6_1.py
2   from tkinter import *
3
4   def btn_hit():                      # 處理按鈕事件
5       global msg_on                   # 這是全域變數
6       if msg_on == False:
7           msg_on = True
8           x.set("I like tkinter")     # 顯示文字
9       else:
10          msg_on = False
11          x.set("")                   # 不顯示文字
12
13  root = Tk()
```

```
14   root.title("ch6_1")                    # 視窗標題
15
16   msg_on = False                          # 全域變數預設是False
17   x = StringVar()                         # Label的變數內容
18
19   label = Label(root,textvariable=x,      # 設定Label內容是變數x
20                 fg="blue",bg="lightyellow",  # 淺黃色底藍色字
21                 font="Verdana 16 bold",   # 字型設定
22                 width=25,height=2)        # 標籤內容
23   label.pack()
24   btn = Button(root,text="Click Me",command=btn_hit)
25   btn.pack()
26
27   root.mainloop()
```

執行結果

在上述實例中筆者利用布林值 msg_on 變數判斷是否要顯示 "I like tkinter" 字串，如果 msg_on 是 False 表示目前沒有顯示 "I like tkinter" 字串，如果 msg_on 是 True 表示目前有顯示 "I like tkinter" 字串。當按下 Click Me 按鈕時，會更改 msg_on 狀態，可參考第 7 行和第 10 行。同時也由 set( ) 方法更改 label 物件的參數 textariable 的內容，第 8 行設定顯示 "I like tkinter" 字串，第 11 行設定不顯示 "I like tkinter" 字串。

上述程式儘管可以運行，可是我們沒有使用本節另一個方法 get( )，這個方法可以取得 Widget 控件某參數的變數內容，我們將使用下列程式改良。

程式實例 ch6_2.py：重新設計 ch6_1.py，取消布林值 msg_on 變數，我們可以直接由 get( ) 方法獲得目前 Widget 控件參數內容，然後由此內容判斷是否顯示 "I like tkinter" 字串。判斷方式是如果目前是空字串則顯示 "I like tkinter"，如果目前不是空字串，則改成顯示空字串。

```
1   # ch6_2.py
2   from tkinter import *
3
4   def btn_hit():                          # 處理按鈕事件
5       if x.get() == "":                   # 如果目前是空字串
6           x.set("I like tkinter")         # 顯示文字
7       else:
8           x.set("")                       # 不顯示文字
9
10  root = Tk()
```

```
11   root.title("ch6_2")                    #  視窗標題
12
13   x = StringVar()                        #  Label的變數內容
14
15   label = Label(root,textvariable=x,     #  設定Label內容是變數x
16              fg="blue",bg="lightyellow",  #  淺黃色底藍色字
17              font="Verdana 16 bold",      #  字型設定
18              width=25,height=2)           #  標籤內容
19   label.pack()
20   btn = Button(root,text="Click Me",command=btn_hit)
21   btn.pack()
22
23   root.mainloop()
```

執行結果 與 ch6_1.py 相同。

6-3 追蹤 trace( ) 使用模式 w

了解前一節的變量設定後，我們可以利用變量設定追蹤 Widget 控件內容更改時，讓程式執行 callback 函數。

程式實例 ch6_3.py：設計當 Widget 控件 Entry 內容改變時在 Python Shell 視窗輸出 "Entry content changed!"。

```
1   # ch6_3.py
2   from tkinter import *
3
4   def callback(*args):
5       print("data changed : ",xE.get())    #  Python Shell視窗輸出
6
7   root = Tk()
8   root.title("ch6_3")                        #  視窗標題
9
10  xE = StringVar()                           #  Entry的變數內容
11  entry = Entry(root,textvariable=xE)        #  設定Label內容是變數x
12  entry.pack(pady=5,padx=10)
13  xE.trace("w",callback)                     #  若是有更改執行callback
14
15  root.mainloop()
```

執行結果

當看到上述視窗輸出時，同時可以在 Python Shell 視窗同步看到下列輸出。

```
==================== RESTART: D:\PythonGUI\ch6\ch6_3.py ====================
data changed :   t
data changed :   tk
data changed :   tki
data changed :   tkin
data changed :   tkint
data changed :   tkinte
data changed :   tkinter
```

上述程式的重點是第 13 行，內容如下：

xE.trace("w",callback)　　　　　　　　# w 其實是 write 的縮寫

上述第一個參數是模式 (mode)，w 代表當有執行寫入時，就自動去執行 callback 函數，你也可以自行取函數名稱，這個動作稱**更動追蹤**。我們可以透過 xE 變數類別追蹤 Widget 控件內容的改變時執行特定動作，本實例是在 Python Shell 視窗輸出 Entry 的內容。上述程式另一個重點是第 4 行，內容如下：

def callback(*args):

筆者將在 6-5 節說明上述 "*args" 參數的意義。

程式實例 ch6_4.py：擴充上述實例同時在 Entry 控件下方建立 Label 控件，當在 Entry 有輸入時，同時在下方的 Label 控件同步顯示。

```
1   # ch6_4.py
2   from tkinter import *
3
4   def callback(*args):
5       xL.set(xE.get())                    # 更改標籤內容
6       print("data changed : ",xE.get())   # Python Shell視窗輸出
7
8   root = Tk()
9   root.title("ch6_4")                     # 視窗標題
10
11  xE = StringVar()                        # Entry的變數內容
12  entry = Entry(root,textvariable=xE)     # 設定Label內容是變數x
13  entry.pack(pady=5,padx=10)
14  xE.trace("w",callback)                  # 若是有更改執行callback
15
16  xL = StringVar()                        # Label的變數內容
17  label = Label(root,textvariable=xL)
18  xL.set("同步顯示")
19  label.pack(pady=5,padx=10)
20
21  root.mainloop()
```

執行結果

當看到上述視窗輸出時，同時可以在 Python Shell 視窗同步看到下列輸出。

```
==================== RESTART: D:\PythonGUI\ch6\ch6_4.py ====================
data changed :  t
data changed :  tk
data changed :  tki
data changed :  tkin
data changed :  tkint
data changed :  tkinte
data changed :  tkinter
```

6-4 追蹤 trace( ) 使用模式 r

前一節筆者介紹了當 Widget 控件內容更改時，執行追蹤並執行特定函數，其實我們也可以設計當控件內容被讀取時，執行追蹤並執行特定函數。

程式實例 ch6_5.py：擴充與修訂 ch6_4.py，增加一個讀取鈕，當在 Entry 輸入資料時 Python Shell 視窗不顯示資料，但是下方的 Label 將同步顯示。主要是如果有按讀取鈕時，系統將發生警告資料被讀取了，同時輸出所讀取的資料。

```
1  # ch6_5.py
2  from tkinter import *
3
4  def callbackW(*args):                    # 內容被更改時執行
5      xL.set(xE.get())                     # 更改標籤內容
6
7  def callbackR(*args):                    # 內容被讀取時執行
8      print("Warning:資料被讀取!")
9
10 def hit():                               # 讀取資料
11     print("讀取資料:",xE.get())
12
13 root = Tk()
14 root.title("ch6_5")                      # 視窗標題
15
16 xE = StringVar()                         # Entry的變數內容
17
18 entry = Entry(root,textvariable=xE)      # 設定Label內容是變數x
19 entry.pack(pady=5,padx=10)
```

```
20  xE.trace("w",callbackW)                    # 若是有更改執行callbackW
21  xE.trace("r",callbackR)                    # 若是有被讀取執行callbackR
22
23  xL = StringVar()                           # Label的變數內容
24  label = Label(root,textvariable=xL)
25  xL.set("同步顯示")
26  label.pack(pady=5,padx=10)
27
28  btn = Button(root,text="讀取",command=hit)    # 建立讀取按鈕
29  btn.pack(pady=5)
30
31  root.mainloop()
```

執行結果

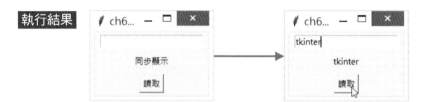

上述若是按讀取鈕可以在 Python Shell 視窗靠看到下列執行結果。

```
==================== RESTART: D:\PythonGUI\ch6\ch6_5.py ====================
Warning:資料被讀取!
讀取資料: tkinter
```

上述程式的重點是第 21 行,內容如下:

xE.trace("r",callbackR)　　　　　　# r 其實是 read 的縮寫

上述第一個參數是模式 (mode),r 代表當有執行讀取時,就自動去執行 callbackR 函數,你也可以自行取函數名稱,這個動作稱**讀取追蹤**。我們可以透過 xE 變數類別追蹤 Widget 控件內容被讀取時執行特定動作,本實例是在 Python Shell 視窗輸出 "Warning: 資料被讀取 !" 和輸出 Entry 的內容。

6-5　再看 trace( ) 方法呼叫的 callback 方法參數

參考程式實例 ch6_5.py 第 4 行內容:

def callbackW(*args):

其實在上述是傳遞 3 個參數,分別是 tk 變數名稱、index 索引、mode 模式,不過

目前有關 tk 變數名稱和 index 索引部分目前尚未有實際完成支援，至於第 3 個參數則是可以列出是在 r 或 w 模式。由於我們所設計的程式並不需要傳遞參數，所以可以直接用 "*args" 當作參數內容。

程式實例 ch6_6.py：列出 trace( ) 方法所呼叫 callback( ) 方法內的參數。

```
1   # ch6_6.py
2   from tkinter import *
3
4   def callbackW(name,index,mode):          # 內容被更改時執行
5       xL.set(xE.get())                     # 更改標籤內容
6       print("name = %r, index = %r, mode = %r" % (name,index,mode))
7
8   root = Tk()
9   root.title("ch6_5")                      # 視窗標題
10
11  xE = StringVar()                         # Entry的變數內容
12
13  entry = Entry(root,textvariable=xE)      # 設定Label內容是變數x
14  entry.pack(pady=5,padx=10)
15  xE.trace("w",callbackW)                  # 若是有更改執行callbackW
16
17  xL = StringVar()                         # Label的變數內容
18  label = Label(root,textvariable=xL)
19  xL.set("同步顯示")
20  label.pack(pady=5,padx=10)
21
22  root.mainloop()
```

執行結果

在 Python Shell 視窗可以看到下列執行結果。

```
====================== RESTART: D:/PythonGUI/ch6/ch6_6.py ======================
name = 'PY_VAR0', index = '', mode = 'w'
name = 'PY_VAR0', index = '', mode = 'w'
```

6-6 計算器的設計

在 4-3 節筆者有介紹簡易計算器按鈕佈局的設計，在 5-9 節筆者有介紹 eval( ) 方法的用法，這章我們已經學會了使用變數類別控制標籤的輸出，其實有這些觀念就可以設計簡單的計算器了，下列將介紹完整的計算器設計。

程式實例 ch6_7.py：設計簡易的計算器，這個程式筆者在按鈕設計中大量使用 lambda，主要是數字鈕與算術運算式鈕使用相同的函數，只是傳遞的參數不一樣，所以使用 lambda 可以簡化設計。

```
1   # ch6_7.py
2   from tkinter import *
3   def calculate():                    # 執行計算並顯示結果
4       result = eval(equ.get())
5       equ.set(equ.get() + "=\n" + str(result))
6
7   def show(buttonString):             # 更新顯示區的計算公式
8       content = equ.get()
9       if content == "0":
10          content = ""
11      equ.set(content + buttonString)
12
13  def backspace():                    # 刪除前一個字元
14      equ.set(str(equ.get()[:-1]))
15
16  def clear():                        # 清除顯示區,放置0
17      equ.set("0")
18
19  root = Tk()
20  root.title("計算器")
21
22  equ = StringVar()
23  equ.set("0")                        # 預設是顯示0
24
25  # 設計顯示區
26  label = Label(root,width=25,height=2,relief="raised",anchor=SE,
27              textvariable=equ)
28  label.grid(row=0,column=0,columnspan=4,padx=5,pady=5)
29
30  # 清除顯示區按鈕
31  clearButton = Button(root,text="C",fg="blue",width=5,command=clear)
32  clearButton.grid(row = 1, column = 0)
33  # 以下是row1的其它按鈕
34  Button(root,text="DEL",width=5,command=backspace).grid(row=1,column=1)
35  Button(root,text="%",width=5,command=lambda:show("%")).grid(row=1,column=2)
36  Button(root,text="/",width=5,command=lambda:show("/")).grid(row=1,column=3)
37  # 以下是row2的其它按鈕
38  Button(root,text="7",width=5,command=lambda:show("7")).grid(row=2,column=0)
```

```
38  Button(root,text="7",width=5,command=lambda:show("7")).grid(row=2,column=0)
39  Button(root,text="8",width=5,command=lambda:show("8")).grid(row=2,column=1)
40  Button(root,text="9",width=5,command=lambda:show("9")).grid(row=2,column=2)
41  Button(root,text="*",width=5,command=lambda:show("*")).grid(row=2,column=3)
42  # 以下是row3的其它按鈕
43  Button(root,text="4",width=5,command=lambda:show("4")).grid(row=3,column=0)
44  Button(root,text="5",width=5,command=lambda:show("5")).grid(row=3,column=1)
45  Button(root,text="6",width=5,command=lambda:show("6")).grid(row=3,column=2)
46  Button(root,text="-",width=5,command=lambda:show("-")).grid(row=3,column=3)
47  # 以下是row4的其它按鈕
48  Button(root,text="1",width=5,command=lambda:show("1")).grid(row=4,column=0)
49  Button(root,text="2",width=5,command=lambda:show("2")).grid(row=4,column=1)
50  Button(root,text="3",width=5,command=lambda:show("3")).grid(row=4,column=2)
51  Button(root,text="+",width=5,command=lambda:show("+")).grid(row=4,column=3)
52  # 以下是row5的其它按鈕
53  Button(root,text="0",width=12,
54          command=lambda:show("0")).grid(row=5,column=0,columnspan=2)
55  Button(root,text=".",width=5,
56          command=lambda:show(".")).grid(row=5,column=2)
57  Button(root,text="=",width=5,bg ="yellow",
58          command=lambda:calculate()).grid(row=5,column=3)
59
60  root.mainloop()
```

執行結果

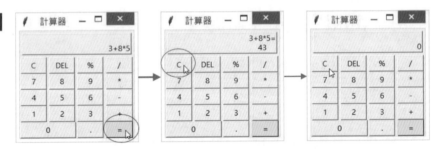

6-7 貸款程式設計

　　每個人在成長過程可能會經歷買房子，第一次住在屬於自己的房子是一個美好的經歷，大多數的人在這個過程中可能會需要向銀行貸款。這時我們會思考需要貸款多少錢？貸款年限是多少？銀行利率是多少？然後我們可以利用上述已知資料計算每個月還款金額是多少？同時我們會好奇整個貸款結束究竟還了多少貸款本金和利息。在做這個專題實作分析時，我們已知的條件是：

貸款金額：筆者使用 loan 當變數

貸款年限：筆者使用 year 當變數

年利率：筆者使用 rate 當變數

然後我們需要利用上述條件計算下列結果：

每月還款金額：筆者用 monthlyPay 當變數

總共還款金額：筆者用 totalPay 當變數

處理這個貸款問題的數學公式如下：

$$每月還款金額 = \frac{貸款金額 * 月利率}{1 - \dfrac{1}{(1 + 月利率)^{貸款年限*12}}}$$

在銀行的貸款術語習慣是用年利率，所以碰上這類問題我們需將所輸入的利率先除以 100，這是轉成百分比，同時要除以 12 表示是月利率。可以用下列方式計算月利率，筆者用 monthrate 當作變數。

```
monthrate = rate / (12*100)           # 第 5 行
```

為了不讓求每月還款金額的數學式變的複雜，筆者將分子 (第8行) 與分母 (第9行) 分開計算，第 10 行則是計算每月還款金額，第 11 行是計算總共還款金額。

```
1   # ch6_8.py
2   from tkinter import * # Import tkinter
3
4   def cal():
5       monthrate = float(rateVar.get()) / (12*100)        # 改成百分比以及月利率
6       molecules = float(loanVar.get()) * monthrate
7       denominator = 1 - (1 / (1 + monthrate) ** (int(yearVar.get()) * 12))
8       monthlypay = int(molecules / denominator)          # 每月還款金額
9       monthlypayVar.set(monthlypay)
10      totalPay = monthlypay * int(yearVar.get()) * 12
11      totalpayVar.set(totalPay)
12
13  window = Tk()
14  window.title("ch6_8")
15
16  Label(window, text="貸款年利率").grid(row=1, column=1, sticky=W)
17  Label(window, text="貸款年數").grid(row=2, column=1, sticky=W)
18  Label(window, text="貸款金額").grid(row=3, column=1, sticky=W)
19  Label(window, text="月付款金額").grid(row=4, column=1, sticky=W)
20  Label(window, text="總付款金額").grid(row=5, column=1, sticky=W)
```

```
21
22   rateVar = StringVar()
23   Entry(window,textvariable=rateVar,justify=RIGHT).grid(row=1,column=2,padx=3)
24   yearVar = StringVar()
25   Entry(window,textvariable=yearVar,justify=RIGHT).grid(row=2,column=2,padx=3)
26   loanVar = StringVar()
27   Entry(window,textvariable=loanVar,justify=RIGHT).grid(row=3,column=2,padx=3)
28
29   monthlypayVar = StringVar()
30   lblmonthlypay = Label(window,textvariable=monthlypayVar).grid(row=4,
31                         column=2,sticky=E,pady=3)
32   totalpayVar = StringVar()
33   lbltotalpay = Label(window,textvariable=totalpayVar).grid(row=5,
34                       column=2,sticky=E,padx=3)
35   btn_Cal = Button(window,text="計算貸款金額",command=cal).grid(
36                    row=6,column=2,sticky=E,padx=3,pady=3)
37
38   window.mainloop()
```

執行結果

第七章

選項鈕與核取方塊

Radio Buttons 在中文可以稱為**選項鈕**，它在 Widget 控件的類別名稱是 Radiobutton，Checkboxes 在中文稱**核取方塊**，它在 Widget 控件的類別名稱是 Checkbutton。由於這 2 個控件類似，所以筆者將在此章節解說。

7-1 Radio buttons 選項鈕

7-1-1　選項鈕的基本觀念

選項鈕 Radio Buttons 名稱的由來是無線電的按鈕，在收音機時代可以用無線電的按鈕選擇特定頻道。選項鈕最大的特色可以用滑鼠按一下方式選取此選項，同時一次只能有一個選項被選取，例如：在填寫學歷欄時，如果一系列選項是要求輸入學歷，你可能會看到一系列選項，例如：**高中、大學、碩士、博士**，此時你只能勾選一個項目。在設計選項鈕時，最常見的方式是讓選項鈕以文字方式存在，與標籤一樣我們也可以設計含影像的選項鈕。

程式設計時我們可以設計讓選項鈕與函數 (function) 或稱方法 (method) 綁在一起，當選擇適當的選項鈕時，可以自動執行相關的函數或方法。另外，程式設計時可能會有多組選項鈕，此時我們可以設計一組選項鈕有一個相關的變數，由此變數綁定這組選項鈕。

這時我們可以使用 Radiobutton( ) 方法建立上述系列選項鈕，選項鈕的語法格式如下：

Radiobutton(父物件 , options, …)

Radiobutton( ) 方法的第一個參數是父物件，表示這個選項鈕將建立在那一個父物件內。下列是 Radiobutton( ) 方法內其它常用的 options 參數：

❑ activebackground：滑鼠游標在選項鈕時的背景顏色。

❑ activeforeground：滑鼠游標在選項鈕時的前景顏色。

❑ anchor：如果空間大於所需時，控制選項鈕的位置，預設是 CENTER。

❑ bg：標籤背景或 indicator 的背景顏色。

❑ bitmap：位元圖影像物件。

❑ borderwidth 或 bd：邊界寬度預設是 2 個像素。

❑ command：當使用者更改選項時，會自動執行此函數。

❑ cursor：當滑鼠游標在選項鈕時的游標外形。

❑ fg：文字前景顏色。

❑ font：字型。

❑ height：選項鈕的文字有幾行，預設是 1 行。

❑ highlightbackground：當選項鈕取得焦點時的背景顏色。

❑ highlightcolor：當選項鈕取得焦點時的顏色。

❑ image：影像物件，如果要建立含影像的選項鈕時，可以使用此參數。

❑ indicatoron：當此值為 0 時，可以建立盒子選項鈕。

❑ justify：當文字含多行時，最後一行的對齊方式。

❑ padx：預設是 1，可設定選項鈕與文字的間隔。

❑ pady：預設是 1，可設定選項鈕的上下間距。

❑ selectcolor：當選項鈕被選取時的顏色。

❑ selectimage：如果你設定影像選項鈕時，可由此設定當選項鈕被選取時的不同影像。

❑ state：預設是 state=NORMAL，若是設定 DISABLE 則以灰階顯示選項鈕表示暫時無法使用。

❑ text：選項鈕旁的文字。

❑ textvariable：以變數方式顯示選項鈕文字。

❑ underline：可以設定第幾個文字有含底線，從 0 開始算起，預設是 -1 表示不含底線。

❑ value：選項鈕的值，可以區分所選取的選項鈕。

❑ variable：設定或取得目前選取的選項按鈕，它的值型態通常是 IntVar 或 StringVar。

❑ width：選項鈕的文字區間有幾個字元寬，省略時會自行調整為實際寬度。

❑ wraplength：限制每行的文字數，預設是 0，表示只有 "\n" 才會換行。

綁定整組選項鈕方式如下：

```
var IntVar
rb1 = Radiobutton(root, … , variable=var,value=x1, …)
rb2 = Radiobutton(root, … , variable=var,value=x2, …)
…
rbn = Radiobutton(root, … , variable=var,value=x3, …)
```

　　未來若是想取得這組選項鈕所選的選項，可以使用 get( ) 方法，這時會將所選選項的參數 value 的值傳回，方法 set( ) 可以設定最初預設的 value 選項。

程式實例 ch7_1.py：這是一個簡單**選項鈕**的應用，程式剛執行時**預設選項是男生**此時視窗上方顯示**尚未選擇**，然後我們可以點選男生或女生，點選完成後可以顯示**你是男生或你是女生**。

```python
1   # ch7_1.py
2   from tkinter import *
3   def printSelection():
4       num = var.get()
5       if num == 1:
6           label.config(text="你是男生")
7       else:
8           label.config(text="你是女生")
9
10  root = Tk()
11  root.title("ch7_1")                             # 視窗標題
12
13  var = IntVar()                                  # 選項紐綁定的變數
14  var.set(1)                                      # 預設選項是男生
15
16  label = Label(root,text="這是預設,尚未選擇", bg="lightyellow",width=30)
17  label.pack()
18
19  rbman = Radiobutton(root,text="男生",            # 男生選項鈕
20                      variable=var,value=1,
21                      command=printSelection)
22  rbman.pack()
23  rbwoman = Radiobutton(root,text="女生",          # 女生選項鈕
24                      variable=var,value=2,
25                      command=printSelection)
26  rbwoman.pack()
27
28  root.mainloop()
```

執行結果

 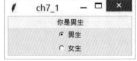 

上述第 13 行是設定 var 變數是 IntVar( ) 物件，也是整數物件。第 14 行是設定預設選項是 1，在此相當於預設是**男生**，第 16 和 17 行是設定標籤資訊。第 19-22 行是建立男生選項鈕，第 23-26 行是建立女生選項鈕。當有選項按鈕產生時，會執行第 3-8 行的函數，這個函數會由 var.get( ) 獲得目前選項鈕 value 值，然後由此值利用 if 判斷所選的是男生或女生，最後使用 config( ) 方法將**男生或女生**設定給標籤物件 label 的 text，所以可以看到所選的結果。

上述程式筆者為了讓讀者了解 get( ) 和 set( ) 方法取得和設定的 var 值，是參數 value 的值。有時我們熟悉了選項鈕的操作後，這個欄位可以用字串處理，通常是設定 text 內容與 value 內容相同，這時在處理 callback 函數 (此例是 printSelection) 時，可以比較清晰易懂，整個程式可以比較簡潔。

程式實例 ch7_2.py：使用字串觀念設定 Radiobutton 方法內的 value 參數值，重新設計 ch7_1.py，讀者應該發現 printSelection( ) 函數只用第 4 行就取代原先的第 4-8 行。

```
1   # ch7_2.py
2   from tkinter import *
3   def printSelection():
4       label.config(text="你是"+var.get())
5
6   root = Tk()
7   root.title("ch7_2")                          # 視窗標題
8
9   var = StringVar()                            # 選項鈕綁定的變數
10  var.set("男生")                              # 預設選項是男生
11
12  label = Label(root,text="這是預設,尚未選擇", bg="lightyellow",width=30)
13  label.pack()
14
15  rbman = Radiobutton(root,text="男生",         # 男生選項鈕
16                      variable=var,value="男生",
17                      command=printSelection)
18  rbman.pack()
19  rbwoman = Radiobutton(root,text="女生",        # 女生選項鈕
20                      variable=var,value="女生",
21                      command=printSelection)
22  rbwoman.pack()
23
24  root.mainloop()
```

執行結果 與 ch7_1.py 相同。

7-1-2　將字典應用在選項鈕

　　上述建立選項鈕方法雖然好用，但是當選項變多時程式就會顯得比較複雜，此時可以考慮使用字典儲存選項紐相關資訊，然後用遍歷字典方式建立選項鈕，可參考下列實例。

程式實例 ch7_3.py：為字典內的城市資料建立選項鈕，當我們點選最喜歡的程式時，Python Shell 視窗將列出所選的結果。

```
1   # ch7_3.py
2   from tkinter import *
3   def printSelection():
4       print(cities[var.get()])              # 列出所選城市
5
6   root = Tk()
7   root.title("ch7_3")                       # 視窗標題
8   cities = {0:"東京",1:"紐約",2:"巴黎",3:"倫敦",4:"香港"}
9
10  var = IntVar()
11  var.set(0)                                # 預設選項
12  label = Label(root,text="選擇最喜歡的城市",
13              fg="blue",bg="lightyellow",width=30).pack()
14
15  for val, city in cities.items():          # 建立選項紐
16      Radiobutton(root,
17                  text=city,
18                  variable=var,value=val,
19                  command=printSelection).pack()
20
21  root.mainloop()
```

執行結果 下列左邊是最初畫面，右邊是選擇紐約。

　　當選擇紐約選項鈕時，可以在 Python Shell 視窗看到下列結果。

```
================ RESTART: D:/PythonGUI/ch7/ch7_3.py ===================
紐約
```

7-1-3 盒子選項鈕

tkinter 也提供盒子選項鈕的觀念，可以在 Radiobutton 方法內使用 indicatoron(意義是 indicator on) 參數，將它設為 0。

程式實例 ch7_4.py：使用盒子選項鈕重新設計 ch7_3.py，重點是第 18 行。

```
1   # ch7_4.py
2   from tkinter import *
3   def printSelection():
4       print(cities[var.get()])              # 列出所選城市
5
6   root = Tk()
7   root.title("ch7_4")                        # 視窗標題
8   cities = {0:"東京",1:"紐約",2:"巴黎",3:"倫敦",4:"香港"}
9
10  var = IntVar()
11  var.set(0)                                 # 預設選項
12  label = Label(root,text="選擇最喜歡的城市",
13              fg="blue",bg="lightyellow",width=30).pack()
14
15  for val, city in cities.items():           # 建立選項紐
16      Radiobutton(root,
17              text=city,
18              indicatoron = 0,               # 用盒子取代選項紐
19              width=30,
20              variable=var,value=val,
21              command=printSelection).pack()
22
23  root.mainloop()
```

執行結果

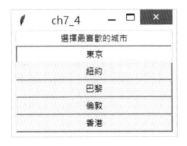 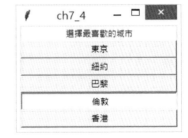

7-1-4 建立含影像的選項鈕

我們也可以將選項文字用影像取代，它的觀念和標籤 Label 相同。

程式實例 ch7_5.py：使用星星 star.gif、月亮 moon.gif、太陽 sun.gif 等 3 個當作選項鈕，讀者可以選擇某一選項，然後上方視窗將列出所選擇的項目。

```python
 1  # ch7_5.py
 2  from tkinter import *
 3  def printSelection():
 4      label.config(text="你選的是"+var.get())
 5
 6  root = Tk()
 7  root.title("ch7_5")                              # 視窗標題
 8
 9  imgStar = PhotoImage(file="star.gif")
10  imgMoon = PhotoImage(file="moon.gif")
11  imgSun = PhotoImage(file="sun.gif")
12
13  var = StringVar()                                # 選項鈕綁定的變數
14  var.set("星星")                                  # 預設選項是男生
15
16  label = Label(root,text="這是預設,尚未選擇", bg="lightyellow",width=30)
17  label.pack()
18
19  rbStar = Radiobutton(root,image=imgStar,         # 星星選項鈕
20                       variable=var,value="星星",
21                       command=printSelection)
22  rbStar.pack()
23  rbMoon = Radiobutton(root,image=imgMoon,         # 月亮選項鈕
24                       variable=var,value="月亮",
25                       command=printSelection)
26  rbMoon.pack()
27  rbSun = Radiobutton(root,image=imgSun,           # 太陽選項鈕
28                      variable=var,value="太陽",
29                      command=printSelection)
30  rbSun.pack()
31
32  root.mainloop()
```

執行結果

　　如果要建立含有影像和文字的選項鈕，它的觀念與標籤觀念相同，需要在 Radiobutton 方法內增加 text 參數設定文字，增加 compound 參數設定影像在文字的位置。

程式實例 ch7_6.py：擴充設計 ch7_5.py，建立一個含有影像和文字的選項鈕，本程式會將影像建立在文字的右邊。

```
1   # ch7_6.py
2   from tkinter import *
3   def printSelection():
4       label.config(text="你選的是"+var.get())
5
6   root = Tk()
7   root.title("ch7_6")                          # 視窗標題
8
9   imgStar = PhotoImage(file="star.gif")
10  imgMoon = PhotoImage(file="moon.gif")
11  imgSun = PhotoImage(file="sun.gif")
12
13  var = StringVar()                            # 選項紐綁定的變數
14  var.set("星星")                              # 預設選項是男生
15
16  label = Label(root,text="這是預設,尚未選擇", bg="lightyellow",width=30)
17  label.pack()
18
19  rbStar = Radiobutton(root,image=imgStar,     # 星星選項鈕
20                  text="星星",compound=RIGHT,
21                  variable=var,value="星星",
22                  command=printSelection)
23  rbStar.pack()
24  rbMoon = Radiobutton(root,image=imgMoon,     # 月亮選項鈕
25                  text="月亮",compound=RIGHT,
26                  variable=var,value="月亮",
27                  command=printSelection)
28  rbMoon.pack()
29  rbSun = Radiobutton(root,image=imgSun,       # 太陽選項鈕
30                  text="太陽",compound=RIGHT,
31                  variable=var,value="太陽",
32                  command=printSelection)
33  rbSun.pack()
34
35  root.mainloop()
```

執行結果

7-2 Checkboxes 核取方塊

Checkboxes 我們可以翻譯為**核取方塊**或**核對盒**，它在 Widget 控件的類別名稱是 Checkbutton。核取方塊在螢幕上是一個方框，它與選項鈕最大的差異在它是複選。在設計核取方塊時，最常見的方式是讓核取方塊以文字方式存在，與標籤一樣我們也可以設計含影像的核取方塊。

程式設計時我們可以設計讓每個核取方塊與函數 (function) 或稱方法 (method) 綁在一起，當此選項被選擇時，可以自動執行相關的函數或方法。另外，程式設計時可能會有多組核取方塊，此時我們可以設計一組核取方塊有一個相關的變數，由此變數綁定這組核取方塊。

我們可以使用 Checkbutton( ) 方法建立核取方塊，它的使用方法如下：

Checkbutton(父物件 , options, …)

Checkbutton( ) 方法的第一個參數是**父物件**，表示這個核取方塊將建立在那一個父物件內。下列是 Checkbutton( ) 方法內其它常用的 options 參數：

❑ activebackground：滑鼠游標在核取方塊時的背景顏色。

❑ activeforeground：滑鼠游標在核取方塊時的前景顏色。

❑ bg：標籤背景或 indicator 的背景顏色。

❑ bitmap：位元圖影像物件。

❑ borderwidth 或 bd：邊界寬度預設是 2 個像素。

❑ command：當使用者更改選項時，會自動執行此函數。

❑ cursor：當滑鼠游標在核取方塊時的游標外形。

❑ disabledforeground：當無法操作時的顏色。

❑ font：字型。

❑ height：核取方塊的文字有幾行，預設是 1 行。

❑ highlightbackground：當核取方塊取得焦點時的背景顏色。

❑ highlightcolor：當核取方塊取得焦點時的顏色。

❑ image：影像物件，如果要建立含影像的選項鈕時，可以使用此參數。

❏ justify：當文字含多行時，最後一行的對齊方式。

❏ offvalue：這是控制變數，預設若核取方塊未選取值是 0，可是可以由此更改設定此值。

❏ onvalue：這是控制變數，預設若核取方塊未選取值是 1，可是可以由此更改設定此值。

❏ padx：預設是 1，可設定核取方塊與文字的間隔。

❏ pady：預設是 1，可設定核取方塊的上下間距。

❏ relief：預設是 relief=FLAT，可由此控制核取方塊外框。

❏ selectcolor：當核取方塊被選取時的顏色。

❏ selectimage：如果你設定影像核取方塊時，可由此設定當核取方塊被選取時的不同影像。

❏ state：預設是 state=NORMAL，若是設定 DISABLED 則以灰階顯示核取方塊表示暫時無法使用。如果滑鼠游標在核取方塊上方表示 ACTIVE。

❏ text：核取方塊旁的文字。

❏ underline：可以設定第幾個文字有含底線，從 0 開始算起，預設是 -1 表示不含底線。

❏ variable：設定或取得目前選取的核取方塊，它的值型態通常是 IntVar 或 StringVar。

❏ width：核取方塊的文字有幾個字元寬，省略時會自行調整為實際寬度。

❏ wraplength：限制每行的文字數，預設是 0，表示只有 "\n" 才會換行。

程式實例 ch7_7.py：建立核取方塊的應用。

```
1  # ch7_7.py
2  from tkinter import *
3
4  root = Tk()
5  root.title("ch7_7")                     # 視窗標題
6
7  lab = Label(root,text="請選擇喜歡的運動",fg="blue",bg="lightyellow",width=30)
8  lab.grid(row=0)
9
10 var1 = IntVar()
11 cbtnNFL = Checkbutton(root,text="美式足球",variable=var1)
12 cbtnNFL.grid(row=1,sticky=W)
13
```

```
14    var2 = IntVar()
15    cbtnMLB = Checkbutton(root,text="棒球",variable=var2)
16    cbtnMLB.grid(row=2,sticky=W)
17
18    var3 = IntVar()
19    cbtnNBA = Checkbutton(root,text="籃球",variable=var3)
20    cbtnNBA.grid(row=3,sticky=W)
21
22    root.mainloop()
```

執行結果

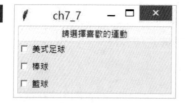 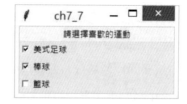

　　如果核取方塊項目不多時，可以參考上述實例使用 Checkbutton( ) 方法一步一步
建立核取方塊的項目，如果項目很多時可以將項目組織成字典，然後使用迴圈觀念建
立這個核取項目，可參考下列實例。

程式實例 ch7_8.py：以 sports 字典方式儲存運動核取方塊項目，然後建立此核取方塊，
當有選擇項目時，若是按確定鈕可以在 Python Shell 視窗列出所選的項目。

```
1    # ch7_8.py
2    from tkinter import *
3
4    def printInfo():
5        selection = ''
6        for i in checkboxes:                      # 檢查此字典
7            if checkboxes[i].get() == True:       # 被選取則執行
8                selection = selection + sports[i] + "\t"
9        print(selection)
10
11   root = Tk()
12   root.title("ch7_8")                           # 視窗標題
13
14   Label(root,text="請選擇喜歡的運動",
15         fg="blue",bg="lightyellow",width=30).grid(row=0)
16
17   sports = {0:"美式足球",1:"棒球",2:"籃球",3:"網球"}      # 運動字典
18   checkboxes = {}                               # 字典存放被選取項目
19   for i in range(len(sports)):                  # 將運動字典轉成核取方塊
20       checkboxes[i] = BooleanVar()              # 布林變數物件
21       Checkbutton(root,text=sports[i],
22                   variable=checkboxes[i]).grid(row=i+1,sticky=W)
23
24   btn = Button(root,text="確定",width=10,command=printInfo)
```

```
25  btn.grid(row=i+2)
26
27  root.mainloop()
```

執行結果

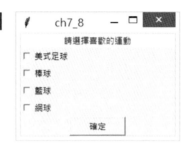 

上述右方若是按**確定**鈕,可以在 Python Shell 視窗看到下列結果。

```
==================== RESTART: D:/PythonGUI/ch7/ch7_8.py ====================
美式足球        籃球    網球
```

上述第 17 行的 sports 字典是儲存核取方塊的運動項目,第 18 行的 checkboxes 字典則是儲存核取按鈕是否被選取,第 19-22 行是迴圈會將 sports 字典內容轉成核取方塊,其中第 20 行是將 checkboxes 內容設為 BooleanVar 物件,經過這樣設定未來第 7 行才可以用 get( ) 方法取得它的內容。第 24 行是建立確定按鈕,當按此鈕時會執行第 4-9 行的 printInfo( ) 函數,這個函數主要是將被選取的項目列印出來。

7-3 簡單編輯程式的應用

程式實例 ch7_9.py:建立一個對話方塊,這個對話方塊有 1 個 Entry 文字方塊、4 個功能鈕、1 個核取方塊,功能如下:

Entry 文字方塊:可以在此輸入文字。

選取功能鈕:可以選取 Entry 內的文字。

取消選取功能鈕:可以取消選取 Entry 內的文字。

刪除功能鈕:可以刪除 Entry 內的文字。

結束:讓程式結束。

唯讀:讓 Entry 進入唯讀模式,無法寫入或更改 Entry 內容。

```
1   # ch7_9.py
2   from tkinter import *
3   # 以下是callback方法
4   def selAll():                                    # 選取全部字串
5       entry.select_range(0,END)
6   def deSel():                                      # 取消選取
7       entry.select_clear()
8   def clr():                                        # 刪除文字
9       entry.delete(0,END)
10  def readonly():                                   # 設定Entry狀態
11      if var.get() == True:
12          entry.config(state=DISABLED)             # 設為DISABLED
13      else:
14          entry.config(state=NORMAL)               # 設為NORMAL
15
16  root = Tk()
17  root.title("ch7_9")                              # 視窗標題
18
19  # 以下row=0建立Entry
20  entry = Entry(root)
21  entry.grid(row=0,column=0,columnspan=4,
22                  padx=5,pady=5,sticky=W)
23  # 以下row=1建立Button
24  btnSel = Button(root,text="選取",command=selAll)
25  btnSel.grid(row=1,column=0,padx=5,pady=5,sticky=W)
26  btnDesel = Button(root,text="取消選取",command=deSel)
27  btnDesel.grid(row=1,column=1,padx=5,pady=5,sticky=W)
28  btnClr = Button(root,text="刪除",command=clr)
29  btnClr.grid(row=1,column=2,padx=5,pady=5,sticky=W)
30  btnQuit = Button(root,text="結束",command=root.destroy)
31  btnQuit.grid(row=1,column=3,padx=5,pady=5,sticky=W)
32  # 以下row=2建立Checkboxes
33  var = BooleanVar()
34  var.set(False)
35  chkReadonly = Checkbutton(root,text="唯讀",variable=var,
36                              command=readonly)
37  chkReadonly.grid(row=2,column=0)
38
39  root.mainloop()
```

執行結果

第八章
容器控件

　　Frame 在中文可翻譯為框架，它在 Widget 的類別名稱就是 Frame。LabelFrame 在中文可翻譯為標籤框架，它在 Widget 的類別名稱就是 LabelFrame。這 2 個控件主要是當作容器，設計時 LabelFrame 可以在外觀看到標籤名稱。本章要介紹的另一個 Widget 是 Toplevel，它與 Frame 類似，但是將產生一個分離的視窗容器。

8-1 框架 Frame

8-1-1 框架的基本觀念

　　這是一個容器 (container)Widget 控件，當我們設計的 GUI 程式很複雜時，此時可以考慮將系列相關的 Widget 組織在一個框架內，這樣可以方便管理。它的建構方法語法如下：

　　Frame(父物件 ,options, …)　　　　　　# 父物件可以省略，可參考 ch8_1_1.py

　　Frame( ) 方法的第一個參數是父物件，表示這個框架將建立在那一個父物件內。下列是 Frame( ) 方法內其它常用的 options 參數：

❑ bg 或 background：背景色彩。

❑ borderwidth 或 bd：標籤邊界寬度，預設是 2。

❑ cursor：當滑鼠游標在框架時的游標外形。

❑ height：框架的高度單位是像素。

❑ highlightbackground：當框架沒有取得焦點時的顏色。

❑ highlightcolor：當框架取得焦點時的顏色。

❑ highlighthickness：當框架取得焦點時的厚度。

❑ relief：預設是 relief=FLAT，可由此控制框架外框，可參考 ch8_4.py。

❑ width：框架的高度單位是像素，省略時會自行調整為實際寬度。

程式實例 ch8_1.py：建立 3 個不同底色的框架。

```
1  # ch8_1.py
2  from tkinter import *
3
4  root = Tk()
5  root.title("ch8_1")
6
7  for fm in ["red","green","blue"]:      # 建立3個不同底色的框架
8      Frame(root,bg=fm,height=50,width=250).pack()
9
10 root.mainloop()
```

執行結果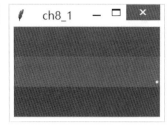

從上述實例我們應該瞭解，框架也是一個 Widget 控件，所以最後也需要使用控件配置管理員包裝與定位，此例是使用 pack( )。

程式實例 ch8_1_1.py：在呼叫 Frame 建構方法時，省略父物件。

```
8        Frame(bg=fm,height=50,width=250).pack()
```

執行結果 與 ch8_1.py 相同。

程式實例 ch8_2.py：使用橫向配置方式 (side=LEFT) 重新設計 ch8_1.py，同時讓滑鼠游標在不同的框架有不同的外形。

```
1    # ch8_2.py
2    from tkinter import *
3
4    root = Tk()
5    root.title("ch8_2")
6
7    # 用字典儲存框架顏色與游標外形
8    fms = {'red':'cross','green':'boat','blue':'clock'}
9    for fmColor in fms:              # 建立3個不同底色的框架與游標外形
10       Frame(root,bg=fmColor,cursor=fms[fmColor],
11           height=50,width=200).pack(side=LEFT)
12
13   root.mainloop()
```

執行結果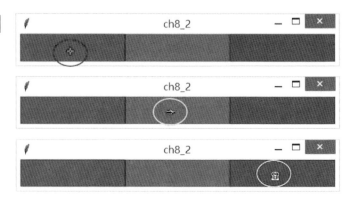

8-1-2　實作框架內建立 Widget 控件

我們建立框架時會傳回框架物件，假設此物件是 A，未來在此框架內建立 Widget 控件時，此物件 A 就是框架內 Widget 控件的父容器，下列是在框架內建立功能鈕物件的解說。

```
A = Frame(root, … )          # 傳回框架物件 A
btn = Button(A, … )          # 框架物件 A 是 btn 功能鈕的父容器
```

程式實例 ch8_3.py：建立 2 個框架，同時在上方框架 frameUpper 內建 3 個功能鈕，下方框架是 frameLower 同時在此建立 1 個功能鈕。

```
1   # ch8_3.py
2   from tkinter import *
3
4   root = Tk()
5   root.title("ch8_3")
6
7   frameUpper = Frame(root,bg="lightyellow")    # 建立上層框架
8   frameUpper.pack()
9   btnRed = Button(frameUpper,text="Red",fg="red")
10  btnRed.pack(side=LEFT,padx=5,pady=5)
11  btnGreen = Button(frameUpper,text="Green",fg="green")
12  btnGreen.pack(side=LEFT,padx=5,pady=5)
13  btnBlue = Button(frameUpper,text="Blue",fg="blue")
14  btnBlue.pack(side=LEFT,padx=5,pady=5)
15
16  frameLower = Frame(root,bg="lightblue")      # 建立下層框架
17  frameLower.pack()
18  btnPurple = Button(frameLower,text="Purple",fg="purple")
19  btnPurple.pack(side=LEFT,padx=5,pady=5)
20
21  root.mainloop()
```

執行結果

8-1-3　活用 relief 屬性

其實我們可以利用 relief 屬性的特性，將 Widget 控件建立在框架內。

程式實例 ch8_4.py：建立 3 個框架，分別使用不同的 relief 屬性。

```
1  # ch8_4.py
2  from tkinter import *
3
4  root = Tk()
5  root.title("ch8_4")
6
7  fm1 = Frame(width=150,height=80,relief=GROOVE, borderwidth=5)
8  fm1.pack(side=LEFT,padx=5,pady=10)
9
10 fm2 = Frame(width=150,height=80,relief=RAISED, borderwidth=5)
11 fm2.pack(side=LEFT,padx=5,pady=10)
12
13 fm3 = Frame(width=150,height=80,relief=RIDGE, borderwidth=5)
14 fm3.pack(side=LEFT,padx=5,pady=10)
15
16 root.mainloop()
```

執行結果

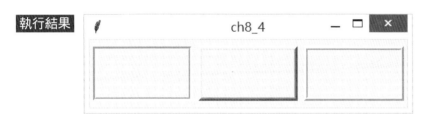

8-1-4　在含 RAISED 屬性的框架內建立核取方塊

程式實例 ch8_5.py：建立一個含 RAISED 屬性的框架，同時在此框架內建立標籤和核取方塊。

```
1  # ch8_5.py
2  from tkinter import *
3
4  root = Tk()
5  root.title("ch8_5")
6
7  fm = Frame(width=150,height=80,relief=RAISED,borderwidth=5) # 建立框架
8  lab = Label(fm,text="請複選常用的程式語言")      # 建立標籤
9  lab.pack()
10 python = Checkbutton(fm,text="Python")            # 建立python核取方塊
11 python.pack(anchor=W)
12 java = Checkbutton(fm,text="Java")                # 建立java核取方塊
13 java.pack(anchor=W)
14 ruby = Checkbutton(fm,text="Ruby")                # 建立ruby核取方塊
15 ruby.pack(anchor=W)
16 fm.pack(padx=10,pady=10)                          # 包裝框架
17
18 root.mainloop()
```

執行結果　

8-1-5　額外對 relief 屬性的支援

在標準的 Frame 框架中，對於 relief 屬性並沒有完全支援，例如：SOLID 和 SUNKEN 屬性，此時可以使用 tkinter.ttk 的 Frame 和 Style 模組，下列將直接以實例解說。

程式實例 ch8_6.py：建立 6 個框架，每個框架有不同的 relief。

```
1   # ch8_6.py
2   from tkinter import Tk
3   from tkinter.ttk import Frame, Style
4
5   root = Tk()
6   root.title("ch8_6")
7   style = Style()                    # 改用Style
8   style.theme_use("alt")             # 改用alt支援Style
9
10  fm1 = Frame(root,width=150,height=80,relief="flat")
11  fm1.grid(row=0,column=0,padx=5,pady=5)
12
13  fm2 = Frame(root,width=150,height=80,relief="groove")
14  fm2.grid(row=0,column=1,padx=5,pady=5)
15
16  fm3 = Frame(root,width=150,height=80,relief="raised")
17  fm3.grid(row=0,column=2,padx=5,pady=5)
18
19  fm4 = Frame(root,width=150,height=80,relief="ridge")
20  fm4.grid(row=1,column=0,padx=5,pady=5)
21
22  fm5 = Frame(root,width=150,height=80,relief="solid")
23  fm5.grid(row=1,column=1,padx=5,pady=5)
24
25  fm6 = Frame(root,width=150,height=80,relief="sunken")
26  fm6.grid(row=1,column=2,padx=5,pady=5)
27
28  root.mainloop()
```

執行結果

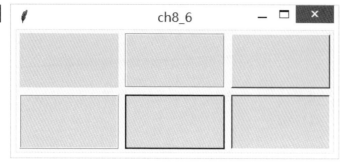

上述我們需使用 tkinter.ttk 模組內的 Frame 當作支援才可正常顯示 relief 外框，同時留意第 7-8 行 alt 參數主要是此機制內對於 relief 支援的參數。

8-2 標籤框架 LabelFrame

8-2-1 標籤框架的基本觀念

這也是一個容器 (container)Widget 控件，主要是將系列相關的 Widget 組織在一個標籤框架內，然後給它一個名稱。它的建構方法語法如下：

LabelFrame(父物件 ,options, …)

LabelFrame( ) 方法的第一個參數是父物件，表示這個標籤框架將建立在那一個父物件內。下列是 LabelFrame( ) 方法內其它常用的 options 參數：

❑ bg 或 background：背景色彩。

❑ borderwidth 或 bd：標籤邊界寬度，預設是 2。

❑ cursor：當滑鼠游標在框架時的游標外形。

❑ font：標籤框架的字型。

❑ height：框架的高度單位是像素。

❑ highlightbackground：當框架沒有取得焦點時的顏色。

❑ highlightcolor：當框架取得焦點時的顏色。

❑ highlighthickness：當框架取得焦點時的厚度。

❑ labelAnchor：設定放置標籤的位置。

❏ relief：預設是 relief=FLAT，可由此控制框架的外框。

❏ text：標籤內容。

❏ width：框架的高度單位是像素，省略時會自行調整為實際寬度。

程式實例 ch8_7.py：重新設計 ch5_3.py，將帳號和密碼欄位使用標籤框架框起來，此框架標籤的文字是 " 資料驗證 "。

```
1   # ch8_7.py
2   from tkinter import *
3
4   root = Tk()
5   root.title("ch8_7")                               # 視窗標題
6
7   msg = "歡迎進入Silicon Stone Educaiton系統"
8   sseGif = PhotoImage(file="sse.gif")               # Logo影像檔
9   logo = Label(root,image=sseGif,text=msg,compound=BOTTOM)
10  logo.pack()
11
12  # 以下是LabelFrame標籤框架
13  labFrame = LabelFrame(root,text="資料驗證")   # 建立標籤框架
14  accountL = Label(labFrame,text="Account")     # account標籤
15  accountL.grid(row=0,column=0)
16  pwdL = Label(labFrame,text="Password")        # pwd標籤
17  pwdL.grid(row=1,column=0)
18
19  accountE = Entry(labFrame)                        # 文字方塊account
20  accountE.grid(row=0,column=1)                     # 定位文字方塊account
21  pwdE = Entry(labFrame,show="*")                   # 文字方塊pwd
22  pwdE.grid(row=1,column=1,pady=10)                 # 定位文字方塊pwd
23  labFrame.pack(padx=10,pady=5,ipadx=5,ipady=5)     # 包裝與定位標籤框架
24
25  root.mainloop()
```

執行結果

8-2-2 將標籤框架應用在核取方塊的應用

標籤框架的應用範圍很廣，也常應用在將選項鈕或是核取方塊組織起來，下列將直接以實例做解說。

程式實例 ch8_8.py：重新設計 ch7_8.py，將核取方塊用標籤框架框起來，同時筆者設定了 root 視窗的寬度和高度。

```
1   # ch8_8.py
2   from tkinter import *
3
4   def printInfo():
5       selection = ''
6       for i in checkboxes:                     # 檢查此字典
7           if checkboxes[i].get() == True:      # 被選取則執行
8               selection = selection + sports[i] + "\t"
9       print(selection)
10
11  root = Tk()
12  root.title("ch8_8")                          # 視窗標題
13  root.geometry("400x220")
14  # 以下建立標籤框架與和曲塊
15  labFrame = LabelFrame(root,text="選擇最喜歡的運動")
16  sports = {0:"美式足球",1:"棒球",2:"籃球",3:"網球"}    # 運動字典
17  checkboxes = {}                              # 字典存放被選取項目
18  for i in range(len(sports)):                 # 將運動字典轉成核取方塊
19      checkboxes[i] = BooleanVar()             # 布林變數物件
20      Checkbutton(labFrame,text=sports[i],
21              variable=checkboxes[i]).grid(row=i+1,sticky=W)
22  labFrame.pack(ipadx=5,ipady=5,pady=10)       # 包裝定位標籤框架
23
24  btn = Button(root,text="確定",width=10,command=printInfo)
25  btn.pack()
26
27  root.mainloop()
```

執行結果

8-3 頂層視窗 Toplevel

8-3-1 Toplevel 視窗的基本觀念

這個控件的功能類似於 Frame，但是這個控件所產生的容器是一個獨立的視窗，這個視窗有自己的標題欄和邊框。它的建構方法語法如下：

Toplevel(options, …)

下列是 LabelFrame( ) 方法內其它常用的 options 參數：

❏ bg 或 background：背景色彩。

❏ borderwidth 或 bd：標籤邊界寬度，預設是 2。

❏ cursor：當滑鼠游標在 Toplevel 視窗時的游標外形。

❏ fg：文字前景顏色。

❏ font：字型。

❏ height：視窗高度。

❏ width：視窗寬度。

程式實例 ch8_9.py：建立一個 Toplevel 視窗，為了區隔筆者在 Toplevel 視窗增加字串 "I am a toplevel."。

```
1   # ch8_9.py
2   from tkinter import *
3
4   root = Tk()
5   root.title("ch8_9")
6
7   tl = Toplevel()
8   Label(tl,text = 'I am a Toplevel').pack()
9
10  root.mainloop()
```

下方左圖示執行結果畫面，下方右圖是適度移動主視窗的結果。

　　Toplevel 視窗建立完成後，未來如果我們關閉 Toplevel 視窗，原主視窗仍可以繼續使用，但是如果我們關閉了主視窗，Toplevel 視窗將自動關閉。我們在第一章介紹建立主視窗時有介紹視窗屬性設定的方法，這方法中有些可以供 Toplevel 視窗使用。

程式實例 ch8_10.py：設定 Toplevel 視窗的標題和大小。

```
1  # ch8_10.py
2  from tkinter import *
3
4  root = Tk()
5  root.title("ch8_10")
6
7  tl = Toplevel()
8  tl.title("Toplevel")
9  tl.geometry("300x180")
10 Label(tl,text = 'I am a Toplevel').pack()
11
12 root.mainloop()
```

執行結果

8-3-2　使用 Toplevel 視窗模擬對話方塊

程式實例 ch8_11.py：這個程式執行時會有一個 Click Me 按鈕，當我們按此鈕時會由一個隨機數產生 Yes、No、Exit 字串，這些字串會出現在 Toplevel 視窗內。

```python
1   # ch8_11.py
2   from tkinter import *
3   import random
4
5   root = Tk()
6   root.title("ch8_11")
7
8   msgYes, msgNo, msgExit = 1,2,3
9   def MessageBox():                       # 建立對話方塊
10      msgType = random.randint(1,3)       # 隨機數產生對話方塊方式
11      if msgType == msgYes:               # 產生Yes字串
12          labTxt = 'Yes'
13      elif msgType == msgNo:              # 產生No字串
14          labTxt = 'No'
15      elif msgType == msgExit:            # 產生Exit字串
16          labTxt = 'Exit'
17      tl = Toplevel()                     # 建立Toplevel視窗
18      tl.geometry("300x180")              # 建立對話方塊大小
19      tl.title("Message Box")
20      Label(tl,text=labTxt).pack(fill=BOTH,expand=True)
21
22  btn = Button(root,text='Click Me',command = MessageBox)
23  btn.pack()
24
25  root.mainloop()
```

執行結果

8-4 框架專題實作

8-4-1 將控件放在框架的組合應用

程式實例 ch8_12.py：這個程式會建立 2 個框架，當點選選項鈕或核取方塊時會在 Python Shell 視窗列出所點選的內容，當有輸入名字再按**執行鈕**時，會在 Python Shell 視窗列出所輸入的名字。

```
1   # ch8_12.py
2   from tkinter import *
3
4   def click_Radiobutton():
5       print(("淺藍色" if v1.get() == 1 else "淺綠色")
6              + "設定" )
7
8   def click_bold_box():
9       print("粗體鈕 "
10             + ("設定" if v2.get() == 1 else "取消設定"))
11
12  def click_italic_box():
13      print("斜體鈕 "
14             + ("設定" if v3.get() == 1 else "取消設定"))
15
16  def get_Name():
17      print("姓名 : " + name.get())
18
19  window = Tk()
20  window.title("ch8_12")                        # 設定標題
21
22  # 在框架frame1,建立2個選項鈕和2個核對方塊
23  frame1 = Frame(window)                        # 建立框架frame1
24  frame1.pack()
25
26  v1 = IntVar()
27  v1.set(1)
28  rb_blue = Radiobutton(frame1, text="淺藍",
29                      bg="lightblue", variable=v1, value=1,
30                      command=click_Radiobutton)
31  rb_green = Radiobutton(frame1, text="淺綠",
32                       bg="lightgreen", variable=v1, value=2,
33                       command=click_Radiobutton)
34  v2 = IntVar()
35  cbtBold = Checkbutton(frame1, text="粗體",
36                      variable=v2, command=click_bold_box)
37  v3 = IntVar()
38  cbtItalic = Checkbutton(frame1, text="斜體",
39                      variable=v3, command=click_italic_box)
40
```

```
41    rb_blue.grid(row = 1, column = 1)
42    rb_green.grid(row = 1, column = 2)
43    cbtBold.grid(row = 2,column = 1)
44    cbtItalic.grid(row = 2,column = 2)
45
46    # 在框架frame2,建立1個標籤和1個文字方塊
47    frame2 = Frame(window)                          # 建立框架frame2
48    frame2.pack()
49    label = Label(frame2, text="請輸入名字: ")
50    name = StringVar()
51    name_Entry = Entry(frame2, textvariable=name)
52    name_Btn = Button(frame2, text="執行", command=get_Name)
53
54    label.grid(row=1, column=1)
55    name_Entry.grid(row=1, column=2)
56    name_Btn.grid(row=1, column=3, padx=3)
57
58    # 輸出文字
59    lbl = Label(window,text="控件組合應用")           # 輸出文字
60    lbl.pack()
61
62    window.mainloop()
```

執行結果

下列是 Python Shell 視窗的輸出。

```
=================== RESTART: D:/Python/ch8/ch8_12.py ===================
淺綠色設定
粗體鈕 設定
斜體鈕 設定
粗體鈕 取消設定
姓名: 洪錦魁
```

8-4-2　可以更改文字與顏色的框架應用

程式實例 ch8_13.py：輸出文字，同時可以更改文字的顏色和內容。

```
1    # ch8_13.py
2    from tkinter import *
3
4    def color_Radiobutton():
5        if var.get() == 'blue_color':
6            lbl["fg"] = "blue"
```

```
 7      elif var.get() == 'green_color':
 8          lbl["fg"] = "green"
 9      elif var.get() == 'red_color':
10          lbl["fg"] = "red"
11
12  def new_text_Btn():
13      lbl["text"] = msg.get()              # 建立新的展示文字
14
15  window = Tk()
16  window.title("ch8_13")                   # 設定標題
17
18  # 建立框架frame1
19  frame1 = Frame(window)
20  frame1.pack()
21  lbl = Label(frame1, text="Python GUI是有趣的")
22  lbl.pack()
23
24  # 建立框架frame2
25  frame2 = Frame(window)
26  frame2.pack()
27  label = Label(frame2, text = "請輸入文字 : ")
28  msg = StringVar()
29  entry = Entry(frame2, textvariable = msg)
30  change_Text = Button(frame2, text = "更改文字",
31                      command = new_text_Btn)
32  var = StringVar()
33  var.set(1)
34  rb_blue = Radiobutton(frame2, text="藍色", bg="lightblue",
35                      variable=var, value='blue_color',
36                      command=color_Radiobutton)
37  rb_green = Radiobutton(frame2, text="綠色", bg = "lightgree"
38                      variable=var, value='green_color',
39                      command = color_Radiobutton)
40  rb_red = Radiobutton(frame2, text="紅色", bg = "red",
41                      variable=var, value='red_color',
42                      command = color_Radiobutton)
43
44  label.grid(row=1, column=1)
45  entry.grid(row=1, column=2)
46  change_Text.grid(row=1, column=3)
47  rb_blue.grid(row=2, column=1)
48  rb_green.grid(row=2, column=2)
49  rb_red.grid(row=2, column=3)
50
51  window.mainloop()
```

執行結果 下列是程式執行最初畫面。

下列是更改文字顏色與內容的畫面。

8-4-3 設計一個容器然後顯示圖書封面

程式實例 ch8_14.py：在 ch8 資料夾下有 bookfigures 子資料夾，這個資料夾內有 7 個
筆者在深智所出版的書籍 gif 圖示。

　　這個程式執行時會先顯示前 3 本書籍封面，當按重新顯示鈕時，會依據 shuffle( )
功能，重新選取 3 本書籍封面顯示。

```
1   # ch8_14.py
2   from tkinter import *
3   import random
4
5   def do_shuffle():
6       random.shuffle(gifList)
7       for i in range(3):
8           labelList[i]["image"] = gifList[i]
9
10  window = Tk()
11  window.title("ch8_14")
12
13  gifList = []                    # 圖片串列
14  for i in range(1, 8):           # 建立圖片串列
15      gifList.append(PhotoImage(file="bookfigures/" + str(i) + ".gif"))
16
```

```
17   frame = Frame(window)                  # 容器，儲存圖書封面
18   frame.pack()
19
20   labelList = []                         # 圖書封面串列
21   for i in range(3):
22       labelList.append(Label(frame, image=gifList[i]))
23       labelList[i].pack(side=LEFT)
24
25   Button(window, text="重新顯示", command=do_shuffle).pack(pady=5)
26
27   window.mainloop()
```

執行結果

下列是按重新顯示鈕的結果。

第九章

與數字有關的 Widget

本章將介紹 2 個可以使用圖形介面選取數值的 Widget 控件，Scale 和 Spinbox。

9-1 Scale 的數值輸入控制

9-1-1 Scale 的基本觀念

Scale 可以翻譯為**數值捲軸**，有時候也可簡稱**捲軸**，Python 的 tkinter 模組有 Widget 控件 Scale，這是一種圖形介面輸入功能，我們可以移動**數值捲軸盒**產生某一範圍的數字。

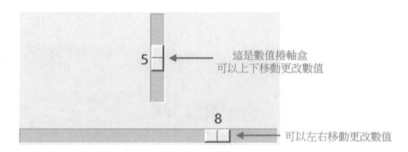

建立**數值捲軸**的方法是 Scale( )，它的建構方法如下：

Scale(父物件 , options, …)

Scale( ) 方法的第一個參數是**父物件**，表示這個**數值捲軸**控制將建立在那一個父物件內。下列是 Scale( ) 方法內其它常用的 options 參數：

❏ activebackground：滑鼠游標在**數值捲軸**時的背景顏色。

❏ bg：背景顏色。

❏ borderwidth 或 bd：3D 邊界寬度預設是 2 個像素。

❏ command：當使用者更改數值時，會自動執行此函數。

❏ cursor：當滑鼠游標在**數值捲軸**時的游標外形。

❏ digits：捲軸盒數值，讀取時需使用 IntVar、DoubleVar 或 StringVar 變數方式讀取。

❏ fg：文字前景顏色。

❏ font：字型。

❏ from_：**數值捲軸**範圍值的初值。

❏ highlightbackground：當**數值捲軸**取得焦點時的背景顏色。

❏ highlightcolor：當**數值捲軸**取得焦點時的顏色。

❏ label：預設是沒有標籤文字，如果**數值捲軸**是水平此標籤出現在左上角，如果**數值捲軸**是垂直此標籤出現在右上角。

❏ length：預設是 100 像素。

❏ orient：預設是水平捲軸，可以設定水平 HORIZONTAL 或垂直 VERTICAL

❏ relief：預設是 FLAT，可由此更改邊界外觀。

❏ repeatdelay：可設定時需要按著**捲軸盒**多久才可移動此捲軸盒，單位是毫秒 (milliseconds)，預設是 300。

❏ resolution：每次更改的數值，例如：如果 from_=2.0，to=4.0，如果將 resolution 設為 0.5，則**數值捲軸**可能數值是 2.0、2.5、3.0、3.5、4.0。

❏ showvalue：正常會顯示**數值捲軸**目前值，如果設為 0 則不顯示。

❏ state：如果設為 DISABLE 則暫時無法使用此 Scale。

❏ takefocus：正常時此**數值捲軸**可以循環取得焦點，如果設為 0 則無法。

❏ tickinterval：**數值捲軸**的標記刻度，例如：from_=2.0，to=3.0，tickinterval=0.25，則刻度是 2.0、2.25、2.50、2.75 和 3.0。

❏ to：**數值捲軸**範圍值的末端值。

❏ troughcolor：槽 (trough) 的顏色。

❏ variable：設定或取得目前選取的**數值捲軸值**，它的值型態通常是 IntVar 或 StringVar。

❏ width：對垂直**數值捲軸**這是槽 (trough) 的寬度，對水平**數值捲軸**這是槽 (trough) 的高度。

程式實例 ch9_1.py：一個簡單產生水平**數值捲軸**與垂直**數值捲軸**的應用，**數值捲軸**值的範圍在 0-10 之間，垂直**數值捲軸**使用預設長度，水平**數值捲軸**則設為 300。

```
1   # ch9_1.py
2   from tkinter import *
3
4   window = Tk()
5   window.title("ch9_1")              # 視窗標題
6
```

```
7   slider1 = Scale(window,from_=0,to=10).pack()
8   slider2 = Scale(window,from_=0,to=10,
9                   length=300,orient=HORIZONTAL).pack()
10
11  window.mainloop()
```

執行結果　　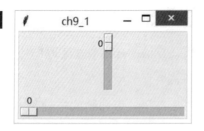　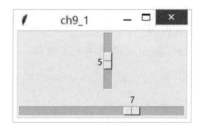

程式實例 ch9_2.py：設定 Scale( ) 建構方法上的多個參數，讀者可以更加認識**數值捲軸**。

```
1   # ch9_2.py
2   from tkinter import *
3
4   root = Tk()
5   root.title("ch9_2")                         # 視窗標題
6
7   slider = Scale(root,
8                  from_=0,                      # 起點值
9                  to=10,                        # 終點值
10                 troughcolor="yellow",         # 槽的顏色
11                 width="30",                   # 槽的高度
12                 tickinterval=2,               # 刻度
13                 label="My Scale",             # Scale標籤
14                 length=300,                   # Scale長度
15                 orient=HORIZONTAL)            # 水平
16  slider.pack()
17
18  root.mainloop()
```

執行結果　　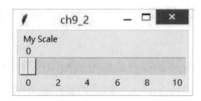　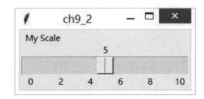

9-1-2　取得與設定 Scale 的捲軸值

設計 GUI 程式時可以使用 set( ) 方法設定**數值捲軸**的值，可以使用 get( ) 方法取得**數值捲軸**的值。

程式實例 ch9_3.py：使用 set( ) 設定**數值捲軸**初值，使用 get( ) 獲得**數值捲軸**值，當按 Print 鈕時可以在 Python Shell 視窗列出垂直和水平的**數值捲軸**值。

```
1   # ch9_3.py
2   from tkinter import *
3
4   def printInfo():
5       print("垂直捲軸值 = %d, 水平捲軸值 = %d" % (sV.get(),sH.get()))
6
7   root = Tk()
8   root.title("ch9_3")                        # 視窗標題
9
10  sV = Scale(root,label="垂直",from_=0,to=10)    # 建立垂直卷軸
11  sV.set(5)                                   # 設定垂直卷軸初值是5
12  sV.pack()
13
14  sH = Scale(root,label="水平",from_=0,to=10,    # 建立水平卷軸
15             length=300,orient=HORIZONTAL)
16  sH.set(3)                                   # 設定水平捲軸初值是3
17  sH.pack()
18
19  Button(root,text="Print",command=printInfo).pack()
20
21  root.mainloop()
```

執行結果 按 Print 鈕可以得到下列結果。

```
==================== RESTART: D:/PythonGUI/ch9/ch9_3.py ====================
垂直捲軸值 = 7, 水平捲軸值 = 6
```

9-1-3　使用 Scale 設定視窗背景顏色

Scale 控件有一個特色是當發生捲動時可以自動觸發事件，我們可以在 Scale( ) 使用時增加 command 參數設定捲動時所要執行的 callback 方法。它的觀念如下：

　　def callback( ):

　　…

　　…

　　sliderObj = Scale(…,command=callback)

從上述可知當有**數值捲軸**捲動時會呼叫與執行 callback( ) 方法。

程式實例 ch9_4.py：設計 3 個捲軸分別代表 R、G、B 三種顏色，當我們捲動這 3 個**數值捲軸**時，Python Shell 將顯示這 3 個**數值捲軸**的顏色值，同時可以看到視窗背景顏色也將即時更改。

```
1   # ch9_4.py
2   from tkinter import *
3
4   def bgUpdate(source):
5       ''' 更改視窗背景顏色 '''
6       red = rSlider.get()                             # 讀取red值
7       green = gSlider.get()                           # 讀取green值
8       blue = bSlider.get( )                           # 讀取blue值
9       print("R=%d, G=%d, B=%d" % (red, green, blue))  # 列印色彩數值
10      myColor = "#%02x%02x%02x" % (red, green, blue)  # 將顏色轉成16進位字串
11      root.config(bg=myColor)                         # 設定視窗背景顏色
12
13  root = Tk()
14  root.title("ch9_4")
15  root.geometry("360x240")
16
17  rSlider = Scale(root, from_=0, to=255, command=bgUpdate)
18  gSlider = Scale(root, from_=0, to=255, command=bgUpdate)
19  bSlider = Scale(root, from_=0, to=255, command=bgUpdate)
20  gSlider.set(125)                                    # 設定green初值是125
21  rSlider.grid(row=0, column=0)                       # row=0, col=0
22  gSlider.grid(row=0, column=1)                       # row=0, col=1
23  bSlider.grid(row=0, column=3)                       # row=0, col=2
24
25  root.mainloop()
```

執行結果

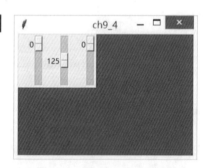 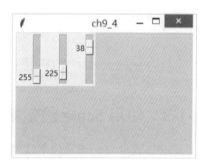

下列是 Python Shell 視窗顯示的畫面，此畫面會記錄 RGB 色彩值的變化。

```
==================== RESTART: D:/PythonGUI/ch9/ch9_4.py ====================
R=0, G=125, B=0
R=0, G=125, B=4
R=0, G=125, B=11
R=0, G=125, B=15
R=0, G=125, B=19
```

　　上述設計是將**數值捲軸**以個別方式配置在視窗左上角，如果我們想調整位置坦白說不太方便，最好的設計方式是先設計一個容器，然後將這 3 個**數值捲軸**配置在此容器內，未來如果想要更動位置，可以更動容器位置即可。

9-1-4 askcolor( ) 方法

此外，在 tkinter 模組內的 colorchooser 模組內有 askcolor( ) 方法，這個方法可以開啟色彩對話方塊，我們可以很方便在此對話方塊選擇色彩。

程式實例 ch9_4_1.py：使用開啟色彩對話方塊方式重新設計 ch9_4.py 程式。

```
1  # ch9_4_1.py
2  from tkinter import *
3  from tkinter.colorchooser import *
4
5  def bgUpdate():
6      ''' 更改視窗背景顏色 '''
7      myColor = askcolor()                 # 列出色彩對話方塊
8      print(type(myColor),myColor)         # 列印傳回值
9      root.config(bg=myColor[1])           # 設定視窗背景顏色
10
11 root = Tk()
12 root.title("ch9_4_1")
13 root.geometry("360x240")
14
15 btn = Button(text="Select Color",command=bgUpdate)
16 btn.pack(pady=5)
17
18 root.mainloop()
```

執行結果 當按 Select Color 鈕後可以看到下方右圖色彩對話方塊。

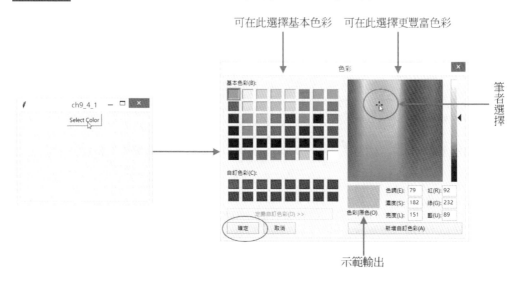

可在此選擇基本色彩　可在此選擇更豐富色彩

筆者選擇

示範輸出

上述若是按**確定**鈕可以得到下列結果。

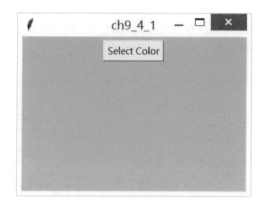

上述第 7 行 askcolor( ) 方法可以產生**色彩對話方塊**，當讀者選擇好色彩，再按確
定鈕後，傳回值給 myColor，第 8 行筆者將所傳回的值 myColor 使用 Python Shell 視窗
列印，可以傳回下列資料：

```
==================== RESTART: D:/PythonGUI/ch9/ch9_4_1.py ====================
<class 'tuple'> ((151.58984375, 224.875, 97.37890625), '#97e061')
```

上述傳回值的資料型態是**元組** (tuple)，這個元組有 2 個元素，索引 0 的元素也是
元組，這個元素含 3 個資料內容分別是 RGB 的色彩值。索引 1 的元素是 16 位元的色
彩字串。我們可以使用色彩字串設定視窗的背景顏色，可以參考第 9 行。

9-1-5　容器觀念的應用

延續上一小節的觀念，我們可以使用第 8 章的 Frame 框架當作是容器，然後將 3
個色彩**數值捲軸**放在此框架內。

程式實例 ch9_5.py：重新設計 ch9_4.py，將 3 個色彩**數值捲軸**安置在 Frame 容器內，
然後 Frame 容器是安置在視窗上方中央。

```
1   # ch9_5.py
2   from tkinter import *
3   def bgUpdate(source):
4       ''' 更改視窗背景顏色 '''
5       red = rSlider.get()                         # 讀取red值
6       green = gSlider.get()                       # 讀取green值
7       blue = bSlider.get( )                       # 讀取blue值
8       print("R=%d, G=%d, B=%d" % (red, green, blue))   # 列印色彩數值
9       myColor = "#%02x%02x%02x" % (red, green, blue)   # 將顏色轉成16進位字串
10      root.config(bg=myColor)                     # 設定視窗背景顏色
```

```
11
12  root = Tk()
13  root.title("ch9_5")
14  root.geometry("360x240")
15
16  fm = Frame(root)                                    # 建立框架
17  fm.pack()                                           # 自動安置在上方中央
18
19  rSlider = Scale(fm, from_=0, to=255, command=bgUpdate)
20  gSlider = Scale(fm, from_=0, to=255, command=bgUpdate)
21  bSlider = Scale(fm, from_=0, to=255, command=bgUpdate)
22  gSlider.set(125)                                    # 設定green初值是125
23  rSlider.grid(row=0, column=0)                       # row=0, col=0
24  gSlider.grid(row=0, column=1)                       # row=0, col=1
25  bSlider.grid(row=0, column=3)                       # row=0, col=2
26
27  root.mainloop()
```

執行結果
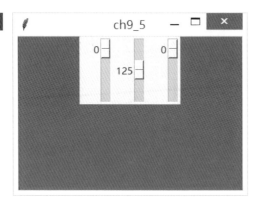

　　上述程式筆者在第 16-17 行建立框架 fm 物件，然後 19-21 行將色彩**數值捲軸**放置在此框架 fm 物件內。

9-2 Spinbox 控件

9-2-1　Spinbox 控件基本觀念

　　Spinbox 控件也是一種輸入的控件，其實它是一種 Entry 和 Button 的組合體，它允許使用者用滑鼠點 up/down 鈕，或是按鍵盤的 up/down 鍵達到在某一數值區間內增加數值與減少數值的目的。另外，使用者也可以在此直接輸入數值。

建立 Spinbox 的建構方法如下：

Spinbox(父物件 , options, …)

Spinbox( ) 方法的第一個參數是父物件，表示這個 Spinbox 將建立在那一個父物件內。下列是 Spinbox( ) 方法內其它常用的 options 參數：

❏ activebackground：滑鼠游標在選項鈕時的背景顏色。

❏ bg：背景顏色。

❏ borderwidth 或 bd：3D 邊界寬度預設是 2 個像素。

❏ command：當使用者更改選項時，會自動執行此函數。

❏ cursor：當滑鼠游標在 Scale 時的游標外形。

❏ disablebackground：在 Disabled 狀態時的背景顏色。

❏ disableforeground：在 Disabled 狀態時的前景顏色。

❏ fg：文字前景顏色。

❏ font：字型。

❏ format：格式化的字串。

❏ from_：範圍值的初值。

❏ increment：每次按 up/down 鈕的增值或減值的量。

❏ justify：在多行文件時最後一行的對齊方式 LEFT/**CENTER**/RIGHT(靠左 / **置中** / 靠右)，預設是**置中**對齊。

❏ relief：預設是 FLAT，可由此更改邊界外觀。

❏ repeatdelay：可設定按 up/down 鈕可變化數字的間隔時間，單位是毫秒 (milliseconds)，預設是 300。

❏ state：如果設為 DISABLE 則暫時無法使用此 Scale，預設是 NORMAL，也可以設為 READONLY。

❏ textvariable：可以設定以變數方式顯示。

❏ values：可以是元組或其他序列值。

❏ to：範圍值的末端值。

- ❏ width：對垂直 Spinbox 這是槽 (trough) 的寬度，對水平 Spinbox 這是槽 (trough) 的高度。

- ❏ wrap：up/down 可以讓數值重新開始。

- ❏ xcrollcommand：在 x 軸使用捲軸。

程式實例 ch9_6.py：Spinbox 控件初體驗，讀者可以用滑鼠按 up/down 鈕體會增值或減值，也可以按鍵盤的 up/down 鍵體驗。這個 Spinbox 的數值區間是 10-30，每次增值或減值的量是 2。

```
1   # ch9_6.py
2   from tkinter import *
3
4   root = Tk()
5   root.title("ch9_6")              # 視窗標題
6   root.geometry("300x100")
7   spin = Spinbox(root,from_=10,to=30,increment=2)
8   spin.pack(pady=20)
9
10  root.mainloop()
```

執行結果

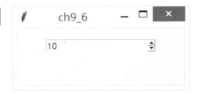 

備註：如果想要用鍵盤的 up/down 鍵更改數值時，須先將插入點放在數值區。

插入點

9-2-2 get( ) 方法的應用

我們可以使用 get( ) 方法取得目前 Spinbox 的值。

程式實例 ch9_7.py：設計數值區間在 0-10 間，每次更改數值 1，每次有按 up/down 鈕時，可以在 Python Shell 視窗列出目前顯示的數值。

```
1   # ch9_7.py
2   from tkinter import *
3
4   def printInfo():              # 列印顯示的值
5       print(sp.get())
6
7   root = Tk()
8   root.title("ch9_7")
9
10  sp = Spinbox(root,from_ = 0,to = 10,
11                 command = printInfo)
12  sp.pack(pady=10,padx=10)
13
14  root.mainloop()
```

執行結果　　　

下列是 Python Shell 視窗顯示的示範輸出。

```
======================= RESTART: D:/PythonGUI/ch9/ch9_7.py =======================
1
2
3
4
5
```

9-2-3　以序列儲存 Spinbox 的數值資料

其實在使用 Spinbox 時也可以不設定初值和終值，而是將數值儲存在序列資料，例如：元組或串列內，當按 up/down 鈕時，相當於是觀察元組或串列內索引 (index) 內的值。

程式實例 ch9_8.py：以元組儲存數值資料，然後按 up/down 鈕觀察執行結果。

```
1   # ch9_8.py
2   from tkinter import *
3
4   def printInfo():                          # 列印顯示的值
5       print(sp.get())
6
7   root = Tk()
8   root.title("ch9_8")
9
10  sp = Spinbox(root,
11                 values=(10,38,170,101),     # 以元組儲存數值
12                 command=printInfo)
```

```
13    sp.pack(pady=10,padx=10)
14
15    root.mainloop()
```

執行結果 由於元組內容是 (10,38,170,101)，所以程式起動後出現的值是 10，第一次按 up 鈕時值是 38，第二次按 up 鈕時值是 170。

同時 Python Shell 視窗將看到下列結果。

```
===================== RESTART: D:/PythonGUI/ch9/ch9_8.py ====================
38
170
```

9-2-4　非數值資料

我們知道可以使用串列 (list) 或元組 (tuple) 儲存序列資料，其實應用在 Spinbox 內，可以是數值資料也可以是非數值資料，例如：字串。

程式實例 ch9_9.py：重新設計 ch9_8.py，這次改用串列 (list)，同時資料型態是字串。

```
1   # ch9_9.py
2   from tkinter import *
3
4   def printInfo():                        # 列印顯示的值
5       print(sp.get())
6
7   root = Tk()
8   root.title("ch9_9")
9   cities = ("新加坡","上海","東京")          # 以元組儲存數值
10
11  sp = Spinbox(root,
12              values=cities,
13              command=printInfo)
14  sp.pack(pady=10,padx=10)
15
16  root.mainloop()
```

執行結果

　　同時 Python Shell 視窗將看到下列結果。

```
==================== RESTART: D:/PythonGUI/ch9/ch9_9.py ====================
上海
東京
>>>
```

第十章

Message 與 Messagebox

本章主要是講解訊息盒 Message 和系統內建的 8 個對話方塊 Messagebox。

10-1 Message

10-1-1 Message 的基本觀念

Widget 控件的 Message 主要是可以顯示短訊息，它的功能與標籤 Label 類似，但是它具有更多彈性，它會自動分行。對於一些不想再做進一步編輯的系列短文，可以使用 Message 顯示。Message 的建構方法如下：

Message(父物件 , options)

Message( ) 方法的第一個參數是**父物件**，表示這個標籤將建立在那一個父物件內。下列是 Label( ) 方法內其它常用的 options 參數：

❑ anchor：如果空間大於所需時，控制訊息的位置，預設是 CENTER。

❑ aspect：控件寬度與高度比，預設是 150%。

❑ bg 或 background：背景色彩。

❑ bitmap：使用預設位元圖示當作 Message 內容。

❑ cursor：當滑鼠游標在 Message 上方時的外形。

❑ fg 或 foreground：字型色彩。

❑ font：可選擇字型、字型樣式與大小。

❑ height：Message 高度，**單位是字元**。

❑ image：Message 以影像方式呈現。

❑ justify：在多行文件時的對齊方式 LEFT/**CENTER**/RIGHT(靠左 / **置中** / 靠右)，預設是置中對齊。

❑ padx/pady：Message 文字與 Message 區間的間距，單位是**像素**。

❑ relief：預設是 relief=FLAT，可由此控制文字外框。

❑ text：Message 內容，如果有 "\n" 則可創造多行文字。

❑ textvariable：可以設定 Message 以變數方式顯示。

❑ underline：可以設定第幾個文字有含底線，從 0 開始算起，預設是 -1 表示不含底線。

❑ width：Message 寬度，單位是字元。

❑ wraplength：本文多少寬度後換行，單位是像素。

程式實例 ch10_1.py：Message 的基本應用。

```
 1  # ch10_1.py
 2  from tkinter import *
 3
 4  root = Tk()
 5  root.title("ch10_1")
 6
 7  myText = "2016年12月,我一個人訂了機票和船票,開始我的南極旅行"
 8  msg = Message(root,bg="yellow",text=myText,
 9                font="times 12 italic")
10  msg.pack(padx=10,pady=10)
11
12  root.mainloop()
```

執行結果

10-1-2　使用字串變數處理參數 text

本節將以實例解說。

程式實例 ch10_2.py：以字串變數方式處理 Message( ) 內的 text。

```
 1  # ch10_2.py
 2  from tkinter import *
 3
 4  root = Tk()
 5  root.title("ch10_2")
 6
 7  var = StringVar()
 8  msg = Message(root,textvariable=var,relief=RAISED)
 9  var.set("2016年12月,我一個人訂了機票和船票,開始我的南極旅行")
10  msg.pack(padx=10,pady=10)
11
12  root.mainloop()
```

執行結果

程式實例 ch10_3.py：擴充上述實例，將背景設為黃色。

```
1   # ch10_3.py
2   from tkinter import *
3
4   root = Tk()
5   root.title("ch10_3")
6
7   var = StringVar()
8   msg = Message(root,textvariable=var,relief=RAISED)
9   var.set("2016年12月,我一個人訂了機票和船票,開始我的南極旅行")
10  msg.config(bg="yellow")
11  msg.pack(padx=10,pady=10)
12
13  root.mainloop()
```

執行結果

10-2 Messagebox

Python 的 tkinter 模組內有 messagebox 模組，可以翻譯為**對話方塊**，這個模組提供了 8 個對話方塊，這些對話方塊有不同場合的使用時機，本節將做說明。

❑ showinfo(title,message,options)：顯示**一般提示訊息**。

❏ showwarning(title,message,options)：顯示**警告**訊息。

❏ showerror(title,message,options)：顯示**錯誤**訊息。

❏ askquestion(title,message,options)：顯示**詢問**訊息。若按**是**或 Yes 鈕回傳回 "yes"，若按**否**或 No 鈕會傳回 "no"。

❏ askokcancel(title,message,options)：顯示**確定**或**取消**訊息。若按**確定**或 OK 鈕會傳回 True，若按**取消**或 Cancel 鈕會傳回 False。

❑ askyesno(title,message,options)：顯示是或否訊息。若按是或 Yes 鈕會傳回 True，若按否或 No 鈕會傳回 False。

❑ askyesnocancel(title,message,options)：顯示是或否或取消訊息，若按是鈕會傳回 True，若按否鈕會傳回 False，若按取消鈕傳回 None。

❑ askretrycancel(title,message,options)：顯示重試或取消訊息。若按重試或 Retry 鈕會傳回 True，若按取消或 Cancel 鈕會傳回 False。

　　上述對話方塊方法內的參數大致相同，title 是對話方塊的名稱，message 是對話方塊內的文字。options 是選擇性參數可能值有下列 3 種：

❑ default constant：預設按鈕是 OK(確定)、Yes(是)、Retry(重試) 在前面，也可更改此設定。

❑ icon(constant)：可設定所顯示的圖示，有 INFO、ERROR、QUESTION、WARNING 等 4 種圖示可以設定。

❑ parent(widget)：指出當對話方塊關閉時，焦點視窗將返回此父視窗。

最後要留意的是上述對話方塊是放在 tkinter 模組內的 message 模組底下，所以若是要使用這些預設的對話方塊需要在程式前方增加下列導入。

from tkinter import messagebox

程式實例 ch10_4.py：對話方塊設計的基本應用。

```
1  # ch10_4.py
2  from tkinter import *
3  from tkinter import messagebox
4
5  def myMsg():                        # 按Good Morning按鈕時執行
6      messagebox.showinfo("My Message Box","Python tkinter早安")
7
8  window = Tk()
9  window.title("ch10_4")             # 視窗標題
10 window.geometry("300x160")         # 視窗寬300高160
11
12 Button(window,text="Good Morning",command=myMsg).pack()
13
14 window.mainloop()
```

執行結果

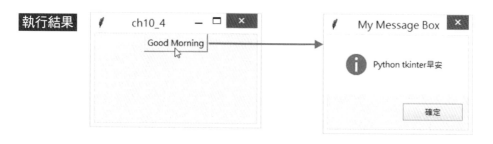

使用 messagebox 時，我們可以很容易建立和使用者之間的對話，當使用者按下選擇按鈕時，究竟所回應的內容為何雖然筆者有說明了，但是下面還是設計程式列出使用者按功能鈕時所傳回的資訊。

程式實例 ch10_5.py：設計 2 個按鈕，當按此按鈕時會列出對話方塊，當使用者有回應時，在 Python Shell 視窗列出所回應的內容。

```
1  # ch10_5.py
2  from tkinter import *
3  from tkinter import messagebox
4
```

```
5   def myMsg1():
6       ret = messagebox.askretrycancel("Test1","安裝失敗,再試一次?")
7       print("安裝失敗",ret)
8   def myMsg2():
9       ret = messagebox.askyesnocancel("Test2","編輯完成,是或否或取消?")
10      print("編輯完成",ret)
11  root = Tk()
12  root.title("ch10_5")            # 視窗標題
13
14  Button(root,text="安裝失敗",command=myMsg1).pack()
15  Button(root,text="編輯完成",command=myMsg2).pack()
16
17  root.mainloop()
```

執行結果 下列是 2 個實測結果。

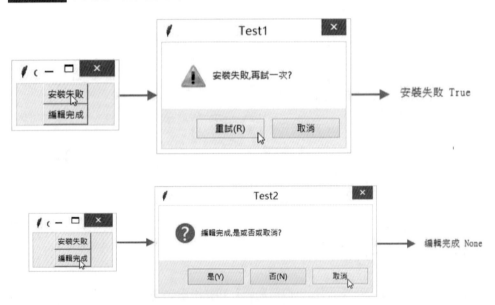

有了使用者按下抉擇鈕的傳回值,未來我們就可以針對此作更進一步的操作了。

第十一章

事件 (Events) 和綁定 (Bindings)

　　其實 GUI 程式是一種**事件導向** (Event-driven) 的應用程式設計，事件的來源可能是使用者按一下滑鼠、鍵盤輸入、或是 Widget 狀態改變，tkinter 提供一些機制讓我們可以針對這些事件作更進一步的處理，這些處理的方式稱**事件處理程式** (Event handler)。

11-1　Widget 的 command 參數

　　在前面筆者有介紹許多 Widget 控件了，許多 Widget 的建構方法內可以看到command 參數，例如：**功能鈕** (Button)、**數值捲軸** (Scale) … 等。其實這就是一個Widget 的事件綁定的觀念，當按鈕事件發生、當數值捲軸值改變 …，我們可以透過command=callback，設計 **callback** 函數，這個 callback 函數就是所謂的**事件處理程式**(Event handler)。

　　下列程式基本上是前面觀念的複習。

程式實例 ch11_1.py：當我們按功能鈕或是點選核取方塊時，視窗下方會做出所執行的動作，所利用的就是 Widget 控件建構方法內的 command 參數。

```
1   # ch11_1.py
2   from tkinter import *
3   def pythonClicked():            # Python核取方塊事件處理程式
4       if varPython.get():
5           lab.config(text="選取Python")
6       else:
7           lab.config(text="取消選取Python")
8   def javaClicked():              # Java核取方塊事件處理程式
9       if varJava.get():
10          lab.config(text="選取Java")
11      else:
12          lab.config(text="取消選取Java")
13  def buttonClicked():            # Button按鈕事件處理程式
14      lab.config(text="Button clicked")
15
16  root = Tk()
17  root.title("ch11_1")           # 視窗標題
18  root.geometry("300x180")       # 視窗寬300高160
19
20  btn = Button(root,text="Click me",command=buttonClicked)
21  btn.pack(anchor=W)
22  varPython = BooleanVar()
23  cbnPython = Checkbutton(root,text="Python",variable=varPython,
24                      command=pythonClicked)
```

```
25   cbnPython.pack(anchor=W)
26   varJava = BooleanVar()
27   cbnJava = Checkbutton(root,text="Java",variable=varJava,
28                         command=javaClicked)
29   cbnJava.pack(anchor=W)
30   lab = Label(root,bg="yellow",fg="blue",
31               height=2,width=12,
32               font="Times 16 bold")
33   lab.pack()
34
35   root.mainloop()
```

執行結果　

11-2　事件綁定 Binding events

　　在 tkinter 應用程式中最後一道指令是 mainloop( )，這道方法是讓程式進入事件等待循環 (event loop)，除了如前一小節的 Widget 控件狀態改變可以呼叫相對應的事件處理程式外，tkinter 也提供機制讓我們可以為事件綁定特別設計**事件處理程式**。它的語法如下：

　　widget.bind(event,handler)

　　上述綁定語法 widget 是事件的來源，來源可以是我們常設的 root 視窗物件，或是任意的 Widget 控件，例如：功能鈕、選項鈕、核取方塊，…，handler 是事件處理程式。

相關滑鼠的事件如下表：

滑鼠 Event	說明
<Button-1>	按一下滑鼠左邊鍵，滑鼠游標相對控件位置會被存入事件物件的 x 和 y 變數。
<Button-2>	按一下滑鼠中間鍵 (滑鼠含 3 個鍵)，滑鼠游標相對控件位置會被存入事件物件的 x 和 y 變數。
<Button-3>	按一下滑鼠右邊鍵，滑鼠游標相對控件位置會被存入事件物件的 x 和 y 變數。
<Button-4>	滑鼠滑輪向上滾動，滑鼠游標相對控件位置會被存入事件物件的 x 和 y 變數。
<Button-5>	滑鼠滑輪向下滾動，滑鼠游標相對控件位置會被存入事件物件的 x 和 y 變數。
<Motion>	滑鼠移動，滑鼠游標相對控件位置會被存入事件物件的 x 和 y 變數。
<B1-Motion>	拖曳，按住滑鼠左邊鍵再移動滑鼠，滑鼠游標相對控件位置會被存入事件物件的 x 和 y 變數。
<B2-Motion>	拖曳，按住滑鼠中間鍵再移動滑鼠，滑鼠游標相對控件位置會被存入事件物件的 x 和 y 變數。
<B3-Motion>	拖曳，按住滑鼠右邊鍵再移動滑鼠，滑鼠游標相對控件位置會被存入事件物件的 x 和 y 變數。
<ButtonRelease-1>	放開滑鼠左邊鍵，滑鼠游標相對控件位置會被存入事件物件的 x 和 y 變數。
<ButtonRelease-2>	放開滑鼠中間鍵，滑鼠游標相對控件位置會被存入事件物件的 x 和 y 變數。
<ButtonRelease-3>	放開滑鼠右邊鍵，滑鼠游標相對控件位置會被存入事件物件的 x 和 y 變數。
<Double-Button-1>	連按 2 下滑鼠左邊鍵，滑鼠游標相對控件位置會被存入事件物件的 x 和 y 變數。
<Double-Button-2>	連按 2 下滑鼠中間鍵，滑鼠游標相對控件位置會被存入事件物件的 x 和 y 變數。
<Double-Button-3>	連按 2 下滑鼠右邊鍵，滑鼠游標相對控件位置會被存入事件物件的 x 和 y 變數。
<Enter>	滑鼠游標進入 Widget 控件
<Leave>	滑鼠游標離開 Widget 控件

相關鍵盤的事件如下表：

鍵盤 Event	說明
<FocusIn>	鍵盤焦點進入 Widget 控件
<FocusOut>	鍵盤焦點離開 Widget 控件
<Return>	按下 Enter 鍵，鍵盤所有間接可以被綁定，例如：Cancel、Backspace、Tab、Shift_L、Ctrl_L、Alt_L、End、Esc、Next(Page Down)、Prior(Page Up)、Home、End、Right、Left、Up、Down、F1 … F12、Scroll_Lock、Num_Lock
<Key>	按下某鍵盤鍵，鍵值會被儲存在 event 物件中傳遞
<Shift-Up>	按住 Shift 鍵時按下 Up 鍵
<Alt-Up>	按住 Alt 鍵時按下 Up 鍵
<Ctrl-Up>	按住 Ctrl 鍵時按下 Up 鍵

相關控件事件如下表

控件事件	說明
<Configure>	Widget 控件更改大小和位置，新控件大小的 width 與 height 會儲存在 event 物件內

了解了以上事件綁定後，其實我們已經可以試著學習自我設計事件綁定處理程式，同時將事件處理程式與一般事件綁在一起。我們從先前的學習可以知道按一下功能鈕時可以執行某個動作，所使用的是在 Button( ) 內增加 command 參數，然後按一下功能鈕時讓程式執行 command 所指定的方法。

其實設計功能鈕程式時，若是在 Button( ) 內省略 command 參數，所產生的影響是按一下功能鈕時沒有動作。然後我們可以使用本節的觀念重新讓按一下功能鈕有動作產生，假設功能鈕物件是 btn，可以使用下列方式建立按一下與事件的綁定。

btn.bind("<Button-1>", event_handler)

程式實例 ch11_1_1.py：重新設計程式 ch11_1.py，使用事件綁定方式讓按一下 Click me 按鈕可以列出 Button clicked 字串。對這個程式而言，功能鈕就是 bind( ) 方法的事件來源，所以第 22 行我們用 btn.bind( ) 建立綁定工作。

```
1   # ch11_1_1.py
2   from tkinter import *
3   def pythonClicked():                # Python核取方塊事件處理程式
4       if varPython.get():
5           lab.config(text="選取Python")
6       else:
7           lab.config(text="取消選取Python")
8   def javaClicked():                  # Java核取方塊事件處理程式
9       if varJava.get():
10          lab.config(text="選取Java")
11      else:
12          lab.config(text="取消選取Java")
13  def buttonClicked(event):           # Button按鈕事件處理程式
14      lab.config(text="Button clicked")
15
16  root = Tk()
17  root.title("ch11_1_1")              # 視窗標題
18  root.geometry("300x180")            # 視窗寬300高160
19
20  btn = Button(root,text="Click me")
21  btn.pack(anchor=W)
22  btn.bind("<Button-1>",buttonClicked)  # 按一下Click me綁定buttonClicked方法
23
24  varPython = BooleanVar()
25  cbnPython = Checkbutton(root,text="Python",variable=varPython,
26                          command=pythonClicked)
27  cbnPython.pack(anchor=W)
28  varJava = BooleanVar()
29  cbnJava = Checkbutton(root,text="Java",variable=varJava,
30                          command=javaClicked)
31  cbnJava.pack(anchor=W)
32  lab = Label(root,bg="yellow",fg="blue",
33              height=2,width=12,
34              font="Times 16 bold")
35  lab.pack()
36
37  root.mainloop()
```

執行結果 與 ch11_1.py 相同。

11-2-1　滑鼠綁定基本應用

程式實例 ch11_2.py：滑鼠事件的基本應用，這個程式在執行時會建立 300x180 的視窗，當有按一下滑鼠左邊鍵時，在 Python Shell 視窗會列出**按一下**事件時的座標。

```
1   # ch11_2.py
2   from tkinter import *
3   def callback(event):                        # 事件處理程式
4       print("Clicked at", event.x, event.y)   # 列印座標
5
6   root = Tk()
```

```
 7   root.title("ch11_2")
 8   frame = Frame(root,width=300,height=180)
 9   frame.bind("<Button-1>",callback)                    # 按一下綁定callba
10   frame.pack()
11
12   root.mainloop()
```

執行結果

下列是 Python Shell 示範輸出畫面。

```
=================== RESTART: D:/PythonGUI/ch11/ch11_2.py ===================
Clicked at 98 81
Clicked at 147 76
Clicked at 207 71
Clicked at 208 112
```

在程式第 3 行綁定的事件處理程式中必須留意，callback(event) 需有參數 event，event 名稱可以自取，這是因為事件會傳遞事件物件給此事件處理程式。

程式實例 ch11_2_1.py：移動滑鼠時可以在視窗右下方看到滑鼠目前的座標。

```
 1   # ch11_2_1.py
 2   from tkinter import *
 3   def mouseMotion(event):               # Mouse移動
 4       x = event.x
 5       y = event.y
 6       textvar = "Mouse location - x:{}, y:{}".format(x,y)
 7       var.set(textvar)
 8
 9   root = Tk()
10   root.title("ch11_2_1")                # 視窗標題
11   root.geometry("300x180")              # 視窗寬300高180
12
13   x, y = 0, 0                           # x,y座標
14   var = StringVar()
15   text = "Mouse location - x:{}, y:{}".format(x,y)
16   var.set(text)
17
18   lab = Label(root,textvariable=var)    # 建立標籤
19   lab.pack(anchor=S,side=RIGHT,padx=10,pady=10)
20
21   root.bind("<Motion>",mouseMotion)     # 增加事件處理程式
```

```
21   root.bind("<Motion>",mouseMotion)      # 增加事件處理程式
22
23   root.mainloop()
```

執行結果

 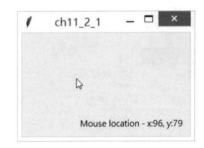

程式實例 ch11_3.py：這個程式在執行時，如果滑鼠游標進入 Exit 功能鈕會在黃色底的標籤區域列出滑鼠進入 Exit 功能鈕，如果滑鼠游標離開 Exit 功能鈕會在黃色底的標籤區域列出滑鼠離開 Exit 功能鈕，如果按一下 Exit 鈕，結束程式。

```
1   # ch11_3.py
2   from tkinter import *
3   def enter(event):                        # Enter事件處理程式
4       x.set("滑鼠進入Exit功能鈕")
5   def leave(event):                        # Leave事件處理程式
6       x.set("滑鼠離開Exit功能鈕")
7
8   root = Tk()
9   root.title("ch11_3")
10  root.geometry("300x180")
11
12  btn = Button(root,text="離開",command=root.destroy)
13  btn.pack(pady=30)
14  btn.bind("<Enter>",enter)                # 進入綁定enter
15  btn.bind("<Leave>",leave)                # 離開綁定leave
16
17  x = StringVar()
18  lab = Label(root,textvariable=x,         # 標籤區域
19          bg="yellow",fg="blue",
20          height = 4, width=15,
21          font="Times 12 bold")
22  lab.pack(pady=30)
23
24  root.mainloop()
```

執行結果

11-2-2 鍵盤綁定的基本應用

程式實例 ch11_4.py：這是一個測試鍵盤綁定的程式，在執行時會出現視窗，若是按鍵盤的 Esc 鍵，將看到對話方塊詢問是否離開，按是鈕可以離開程式，按否鈕程式繼續。

```
1   # ch11_4.py
2   from tkinter import *
3   from tkinter import messagebox
4
5   def leave(event):                            # <Esc>事件處理程式
6       ret = messagebox.askyesno("ch11_4","是否離開?")
7       if ret == True:
8           root.destroy()                       # 結束程式
9       else:
10          return
11
12  root = Tk()
13  root.title("ch11_4")
14
15  root.bind("<Escape>",leave)                  # Esc鍵綁定leave函數
16  lab = Label(root,text="測試Esc鍵",           # 標籤區域
17              bg="yellow",fg="blue",
18              height = 4, width=15,
19              font="Times 12 bold")
20  lab.pack(padx=30,pady=30)
21
22  root.mainloop()
```

 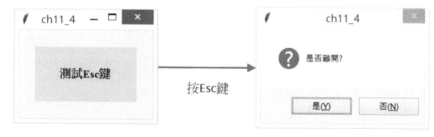

程式實例 ch11_5.py：這個程式在執行時用 <Key> 做綁定事件 key，整個程式執行時會將所按 a … z 間列印出來。這個程式第 5 行使用了比較少使用的 repr( ) 函數，這個函數會將參數處理成字串。

```
1   # ch11_5.py
2   from tkinter import *
3   def key(event):                              # 處理鍵盤按a ... z
4       print("按了 " + repr(event.char) + " 鍵")
5
```

```
 6   root = Tk()
 7   root.title("ch11_5")
 8
 9   root.bind("<Key>",key)                    # <Key>鍵綁定key函數
10
11   root.mainloop()
```

下列是筆者按了一個非 a-z 鍵和 a、k、g 鍵的結果。

```
==================== RESTART: D:\PythonGUI\ch11\ch11_5.py ====================
按了 '' 鍵
按了 'a' 鍵
按了 'k' 鍵
按了 'g' 鍵
```

11-2-3　鍵盤與滑鼠事件綁定的陷阱

我們在第 8 章學會了框架 Frame 的觀念，框架本身是一個 Widget 控件，在使用框架時特別需小心取得焦點的觀念，當事件綁定與 Frame 有關時，必須 Frame 取得焦點時，鍵盤綁定才可生效。

程式實例 ch11_6.py：鍵盤與滑鼠綁定 Frame 物件的應用。

```
 1   # ch11_6.py
 2   from tkinter import *
 3   def key(event):                    # 列出所按的鍵
 4       print("按了 " + repr(event.char) + " 鍵")
 5
 6   def coordXY(event):                # 列出滑鼠座標
 7       frame.focus_set()              # frame物件取得焦點
 8       print("滑鼠座標 : ", event.x, event.y)
 9
10   root = Tk()
11   root.title("ch11_6")
12
```

```
13   frame = Frame(root, width=100, height=100)
14   frame.bind("<Key>", key)                # frame物件的<Key>綁定key
15   frame.bind("<Button-1>", coordXY)       # frame物件按一下綁定coordXY
16   frame.pack()
17
18   root.mainloop()
```

執行結果 這個程式在執行時必須將滑鼠游標放在視窗內,同時先有滑鼠按一下,這時第 7 行同時使用 frame.focus_set( ) 讓 Widget 控件 frame 取得焦點,然後按鍵盤才可以動作。

下列是示範輸出畫面。

```
=================== RESTART: D:/PythonGUI/ch11/ch11_6.py ===================
滑鼠座標:  78 54
按了 'a' 鍵
按了 's' 鍵
按了 'd' 鍵
```

至於 ch11_5.py 程式在一開始時即可執行,原因是此程式是 root 視窗執行綁定,在程式被啟動時此視窗已經取得焦點。

11-3 取消綁定 Unbinding events

取消綁定 obj 的方法如下:

obj.unbind("<xxx>")   # <xxx> 是綁定方式

程式實例 ch11_7.py:這是一個 tkinter 按鈕程式,在 tkinter 按鈕下方有核取方塊 bind/unbind。如果這個核取方塊有設定,相當於有綁定,在按 tkinter 鈕時 Python Shell 會列出字串 "I like tkinter"。如果這個核取方塊沒有設定,相當於沒有綁定,在按 tkinter 鈕時 Python Shell 沒有任何動作產生。

```
1   # ch11_7.py
2   from tkinter import *
3   def buttonClicked(event):              # Button按鈕事件處理程式
4       print("I like tkinter")
5
6   # 所傳遞的物件onoff是btn物件
7   def toggle(onoff):                     # 切換綁定
8       if var.get() == True:              # 如果True綁定
9           onoff.bind("<Button-1>",buttonClicked)
10      else:                              # 如果False不綁定
11          onoff.unbind("<Button-1>")
12
13  root = Tk()
14  root.title("ch11_7")                   # 視窗標題
15  root.geometry("300x180")               # 視窗寬300高180
16
17  btn = Button(root,text="tkinter")      # 建立按鈕tkinter
18  btn.pack(anchor=W,padx=10,pady=10)
19
20  var = BooleanVar()                     # 建立核取方塊
21  cbtn = Checkbutton(root,text="bind/unbind",variable=var,
22                  command=lambda:toggle(btn))
23  cbtn.pack(anchor=W,padx=10)
24
25  root.mainloop()
```

執行結果

 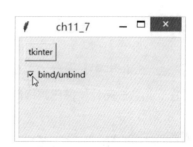

當按鈕與核取方塊有綁定時，按 tkinter 鈕會在 Python Shell 視窗列印 "I like tkinter" 字串。

```
==================== RESTART: D:/PythonGUI/ch11/ch11_7.py ====================
I like tkinter
I like tkinter
```

11-4 一個事件綁定多個事件處理程式

先前程式使用 bind( ) 方法時可以綁定一個事件處理程式，tkinter 也允許我們執行一個事件綁定多個事件處理程式，同樣是使用 bind( ) 方法，但是新增加的事件處理程式需要在 bind( ) 方法內增加參數 add="+"。

程式實例 ch11_8.py：一個按一下功能鈕動作，會有 2 個事件處理程式做出回饋。

```
1   # ch11_8.py
2   from tkinter import *
3   def btnClicked1():                    # Button按鈕事件處理程式1
4       print("Command event handler, I like tkinter")
5   def btnClicked2(event):               # Button按鈕事件處理程式2
6       print("Bind event handler, I like tkinter")
7
8   root = Tk()
9   root.title("ch11_8")                  # 視窗標題
10  root.geometry("300x180")              # 視窗寬300高180
11
12  btn = Button(root,text="tkinter",     # 建立按鈕tkinter
13              command=btnClicked1)
14  btn.pack(anchor=W,padx=10,pady=10)
15  btn.bind("<Button-1>",btnClicked2,add="+")   # 增加事件處理程式
16
17  root.mainloop()
```

執行結果

上述若是按 tkinter 功能鈕可以在 Python Shell 視窗看到執行 2 個事件處理程式的結果。

```
==================== RESTART: D:/PythonGUI/ch11/ch11_8.py ====================
Bind event handler, I like tkinter
Command event handler, I like tkinter
```

從上述我們也發現了當按鈕事件發生時，程式會先執行 bind( ) 綁定的程式，然後再執行 Button( ) 內 command 指定的程式。

11-5 Protocols

　　Protocols 可以翻譯為**通信協定**，在 tkinter 內可以解釋為**視窗管理程式** (Windows Manager) 與**應用程式** (Application) 之間的**通信協定**。tkinter 也支援可以使用綁定觀念更改此通信協定。

程式實例 ch11_9.py：在通信協定 (Protocols) 內容視窗右上角的 ☒ 鈕可以執行關閉視窗，它的名稱是 WM_DELETE_WINDOW，這個程式會修改此協定，筆者改為按此鈕後增加 Messagebox，詢問 " 結束或取消 "，若是按確定鈕才會結束此程式。

```python
1  # ch11_9.py
2  from tkinter import *
3  from tkinter import messagebox
4
5  def callback():
6      res = messagebox.askokcancel("OKCANCEL","結束或取消?")
7      if res == True:
8          root.destroy()
9      else:
10         return
11
12 root = Tk()
13 root.title("ch11_9")
14 root.geometry("300x180")
15 root.protocol("WM_DELETE_WINDOW",callback)   # 更改協定綁定
16
17 root.mainloop()
```

執行結果

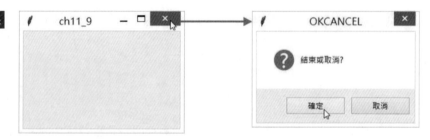

第十二章
表單 Listbox 與捲軸 Scrollbar

　　表單 (Listbox) 是一個顯示系列選項的 Widget 控件，使用者可以由此執行單向或多項目的選擇。

12-1 建立表單

　　它的使用格式如下：

Listbox(父物件 , options, …)

　　Listbox( ) 方法的第一個參數是父物件，表示這個表單將建立在那一個父物件內。下列是 Listbox( ) 方法內其它常用的 options 參數：

❑ bg 或 background：背景色彩。

❑ borderwidth 或 bd：邊界寬度預設是 2 個像素。

❑ cursor：當滑鼠游標在表單時的游標外形。

❑ fg 或 froeground：字型色彩。

❑ font：字型。

❑ height：高，單位是字元高，預設是 10。

❑ highlightcolor：當表單取得焦點時的顏色。

❑ highlightthickness：當表單取得焦點時的厚度。

❑ listvariable：以變數方式處理選項內容。

❑ relief：預設是 relief=FLAT，可由此控制表單外框，預設是 SUNKEN。

❑ selectbackground：被選取字串的背景色彩。

❑ selectmode：可以決定有多少選項可以被選，和滑鼠拖曳如何影響選項。

■ BROWSE：這是預設，我們可以選擇一個選項，如果選取一個選項同時拖曳滑鼠，將造成選項最後的位置是被選取的項目位置。

■ SINGLE：只能選擇一個選項，可以用點選方式選取，不可用拖曳方式更改所選的項目。

■ MULTIPLE：可以選擇多個選項，點選項目可以切換是否選擇該項目。

- EXTENDED：可以一次使用點選第一個項目然後拖曳到最後一個項目，即可選擇這區間的系列選項。點選可以選擇第一個項目，此時若是按 Shift+ 點選另一個項目，可以選取區間項目。

❑ width：寬，單位是字元寬。

❑ xcrollcommand：在 x 軸使用捲軸。

❑ ycrollcommand：在 y 軸使用捲軸。

程式實例 ch12_1.py：使用預設建立表單 1，然後使用字元高度 5 建立表單 2。

```
1  # ch12_1.py
2  from tkinter import *
3
4  root = Tk()
5  root.title("ch12_1")                        # 視窗標題
6  root.geometry("300x210")                    # 視窗寬300高210
7
8  lb1 = Listbox(root)                          # 建立listbox 1
9  lb1.pack(side=LEFT,padx=5,pady=10)
10 lb2 = Listbox(root,height=5,relief="raised") # 建立listbox 2
11 lb2.pack(anchor=N,side=LEFT,padx=5,pady=10)
12
13 root.mainloop()
```

執行結果

12-2　建立表單項目 insert( )

可以使用 insert( ) 方法為表單建立項目，這個方法的使用格式如下：

insert(index, elements)

上述 index 是項目插入位置，如果是插在最後面可以使用 END。

程式實例 ch12_2.py：建立表單，同時為這個表單建立 Banana、Watermelon、
Pineapple 等 3 個項目。

```
1   # ch12_2.py
2   from tkinter import *
3
4   root = Tk()
5   root.title("ch12_2")              # 視窗標題
6   root.geometry("300x210")          # 視窗寬300高210
7
8   lb = Listbox(root)                # 建立listbox
9   lb.insert(END,"Banana")
10  lb.insert(END,"Watermelon")
11  lb.insert(END,"Pineapple")
12  lb.pack(pady=10)
13
14  root.mainloop()
```

點選Watermelon

上述程式第 9-11 行是建立列表項目，因為只有 3 個項目所以使用上述方式一次建
立一個還不會太複雜，但是如果所要建立的項目很多時，建議可以使用串列 (list) 方式
先儲存項目，然後使用 for .. in 用迴圈方式將串列內的列表項目插入表單。

程式實例 12_3.py：建立含 6 個項目的表單，程式第 3-4 行是建立 fruits 串列，第
11-12 是分別將串列元素插入表單內。

```
1   # ch12_3.py
2   from tkinter import *
3   fruits = ["Banana","Watermelon","Pineapple",
4            "Orange","Grapes","Mango"]
5
6   root = Tk()
7   root.title("ch12_3")              # 視窗標題
8   root.geometry("300x210")          # 視窗寬300高210
9
10  lb = Listbox(root)                # 建立listbox
11  for fruit in fruits:              # 建立水果項目
12      lb.insert(END,fruit)
```

```
13    lb.pack(pady=10)
14
15    root.mainloop()
```

執行結果

程式實例 ch12_4.py：重新設計 ch12_3.py，主要是在第 10 行使用 Listbox( ) 建構方法時增加 selectmode=MULTIPLE 參數設定，這個設定可以讓使用者選取多個項目。

```
1    # ch12_4.py
2    from tkinter import *
3    fruits = ["Banana","Watermelon","Pineapple",
4              "Orange","Grapes","Mango"]
5
6    root = Tk()
7    root.title("ch12_4")                        # 視窗標題
8    root.geometry("300x210")                    # 視窗寬300高210
9
10   lb = Listbox(root,selectmode=MULTIPLE)      # 建立可以多選項的listbox
11   for fruit in fruits:                        # 建立水果項目
12       lb.insert(END,fruit)
13   lb.pack(pady=10)
14
15   root.mainloop()
```

執行結果

點選多個選項

程式實例 ch12_5.py：使用 selectmode=EXTENDED 參數，重新設計 ch12_4.py，此時可以用拖曳選擇區間項目。如果先點選一個項目，然後按 Shift+ 點另一個項目時可以選取這區間項目。

```
1   # ch12_5.py
2   from tkinter import *
3   fruits = ["Banana","Watermelon","Pineapple",
4             "Orange","Grapes","Mango"]
5
6   root = Tk()
7   root.title("ch12_5")                    # 視窗標題
8   root.geometry("300x210")                # 視窗寬300高210
9
10  lb = Listbox(root,selectmode=EXTENDED)  # 拖曳可以選擇多選項
11  for fruit in fruits:                    # 建立水果項目
12      lb.insert(END,fruit)
13  lb.pack(pady=10)
14
15  root.mainloop()
```

執行結果

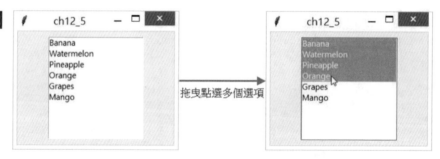

拖曳點選多個選項

　　目前插入選項皆是插在最後面，所以語法是 insert(END,elements)，其實第一個參數是索引值，如果將 END 改為 ACTIVE，表示是在目前選項前面加入一個項目，如果尚未有目前選項此 ACTIVE 是 0。

程式實例 ch12_6.py：先建立 3 個選項，然後使用 insert(ACTIVE,elements …) 在目前選項前方建立另外 3 個選項。

```
1   # ch12_6.py
2   from tkinter import *
3   fruits = ["Banana","Watermelon","Pineapple"]
4
5   root = Tk()
6   root.title("ch12_6")                    # 視窗標題
7   root.geometry("300x210")                # 視窗寬300高210
8
```

```
 9  lb = Listbox(root,selectmode=EXTENDED)          # 拖曳可以選擇多選項
10  for fruit in fruits:                            # 建立水果項目
11      lb.insert(END,fruit)
12  lb.insert(ACTIVE,"Orange","Grapes","Mango")     # 前面補充建立3個項目
13  lb.pack(pady=10)
14
15  root.mainloop()
```

執行結果

讀者應該留意第 12 行我們一次插入 3 個項目的方式。

12-3 Listbox 的基本操作

這一節將會介紹下列常用的 Listbox 控件操作的方法。

❑ size( )：傳回列表項目的數量，可參考 12-3-1 節。

❑ selection_set( )：選取特定索引項目，可參考 12-3-2 節。

❑ delete( )：刪除特定索引項目，可參考 12-3-3 節。

❑ get( )：傳回特定索引項目，可參考 12-3-4 節。

❑ curselection( )：傳回選取項目的索引，可參考 12-3-5 節。

❑ selection_include( )：傳回特定索引是否被選取，可參考 12-3-6 節。

12-3-1　列出表單的選項數量 size( )

這個方法可以列出選項數目。

程式實例 ch12_7.py：參考 ch12_5.py 建立表單，然後列出表單的項目數量。

```
1   # ch12_7.py
2   from tkinter import *
3   fruits = ["Banana","Watermelon","Pineapple",
4             "Orange","Grapes","Mango"]
5
6   root = Tk()
7   root.title("ch12_7")                      # 視窗標題
8   root.geometry("300x210")                  # 視窗寬300高210
9
10  lb = Listbox(root,selectmode=EXTENDED)    # 拖曳可以選擇多選項
11  for fruit in fruits:                      # 建立水果項目
12      lb.insert(END,fruit)
13  lb.pack(pady=10)
14  print("items數字 : ", lb.size())          # 列出選項數量
15
16  root.mainloop()
```

執行結果 下列是 Python Shell 視窗的執行結果。

```
==================== RESTART: D:/PythonGUI/ch12/ch12_7.py ====================
items數字 :  6
```

12-3-2　選取特定索引項目 selection_set( )

如果 selection_set( ) 方法內含一個參數，表示選取這個索引項目，這個功能常被用在建立好 Listbox 後，設定初次選擇的項目。

程式實例 ch12_8.py：建立一個 Listbox，然後設定初次的選擇項目是第 0 索引的項目，讀者需留意第 14 行。

```
1   # ch12_8.py
2   from tkinter import *
3   fruits = ["Banana","Watermelon","Pineapple",
4             "Orange","Grapes","Mango"]
5
6   root = Tk()
7   root.title("ch12_8")          # 視窗標題
8   root.geometry("300x210")      # 視窗寬300高210
9
10  lb = Listbox(root)
11  for fruit in fruits:          # 建立水果項目
12      lb.insert(END,fruit)
13  lb.pack(pady=10)
14  lb.selection_set(0)           # 預設選擇第0個項目
15
16  root.mainloop()
```

執行結果

　　如果在 selection_set( ) 方法內有 2 個參數時，則表示選取區間選項，第 1 個參數是區間的起始索引項目，第 2 個參數是區間的結束索引項目。

程式實例 ch12_9.py：建立一個 Listbox，然後設定初次的選擇項目是第 0-3 索引的項目，讀者需留意第 14 行。

```
1   # ch12_9.py
2   from tkinter import *
3   fruits = ["Banana","Watermelon","Pineapple",
4             "Orange","Grapes","Mango"]
5
6   root = Tk()
7   root.title("ch12_9")                        # 視窗標題
8   root.geometry("300x210")                    # 視窗寬300高210
9
10  lb = Listbox(root,selectmode=EXTENDED)      # 拖曳可以選擇多選項
11  for fruit in fruits:                        # 建立水果項目
12      lb.insert(END,fruit)
13  lb.pack(pady=10)
14  lb.selection_set(0,3)                       # 預設選擇第0-3索引項目
15
16  root.mainloop()
```

執行結果

12-3-3　刪除特定索引項目 delete( )

如果 delete( ) 方法內含一個參數，表示刪除這個索引項目。

程式實例 ch12_10.py：建立 Listbox 後刪除索引 1 的項目，原先索引 1 的項目是 Watermelon，經執行後將沒有顯示，因為已經被刪除了，讀者需留意第 14 行。

```
1   # ch12_10.py
2   from tkinter import *
3   fruits = ["Banana","Watermelon","Pineapple",
4            "Orange","Grapes","Mango"]
5
6   root = Tk()
7   root.title("ch12_10")            # 視窗標題
8   root.geometry("300x210")         # 視窗寬300高210
9
10  lb = Listbox(root)
11  for fruit in fruits:             # 建立水果項目
12      lb.insert(END,fruit)
13  lb.pack(pady=10)
14  lb.delete(1)                     # 刪除索引1的項目
15
16  root.mainloop()
```

執行結果

如果在 delete( ) 方法內有 2 個參數時，則表示刪除區間選項，第 1 個參數是區間的起始索引項目，第 2 個參數是區間的結束索引項目。

程式實例 ch12_11.py：建立一個 Listbox，然後刪除第 1-3 索引的項目，讀者需留意第 14 行。

```
1   # ch12_11.py
2   from tkinter import *
3   fruits = ["Banana","Watermelon","Pineapple",
4            "Orange","Grapes","Mango"]
5
```

```
 6   root = Tk()
 7   root.title("ch12_11")                # 視窗標題
 8   root.geometry("300x210")             # 視窗寬300高210
 9
10   lb = Listbox(root)
11   for fruit in fruits:                 # 建立水果項目
12       lb.insert(END,fruit)
13   lb.pack(pady=10)
14   lb.delete(1,3)                       # 刪除索引1-3的項目
15
16   root.mainloop()
```

執行結果

12-3-4　傳回指定的索引項目 get( )

如果 get( ) 方法內含一個參數，表示傳回這個索引項目的元素內容。

程式實例 ch12_12.py：建立 Listbox 後，傳回索引 1 的項目。

```
 1   # ch12_12.py
 2   from tkinter import *
 3   fruits = ["Banana","Watermelon","Pineapple",
 4            "Orange","Grapes","Mango"]
 5
 6   root = Tk()
 7   root.title("ch12_12")                # 視窗標題
 8   root.geometry("300x210")             # 視窗寬300高210
 9
10   lb = Listbox(root)
11   for fruit in fruits:                 # 建立水果項目
12       lb.insert(END,fruit)
13   lb.pack(pady=10)
14   print(lb.get(1))                     # 列印索引1的項目
15
16   root.mainloop()
```

執行結果　================== RESTART: D:\PythonGUI\ch12\ch12_12.py ==================
Watermelon

如果在 get( ) 方法內有 2 個參數時，則表示傳回區間選項，第 1 個參數是區間的起始索引項目，第 2 個參數是區間的結束索引項目，所傳回的值用元組 (tuple) 方式傳回。

程式實例 ch12_13.py：建立 Listbox 後，傳回索引 1-3 的項目。

```
1   # ch12_13.py
2   from tkinter import *
3   fruits = ["Banana","Watermelon","Pineapple",
4             "Orange","Grapes","Mango"]
5
6   root = Tk()
7   root.title("ch12_13")              # 視窗標題
8   root.geometry("300x210")          # 視窗寬300高210
9
10  lb = Listbox(root)
11  for fruit in fruits:              # 建立水果項目
12      lb.insert(END,fruit)
13  lb.pack(pady=10)
14  print(lb.get(1,3))               # 列印索引1-3的項目
15
16  root.mainloop()
```

執行結果
```
================ RESTART: D:/PythonGUI/ch12/ch12_13.py ================
('Watermelon', 'Pineapple', 'Orange')
```

12-3-5　傳回所選取項目的索引 curselection( )

這個方法會傳回所選取項目的索引。

程式實例 ch12_14.py：建立選項盒，當有選取時，若是按 Print 鈕可以在 Python Shell 視窗列印所選取的內容。讀者需留意程式第 4 行是獲得所選的索引項目，如果項目超過 2 個會用元組傳回，所以第 5-6 行可以列出所選取索引項目的內容。

```
1   # ch12_14.py
2   from tkinter import *
3   def callback():                   # 列印所選的項目
4       indexs = lb.curselection()
5       for index in indexs:         # 取得索引值
6           print(lb.get(index))     # 列印所選的項目
7   fruits = ["Banana","Watermelon","Pineapple",
8             "Orange","Grapes","Mango"]
9
10  root = Tk()
11  root.title("ch12_14")            # 視窗標題
12  root.geometry("300x250")         # 視窗寬300高250
```

```
13
14  lb = Listbox(root,selectmode=MULTIPLE)
15  for fruit in fruits:                # 建立水果項目
16      lb.insert(END,fruit)
17  lb.pack(pady=5)
18  btn = Button(root,text="Print",command=callback)
19  btn.pack(pady=5)
20
21  root.mainloop()
```

執行結果

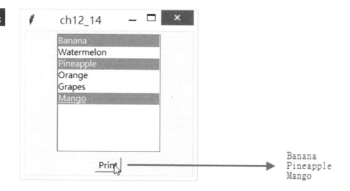

12-3-6　檢查指定索引項目是否被選取 selection_includes( )

如果指定索引項目被選取會傳回 True，否則傳回 False。

程式實例 ch12_15.py：檢查索引 3 的項目是否被選取，如果被選取按 Check 鈕可以列出 True，否則列出 False。

```
1   # ch12_15.py
2   from tkinter import *
3   def callback():                     # 列印檢查結果
4       print(lb.selection_includes(3))
5
6   fruits = ["Banana","Watermelon","Pineapple",
7             "Orange","Grapes","Mango"]
8
9   root = Tk()
10  root.title("ch12_15")               # 視窗標題
11  root.geometry("300x250")            # 視窗寬300高250
12
13  lb = Listbox(root,selectmode=MULTIPLE)
14  for fruit in fruits:                # 建立水果項目
15      lb.insert(END,fruit)
16  lb.pack(pady=5)
17  btn = Button(root,text="Check",command=callback)
18  btn.pack(pady=5)
19
20  root.mainloop()
```

執行結果

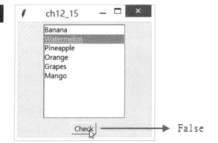 → False

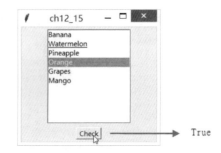 → True

12-4 Listbox 與事件綁定

12-4-1 虛擬綁定應用在單一選項

當 Listbox 執行選取時會產生 <<ListboxSelect>> 虛擬事件，我們可以由此設定事件處理程式。

程式實例 ch12_16.py：當點選 Listbox 的項目時，可以在上方列出所選的項目。

```
1  # ch12_16.py
2  from tkinter import *
3  def itemSelected(event):              # 列出所選單一項目
4      obj = event.widget                # 取得事件的物件
5      index = obj.curselection()        # 取得索引
6      var.set(obj.get(index))           # 設定標籤內容
7
8  fruits = ["Banana","Watermelon","Pineapple",
9           "Orange","Grapes","Mango"]
10
11 root = Tk()
12 root.title("ch12_16")                 # 視窗標題
13 root.geometry("300x250")              # 視窗寬300高250
14
15 var = StringVar()                     # 建立標籤
16 lab = Label(root,text="",textvariable=var)
17 lab.pack(pady=5)
18
19 lb = Listbox(root)
20 for fruit in fruits:                  # 建立水果項目
21     lb.insert(END,fruit)
22 lb.bind("<<ListboxSelect>>",itemSelected) # 點選綁定
23 lb.pack(pady=5)
24
25 root.mainloop()
```

執行結果

讀者應該留意第 22 行，當點選 Listbox 發生時會產生虛擬的 <<ListboxSelect>> 事件，此時可以觸發 itmeChanged( ) 方法處理此事件，程式第 3-6 行將處理所點選的內容在上方的標籤中顯示。上述第 4-6 行這也是新的觀念，筆者在第 4 行先取得事件物件 obj，此例這個物件就是 Listbox 物件，然後利用這個 obj 物件取得所選的項目索引，再由索引取得所選的項目。當然你也可以省略第 4 行，直接使用原先的 Listbox 物件 lb 也可以，可以參考 ch12_16_1.py。

程式實例 ch12_16_1.py：重新設計 ch12_16.py，只是修改 itemChanged( ) 方法，下列是此方法的內容：

```
3   def itemSelected(event):        # 列出所選單一項目
4       index = lb.curselection()   # 取得索引
5       var.set(lb.get(index))      # 設定標籤內容
```

執行結果 與 ch12_16.py 相同。

早期或網路上一些人不懂虛擬綁定的觀念，設計這類程式時，由於按一下是被 tkinter 綁定選取 Listbox 的項目，就用連按 2 下 "<Double-Button-1>" 方式處理將所選項目放在標籤。

程式實例 ch12_17.py：重新設計 ch12_16.py，使用 <Double-Button-1> 取代虛擬事件 <ListboxSelect>。

```
22  lb.bind("<Double-Button-1>",itemSelected) # 連按2下綁定
```

執行結果 與 ch12_16.py 相同。

筆者講這個程式的目的是告訴讀者以前或網路上有人如此處理，當然建議讀者使用 ch12_16.py 的方法，因為站在使用者的立場，當然期待按一下即可選取和將所選的項目處理完成。

12-4-2 虛擬綁定應用在多重選項

虛擬綁定的觀念也可以應用在多重選項，下列將直接以實例解說。

程式實例 ch12_18.py：重新設計 ch12_16.py，當有多重選項產生時，這些被選的項目將被列印出來。這個程式的 selectmode 筆者使用 EXTENDED。

```python
1  # ch12_18.py
2  from tkinter import *
3  def itemsSelected(event):        # 列印所選結果
4      obj = event.widget           # 取得事件的物件
5      indexs = obj.curselection()  # 取得索引
6      for index in indexs:         # 將元組內容列出
7          print(obj.get(index))
8      print("----------")          # 區隔輸出
9
10
11 fruits = ["Banana","Watermelon","Pineapple",
12          "Orange","Grapes","Mango"]
13
14 root = Tk()
15 root.title("ch12_18")            # 視窗標題
16 root.geometry("300x250")         # 視窗寬300高250
17
18 var = StringVar()                # 建立標籤
19 lab = Label(root,text="",textvariable=var)
20 lab.pack(pady=5)
21
22 lb = Listbox(root,selectmode=EXTENDED)
23 for fruit in fruits:             # 建立水果項目
24     lb.insert(END,fruit)
25 lb.bind("<<ListboxSelect>>",itemsSelected) # 點選綁定
26 lb.pack(pady=5)
27
28 root.mainloop()
```

執行結果

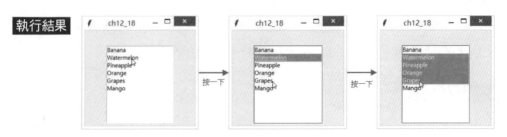

下列是 Python Shell 視窗的輸出。

```
=================== RESTART: D:/PythonGUI/ch12/ch12_18.py ===================
Watermelon
----------
Watermelon
Pineapple
Orange
Grapes
----------
```

12-5 活用加入和刪除項目

這一節筆者將以一個接近實用的例子說明加入與刪除 Listbox 項目的應用。

程式實例 ch12_19.py：增加與刪除項目的操作，這個程式有 4 個 Widget 控件，Entry 是輸入控件，可以在此輸入項目，輸入完項目後按增加鈕，Entry 的項目就會被加入 Listbox，同時 Entry 將被清空。若是選擇 Listbox 內的項目再按刪除鈕，可以將所選的項目刪除。

```python
1   # ch12_19.py
2   from tkinter import *
3   def itemAdded():                        # 增加項目處理程式
4       varAdd = entry.get()                # 讀取Entry的項目
5       if (len(varAdd.strip()) == 0):      # 沒有增加不處理
6           return
7       lb.insert(END,varAdd)               # 將項目增加到Listbox
8       entry.delete(0,END)                 # 刪除Entry的內容
9
10  def itemDeleted():                      # 刪除項目處理程式
11      index = lb.curselection()           # 取得所選項目索引
12      if (len(index) == 0):               # 如果長度是0表示沒有選
13          return
14      lb.delete(index)                    # 刪除選項
15
16  root = Tk()
17  root.title("ch12_19")                   # 視窗標題
18
19  entry = Entry(root)                     # 建立Entry
20  entry.grid(row=0,column=0,padx=5,pady=5)
21
22  # 建立增加按鈕
23  btnAdd = Button(root,text="增加",width=10,command=itemAdded)
24  btnAdd.grid(row=0,column=1,padx=5,pady=5)
25
26  # 建立Listbox
```

```
27  lb = Listbox(root)
28  lb.grid(row=1,column=0,columnspan=2,padx=5,sticky=W)
29
30  # 建立刪除按鈕
31  btnDel = Button(root,text="刪除",width=10,command=itemDeleted)
32  btnDel.grid(row=2,column=0,padx=5,pady=5,sticky=W)
33
34  root.mainloop()
```

執行結果 下列是增加項目與刪除項目的操作。

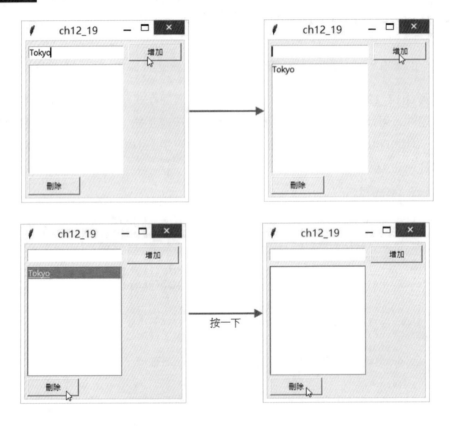

12-6 Listbox 項目的排序

在使用 Listbox 時常需要處理項目排序工作，下列將以實例解說。

程式實例 ch12_20.py：這個程式按排序鈕時預設是從小排到大，若是勾選核取方塊再按排序將從大排到小。

```
1   # ch12_20.py
2   from tkinter import *
3   def itemsSorted():                    # 排序
4       if (var.get() == True):           # 如果設定
5           revBool = True                # 大到小排序是True
6       else:
7           revBool = False               # 大到小排序是False
8       listTmp = list(lb.get(0,END))     # 取得項目內容
9       sortedList = sorted(listTmp,reverse=revBool) # 執行排序
10      lb.delete(0,END)                  # 刪除原先Listbox內容
11      for item in sortedList:           # 將排序結果插入Listbox
12          lb.insert(END,item)
13
14  fruits = ["Banana","Watermelon","Pineapple",
15            "Orange","Grapes","Mango"]
16
17  root = Tk()
18  root.title("ch12_20")                 # 視窗標題
19
20  lb = Listbox(root)                    # 建立Listbox
21  for fruit in fruits:                  # 建立水果項目
22      lb.insert(END,fruit)
23  lb.pack(padx=10,pady=5)
24
25  # 建立排序按鈕
26  btn = Button(root,text="排序",command=itemsSorted)
27  btn.pack(side=LEFT,padx=10,pady=5)
28
29  # 建立排序設定核取方塊
30  var = BooleanVar()
31  cb = Checkbutton(root,text="大到小排序",variable=var)
32  cb.pack(side=LEFT)
33
34  root.mainloop()
```

執行結果 下列是使用預設排序與使用從大到小排序的操作畫面。

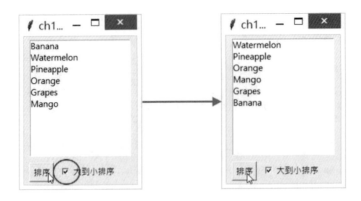

12-7 拖曳 Listbox 的項目

在建立 Listbox 過程中，另一個很重要的應用是可以拖曳選項，下列筆者將以實例解說這方面的應用。

程式實例 ch12_21.py：先建立 Listbox，然後可以拖曳所選的項目。

```
1   # ch12_21.py
2   from tkinter import *
3   def getIndex(event):                          # 處理按一下選項
4       lb.index = lb.nearest(event.y)            # 目前選項的索引
5
6   def dragJob(event):                           # 處理拖曳選項
7       newIndex = lb.nearest(event.y)            # 目前選項的新索引
8       if newIndex < lb.index:                   # 往上拖曳
9           x = lb.get(newIndex)                  # 獲得新位置內容
10          lb.delete(newIndex)                   # 刪除新位置的內容
11          lb.insert(newIndex+1,x)               # 放回原先新位置的內容
12          lb.index = newIndex                   # 選項的新索引
13      elif newIndex > lb.index:                 # 往下拖曳
14          x = lb.get(newIndex)                  # 獲得新位置內容
15          lb.delete(newIndex)                   # 刪除新位置的內容
16          lb.insert(newIndex-1,x)               # 放回原先新位置的內容
17          lb.index = newIndex                   # 選項的新索引
18
19  fruits = ["Banana","Watermelon","Pineapple",
20           "Orange","Grapes","Mango"]
21
22  root = Tk()
23  root.title("ch12_21")                         # 視窗標題
24
25  lb = Listbox(root)                            # 建立Listbox
```

```
26  for fruit in fruits:                    # 建立水果項目
27      lb.insert(END,fruit)
28      lb.bind("<Button-1>",getIndex)       # 按一下綁定getIndex
29      lb.bind("<B1-Motion>",dragJob)       # 拖曳綁定dragJob
30  lb.pack(padx=10,pady=10)
31
32  root.mainloop()
```

 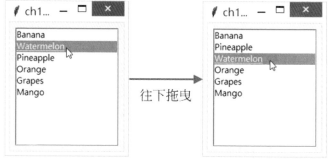

這個程式筆者在第 4 和 7 行使用了下列方法：

nearest(event.y)

上述可以傳回最接近 y 座標在 Listbox 中的索引。當有按一下時會觸發 getIndex( ) 方法，第 4 行可以傳回目前選項的索引。在拖曳過程會觸發 dragJob( ) 方法，在第 7 行可以傳回新選項的索引，在拖曳過程這個方法會不斷地被觸發，至於會被觸發多少次視移動速度而定。

若是以上述實例而言，目前選項 Watermelon 的索引是 1，拖曳處理的觀念如下，參考 ch12_21.py 的執行過程，是往下移動，整個流程說明如下：

1.　新索引位置是 2

2.　獲得索引 2 的內容 Pineapple，可參考第 14 行。

3.　刪除索引 2 的內容 Pineapple，可參考第 15 行。

4.　將 Pineapple 的內容插入 (索引 2 – 1)，相當於插入索引 1 位置，可參考第 16 行。

5.　這時目前選項 Watermelon 的索引變成 2，這樣就達到移動選項的目的了，可參考第 17 行。

12-8 捲軸的設計

在預設的環境 Listbox 是沒有捲軸的，但是如果選項太多時，將造成部分選項無法顯示，此時是將捲軸 Scrollbar 控件加入 Listbox 的時機。

註 Scrollbar 控件除了應用在 Listbox，也可應用在 Text 和 Canvas 控件。

它的使用格式如下：

Scrollbar(父物件 , options, …)

Scrollbar( ) 方法的第一個參數是**父物件**，表示這個捲軸將建立在那一個視窗內。下列是 Scrollbar( ) 方法內其它常用的 options 參數：

❑ activebackground：當滑鼠經過捲軸時，捲軸和方向箭頭的顏色。

❑ bg 或 background：當滑鼠沒有經過捲軸時，捲軸和方向箭頭的顏色。

❑ borderwidth 或 bd：邊界寬度預設是 2 個像素。

❑ command：卷軸移動時所觸發的方法。

❑ cursor：當滑鼠游標在捲軸時的游標外形。

❑ elementborderwidth：捲軸和方向箭頭的外部寬度，預設是 1。

❑ highlightbackground：當捲軸沒有取得焦點時的顏色。

❑ highlightcolor：當捲軸取得焦點時的顏色。

❑ highlightthickness：當取得焦點時的厚度，預設是 1。

❑ jump：每次小小的拖曳選軸盒時皆會觸發 command 的方法，預設是 0，如果設為 1 則只有放開滑鼠按鍵才會觸發 command 的方法。

❑ orient：可設定 HORIZONTAL/VERTICAL 分別是水平 / 垂直軸。

❑ repeatdelay：單位是毫秒 (milliseconds)，預設是 300 毫秒，可以設定按住捲軸盒移動的停滯時間。

❑ takefocus：正常可以用按 Tab 鍵切換捲軸盒成為焦點選項，如果設為 0 則取消此設定。

❑ troughcolor：捲軸槽的顏色。

❑ width：捲軸寬，預設是 16。

程式實例 ch12_22.py：在 Listbox 建立垂直捲軸的應用。

```
1   # ch12_22.py
2   from tkinter import *
3
4
5   root = Tk()
6   root.title("ch12_22")                    # 視窗標題
7
8   scrollbar = Scrollbar(root)              # 建立捲軸
9   scrollbar.pack(side=RIGHT, fill=Y)
10
11  # 建立Listbox, yscrollcommand指向scrollbar.set方法
12  lb = Listbox(root, yscrollcommand=scrollbar.set)
13  for i in range(50):                      # 建立50筆項目
14      lb.insert(END, "Line " + str(i))
15  lb.pack(side=LEFT,fill=BOTH,expand=True)
16
17  scrollbar.config(command=lb.yview)
18
19  root.mainloop()
```

執行結果

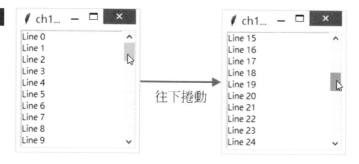

第 12 行是將 Listbox 的選項參數 yscrollcommand 設定為 scrollbar.set，表示將 Listbox 與捲軸做連結。

上述第 17 行 scrollbar.config( ) 方法主要是為 scrollbar 物件設定選擇性參數內容，此例是設定 command 參數，也就是當移動捲軸時，會去執行所指定的方法，此例是執行 Listbox 物件 lb 的 yview( ) 方法。

第十三章

OptionMenu 與 Combobox

13-1 下拉式表單 OptionMenu

OptionMenu 可以翻譯為下拉式表單，使用者可以從中選擇一項，它的建構方法如下：

OptionMenu(父物件 ,options,*value)

上述 *value 是一系列下拉表單，本節將從實例中教導讀者。

13-1-1 建立基本的 OptionMenu

程式實例 ch13_1.py：建立 OptionMenu，這個下拉表單有 3 筆資料，分別是 Python、Java、C。

```
1   # ch13_1.py
2   from tkinter import *
3
4   root = Tk()
5   root.title("ch13_1")                    # 視窗標題
6   root.geometry("300x180")
7
8   var = StringVar(root)
9   optionmenu = OptionMenu(root,var,"Python","Java","C")
10  optionmenu.pack()
11
12  root.mainloop()
```

執行結果 程式執行初 OptionMenu 是空白，這是因為沒有選擇任何選單項目。

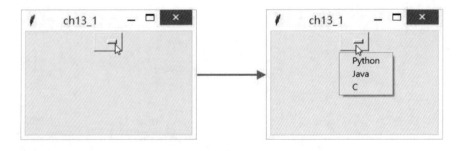

當我們選擇任一項後，選單項目會更改。

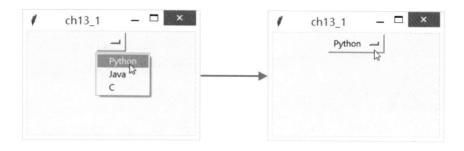

讀者可以留意上述第 9 行建立 OptionMenu 下拉表單項目的方式。

13-1-2 使用元組建立表單項目

上述雖然可以建立表單，但是當表單項目一多時，坦白說不是太方便，不過我們可以將表單項目建在元組內，未來再將元組資料放入 OptionMenu( ) 建構方法內。

程式實例 ch13_2.py：重新設計 ch13_1.py，使用元組儲存表單項目。

```
1  # ch13_2.py
2  from tkinter import *
3
4  root = Tk()
5  root.title("ch13_2")                      # 視窗標題
6  root.geometry("300x180")
7
8  omTuple = ("Python","Java","C")           # tuple儲存表單項目
9  var = StringVar(root)
10 optionmenu = OptionMenu(root,var,*omTuple)  # 建立OptionMenu
11 optionmenu.pack()
12
13 root.mainloop()
```

執行結果 與 ch13_1.py 相同。

13-1-3 建立預設選項 set( )

截至目前為止程式執行初，各位沒有看到任何項目，不過我們可以使用 set( ) 方法為這個 OptionMenu 建立預設選項。

程式實例 ch13_3.py：重新設計 ch13_2.py，使用 set( ) 方法建立預設選項。

```
1   # ch13_3.py
2   from tkinter import *
3
4   root = Tk()
5   root.title("ch13_3")                        # 視窗標題
6   root.geometry("300x180")
7
8   omTuple = ("Python","Java","C")             # tuple儲存表單項目
9   var = StringVar(root)
10  var.set("Python")                           # 建立預設選項
11  optionmenu = OptionMenu(root,var,*omTuple)  # 建立OptionMenu
12  optionmenu.pack()
13
14  root.mainloop()
```

執行結果

　　上述雖然我們成功的設定了預設值，但是那不是一個好的設計，建議既然已經使用了元組建立表單項目，可以使用**元組變數名稱 + 索引**方式設定預設選項。

程式實例 ch13_3_1.py：使用元組變數名稱，索引方式設定預設選項。

```
10  var.set(omTuple[0])                         # 建立預設選項
```

執行結果 與 ch13_3.py 相同。

13-1-4 獲得選項內容 get( )

　　我們可以使用 get( ) 方法獲得選項內容。

程式實例 ch13_4.py：獲得 OptionMenu 目前選項的內容，這個程式有提供 Print 鈕，按此鈕可以在 Python Shell 視窗列出所選的內容。

```
1   # ch13_4.py
2   from tkinter import *
3   def printSelection():
4       print("The selection is : ", var.get())
5
6   root = Tk()
7   root.title("ch13_4")                          # 視窗標題
8   root.geometry("300x180")
9
10  omTuple = ("Python","Java","C")               # tuple儲存表單項目
11  var = StringVar(root)
12  var.set("Python")                             # 建立預設選項
13  optionmenu = OptionMenu(root,var,*omTuple)    # 建立OptionMenu
14  optionmenu.pack(pady=10)
15
16  btn = Button(root,text="Print",command=printSelection)
17  btn.pack(pady=10,anchor=S,side=BOTTOM)
18
19  root.mainloop()
```

執行結果

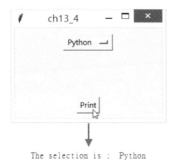

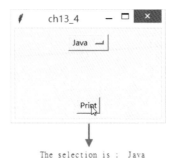

13-2 組合框 Combobox

　　Combobox 可以翻譯為組合框，這是 tkinter.ttk 的 Widget 控件，它的特性與 OptionMenu 類似，基本上它是 Entry 和下拉式功能表的組合。它的建構方法如下：

　　Combobox(父物件 ,options)

　　常用 options 參數如下：

❑ textvariable：可以設定 Combobox 的變數值。

❑ value：Combobox 的選項內容，內容以元組方式存在。

13-2-1　建立 Combobox

在 Combobox( ) 建構方法中，可以使用 value 參數建立選項內容，

程式實例 ch13_5.py：建立一個 Combobox。

```
1   # ch13_5.py
2   from tkinter import *
3   from  tkinter.ttk  import *
4
5   root = Tk()
6   root.title("ch13_5")                         # 視窗標題
7   root.geometry("300x120")
8
9   var = StringVar()
10  cb = Combobox(root,textvariable=var,          # 建立Combobox
11                value=("Python","Java","C#","C"))
12  cb.pack(pady=10)
13
14  root.mainloop()
```

執行結果

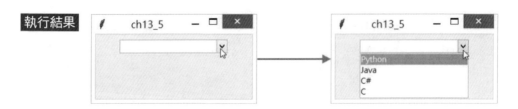

其實在設計上述程式時，若是選項很多時，Combobox( ) 方法的參數 value 一般是獨立在 Combobox( ) 外處理，可以參考下列實例。

程式實例 ch13_6.py：將 Combobox 的選項獨立處理，可以參考第 11 行。

```
1   # ch13_6.py
2   from tkinter import *
3   from  tkinter.ttk  import *
4
5   root = Tk()
6   root.title("ch13_6")                         # 視窗標題
7   root.geometry("300x120")
8
9   var = StringVar()
10  cb = Combobox(root,textvariable=var)          # 建立Combobox
11  cb["value"] = ("Python","Java","C#","C")      # 設定選項內容
12  cb.pack(pady=10)
13
14  root.mainloop()
```

執行結果 與 ch13_5.py 相同。

13-2-2　設定預設選項 current( )

Combobox 建立完成後，可以使用 current( ) 方法建立預設選項。

程式實例 ch13_7.py：設定元組索引 0 的元素 "Python" 為預設選項。

```
1   # ch13_7.py
2   from tkinter import *
3   from  tkinter.ttk  import *
4
5   root = Tk()
6   root.title("ch13_7")                        # 視窗標題
7   root.geometry("300x120")
8
9   var = StringVar()
10  cb = Combobox(root,textvariable=var)        # 建立Combobox
11  cb["value"] = ("Python","Java","C#","C")    # 設定選項內容
12  cb.current(0)                               # 設定預設選項
13  cb.pack(pady=10)
14
15  root.mainloop()
```

執行結果

在前面建立 Combobox 過程我們有建立 textvariable=var，此 var 在第 9 行建立，有了它就可以用 var.set("xx") 方式建立預設選項，當然對這個實例而言，使用 current( ) 方法較為便利。

程式實例 ch13_8.py：重新設計 ch13_7.py，使用 var.set( ) 建立預設選項。

```
12   var.set("Python")                          # 設定預設選項
```

執行結果 與 ch13_7.py 相同。

13-2-3　獲得目前選項 get( )

在前面建立 Combobox 過程我們有建立 textvariable=var，可以使用 var.get( ) 獲得目前選項內容。

程式實例 ch13_9.py：擴充設計 ch13_7.py，增加 Print 按鈕，當按此按鈕時可以在 Python Shell 視窗列印選項。

```
1   # ch13_9.py
2   from tkinter import *
3   from  tkinter.ttk  import  *
4   def printSelection():                           # 列印選項
5       print(var.get())
6
7   root = Tk()
8   root.title("ch13_9")                            # 視窗標題
9   root.geometry("300x120")
10
11  var = StringVar()
12  cb = Combobox(root,textvariable=var)            # 建立Combobox
13  cb["value"] = ("Python","Java","C#","C")        # 設定選項內容
14  cb.current(0)                                   # 設定預設選項
15  cb.pack(pady=10)
16
17  btn = Button(root,text="Print",command=printSelection) # 建立按鈕
18  btn.pack(pady=10,anchor=S,side=BOTTOM)
19
20  root.mainloop()
```

 執行結果

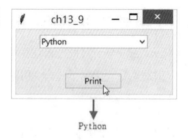

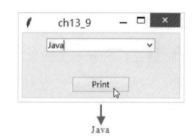

13-2-4　綁定 Combobox

當 Combobox 的選項有更動時，會產生虛擬 <<ComboboxSelected>> 事件，我們也可以使用這個特性將此事件綁定處理方法。

程式實例 ch13_10.py：同步 Combobox 和 Label 的內容。

```
 1  # ch13_10.py
 2  from tkinter import *
 3  from  tkinter.ttk  import *
 4  def comboSelection(event):                      # 顯示選項
 5      labelVar.set(var.get())                     # 同步標籤內容
 6
 7  root = Tk()
 8  root.title("ch13_10")                           # 視窗標題
 9  root.geometry("300x120")
10
11  var = StringVar()
12  cb = Combobox(root,textvariable=var)            # 建立Combobox
13  cb["value"] = ("Python","Java","C#","C")        # 設定選項內容
14  cb.current(0)                                   # 設定預設選項
15  cb.bind("<<ComboboxSelected>>",comboSelection)  # 綁定
16  cb.pack(side=LEFT,pady=10,padx=10)
17
18  labelVar = StringVar()
19  label = Label(root,textvariable=labelVar)       # 建立Label
20  labelVar.set(var.get())                         # 設定Label的初值
21  label.pack(side=LEFT)
22
23  root.mainloop()
```

執行結果

第十四章

容器 PanedWindow 和 Notebook

14-1　PanedWindow

14-1-1　PanedWindow 基本觀念

　　PanedWindow 可以翻譯為面板，這是一個容器 Widget 控件，可以在此容器內建立任意數量的子控件。不過一般是應用在此控件內建立 2 或 3 個子控件，而控件是水平或垂直方式排列。它的建構方法語法如下：

　　PanedWindow(父物件 ,options, …)

　　PanedWindow( ) 方法的第一個參數是父物件，表示這個將建立在那一個父物件內。下列是 PanedWindow( ) 方法內其它常用的 options 參數：

- ❏ bg 或 background：當滑鼠游標不在此控件時，若是有捲軸或箭頭盒時，捲軸或箭頭盒的背景色彩。
- ❏ bd：3D 顯示時的寬度，預設是 2。
- ❏ borderwidth：預設是 2。
- ❏ cursor：當滑鼠游標在標籤上方時的外形。
- ❏ handlepad：預設是 8。
- ❏ handlesize：預設是 8。
- ❏ height：沒有預設高度。
- ❏ orient：預設是 HORIZONTAL。
- ❏ relief：預設是 relief=FLAT，可由此控制文字外框。
- ❏ sashcursor：沒有預設值。
- ❏ sashrelief：預設是 RAISED。
- ❏ showhandle：沒有預設值。
- ❏ width：沒有預設值。

14-1-2　插入子控件 add( )

　　add(child,options) 可以插入子物件，

程式實例 ch14_1.py：在 PanedWindow 物件內插入 2 個標籤子物件，讀者可以從縮放視窗了解標籤子物件分割此 PanedWindow 的結果。

```
1   # ch14_1.py
2   from tkinter import *
3
4   pw = PanedWindow(orient=VERTICAL)          # 建立PanedWindow物件
5   pw.pack(fill=BOTH,expand=True)
6
7   top = Label(pw,text="Top Pane")            # 建立標籤Top Pane
8   pw.add(top)                                # top標籤插入PanedWindow
9
10  bottom = Label(pw,text="Bottom Pane")      # 建立標籤Bottom Pane
11  pw.add(bottom)                             # bottom標籤插入PanedWindow
12
13  pw.mainloop()
```

執行結果 下方左邊是執行結果，右邊是適度放大視窗的結果。

14-1-3　建立 LabelFrame 當子物件

PanedWindow 是一個面板，最常的應用是將它分成 2-3 份，然後我們可以將所設計的控件適度分配位置。

程式實例 ch14_2.py：設計 3 個 LabelFrame 物件當作 PanedWindow 的子物件，然後水平排列。

```
1   # ch14_2.py
2   from tkinter import *
3
4   root = Tk()
5   root.title("ch14_2")
6
7   pw = PanedWindow(orient=HORIZONTAL)        # 建立PanedWindow物件
8
9   leftframe = LabelFrame(pw,text="Left Pane",width=120,height=150)
```

```
10   pw.add(leftframe)                        # 插入左邊LabelFrame
11   middleframe = LabelFrame(pw,text="Middle Pane",width=120)
12   pw.add(middleframe)                      # 插入中間LabelFrame
13   rightframe = LabelFrame(pw,text="Right Pane",width=120)
14   pw.add(rightframe)                       # 插入右邊LabelFrame
15
16   pw.pack(fill=BOTH,expand=True,padx=10,pady=10)
17
18   root.mainloop()
```

執行結果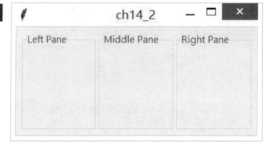

14-1-4　tkinter.ttk 模組的 weight 參數

上述 ch14_2.py 在執行時，若是更改了視窗的寬度，將看到最右面板 (Right Pane) 放大或縮小，如下所示：

在 tkinter.ttk 模組，若是執行 add(子物件 ,options)，在 options 欄位可以增加 weight 參數，weight 代表更改視窗寬度時每個 Pane 更改的比例，如果插入 3 個子物件 LabelFrame 時 weight 皆是 1，代表放大或縮小視窗時，3 個子物件是相同比例的。

需留意在 add( ) 方法內使用 weight 參數時需要導入 tkinter.ttk。

程式實例 ch14_3.py：重新設計 ch14_2.py，在插入 3 個 LabelFrame 物件時增加 weight=1。在執行時若是放大或縮小視窗，可以看到 3 個 LabelFrame 子物件是相同比例更改的。注意程式第 3 行是導入 tkinter.ttk，這是必須的否則程式會有編譯錯誤。

```
1   # ch14_3.py
2   from tkinter import *
3   from tkinter.ttk import *
4
5   root = Tk()
6   root.title("ch14_3")
7
8   pw = PanedWindow(orient=HORIZONTAL)        # 建立PanedWindow物件
9
10  leftframe = LabelFrame(pw,text="Left Pane",width=120,height=150)
11  pw.add(leftframe,weight=1)                 # 插入左邊LabelFrame
12  middleframe = LabelFrame(pw,text="Middle Pane",width=120)
13  pw.add(middleframe,weight=1)               # 插入中間LabelFrame
14  rightframe = LabelFrame(pw,text="Right Pane",width=120)
15  pw.add(rightframe,weight=1)                # 插入右邊LabelFrame
16
17  pw.pack(fill=BOTH,expand=True,padx=10,pady=10)
18
19  root.mainloop()
```

執行結果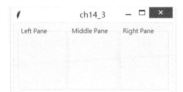

　　如果 3 個 LabelFrame 子物件設定不同 weight，未來更改視窗大小時，彼此會因 weight 有不同的影響。

程式實例 ch14_4.py：設定更改視窗大小時 Left Pane 的 weight=2、Middle Pane 的 weight=2、Right Pane 的 weight=1，這代表更改寬度時，更改比例分別是 2:2:1。請讀者留意第 11 和 13 行的 weight 設定。

```
1   # ch14_4.py
2   from tkinter import *
3   from tkinter.ttk import *
4
5   root = Tk()
6   root.title("ch14_4")
7
8   pw = PanedWindow(orient=HORIZONTAL)        # 建立PanedWindow物件
9
10  leftframe = LabelFrame(pw,text="Left Pane",width=120,height=150
11  pw.add(leftframe,weight=2)                 # 插入左邊LabelFrame
12  middleframe = LabelFrame(pw,text="Middle Pane",width=120)
13  pw.add(middleframe,weight=2)               # 插入中間LabelFrame
14  rightframe = LabelFrame(pw,text="Right Pane",width=120)
```

```
15  pw.add(rightframe,weight=1)                # 插入右邊LabelFrame
16
17  pw.pack(fill=BOTH,expand=True,padx=10,pady=10)
18
19  root.mainloop()
```

執行結果　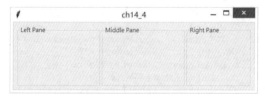

14-1-5　在 PanedWindow 內插入不同控件的應用

在結束本節前，筆者再介紹一個在 PanedWindow 內插入不同 Widget 控件的應用。

程式實例 ch14_5.py：這個程式會先建立 PanedWindow，物件名稱是 pw。然後在此底下左邊建立 Entry 物件，物件名稱是 entry，底下右邊建立另一個 PanedWindow 物件，物件名稱是 pwin。最後在 pwin 物件底下建立 Scale 物件。

```
1   # ch14_5.py
2   from tkinter import *
3
4   pw = PanedWindow(orient=HORIZONTAL)        # 建立外層PanedWindow
5   pw.pack(fill = BOTH,expand=True)
6
7   entry = Entry(pw,bd=3)                     # 建立entry
8   pw.add(entry)                             # 這是外層PanedWindow的子物件
9
10  # 建立PanedWindow物件pwin,這是外層PanedWindow的子物件
11  pwin = PanedWindow(pw,orient=VERTICAL)
12  pw.add(pwin)
13  # 建立Scale,這是pwin物件的子物件
14  scale = Scale(pwin,orient=HORIZONTAL)
15  pwin.add(scale)
16
17  pw.mainloop()
```

執行結果　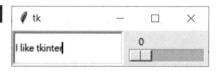

14-2 Notebook

Notebook 是屬於 tkinter.ttk 模組的控件。

14-2-1　Notebook 基本觀念

Notebook 也是一個容器 Widget 控件，這個控件的特色是有許多**頁次** (tabs)，當點選不同**頁次** (tabs) 時可以看到不同的子控件內容，也可以想成是子視窗內容。

使用 Notebook( ) 建構方法的語法如下：

Notebook(父物件 , options)

options 參數義務如下：

❏ height：預設是使用最大可能高度，如果設定則使用設定高度。

❏ padding：設定 Notebook 外圍的額外空間，可以設定 4 個數值代表 left、top、right、bottom 等 4 周的空間。

❏ width：預設是使用最大可能寬度，如果設定則使用設定寬度。

整個建立 Notebook 的框架步驟如下：

1：　使用 Notebook( ) 建立 Notebook 物件，假設物件名稱是 notebook。

2：　使用 **notebook 物件**呼叫 add( ) 方法。

add(子物件 , text="**xxx**")　　　　　# xxx 是未來頁次名稱

3：　上述可以將子物件插入 notebook，同時產生 "**xxx**" 頁次名稱。

如果用正規語法表達 add( ) 方法，它的語法如下：

add(子物件 , options)

options 參數義務如下：

❏ compound：：可以設定頁次內含圖像和文字時，彼此位置關係，可以參考第 2-12 節。

❏ image：頁次以影像方式呈現。

❑ padding：可以設定 Notebook 和面板 Pane 的額外空間。

❑ state：可能值是 "normal"、"disabled"、"hidden"，如果是 disabled 表示無法被選取使用，如果是 hidden 表示被隱藏。

❑ sticky：指出子視窗面板的配置方式，n/s/e/w 分別代表 North、South、East、West。

❑ text：頁次的字串內容。

❑ underline：從 0 開始計算起的索引，指出第幾個字母含底線。

程式實例 ch14_6.py：簡單建立 Notebook 的框架，這個程式各頁次的子物件是 Frame物件，可參考第 11-12 行。

```
1   # ch14_6.py
2   from tkinter import *
3   from tkinter.ttk import *
4
5   root = Tk()
6   root.title("ch14_6")
7   root.geometry("300x160")
8
9   notebook = Notebook(root)                # 建立Notebook
10
11  frame1 = Frame()                         # 建立Frame1
12  frame2 = Frame()                         # 建立Frame2
13
14  notebook.add(frame1,text="頁次1")        # 建立頁次1同時插入Frame1
15  notebook.add(frame2,text="頁次2")        # 建立頁次2同時插入Frame2
16  notebook.pack(padx=10,pady=10,fill=BOTH,expand=TRUE)
17
18  root.mainloop()
```

執行結果

14-2-2　綁定頁次與子控件內容

在程式 ch14_6.py 我們所看到的各頁次內容是空的，這一節的實例重點是在頁次內建立子控件內容。

程式實例 ch14_7.py：擴充設計 ch14_6.py，主要是在頁次 1，增加內容是 "Python" 的標籤子物件，此時標籤物件建立過程可參考第 17 行，重點如下：

```
label = Label(frame1, … )        # frame1 是 label 的父物件
```

在頁次 2，增加名稱是 "Help" 功能鈕的子物件，此時功能鈕物件建立過程可參考第 19 行，重點如下：

```
btn = Button(frame2, … )        # frame2 是 btn 的父物件
```

當按 Help 功能鈕時會列出 showinfo 內容的訊息。

```python
1  # ch14_7.py
2  from tkinter import *
3  from tkinter import messagebox
4  from tkinter.ttk import *
5  def msg():
6      messagebox.showinfo("Notebook","歡迎使用Notebook")
7
8  root = Tk()
9  root.title("ch14_7")
10 root.geometry("300x160")
11
12 notebook = Notebook(root)             # 建立Notebook
13
14 frame1 = Frame()                      # 建立Frame1
15 frame2 = Frame()                      # 建立Frame2
16
17 label = Label(frame1,text="Python")   # 在Frame1建立標籤控件
18 label.pack(padx=10,pady=10)
19 btn = Button(frame2,text="Help",command=msg) # 在Frame2建立按鈕控件
20 btn.pack(padx=10,pady=10)
21
22 notebook.add(frame1,text="頁次1")      # 建立頁次1同時插入Frame1
23 notebook.add(frame2,text="頁次2")      # 建立頁次2同時插入Frame2
24 notebook.pack(padx=10,pady=10,fill=BOTH,expand=TRUE)
25
26 root.mainloop()
```

執行結果

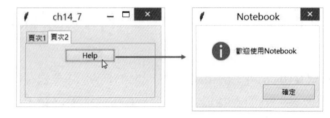

第十五章

進度條 Progressbar

15-1 Progressbar 的基本應用

Progressbar 可以解釋為**進度條**，主要是當作是一個工作進度指標，在這個控件中會有一個**指針** (indicator)，由此**指針**可以了解工作進度。例如：檔案下載、檔案解壓縮、… 等。使用者可以由這個工作進度指標確認系統仍在進行中，同時也可以了解目前進行到那一個階段。

它的建構方法語法如下：

Progressbar(父物件 ,options, …)

Progressbar( ) 方法的第一個參數是**父物件**，表示這個 Progressbar 將建立在那一個父物件內。下列是 Progressbar( ) 方法內其它常用的 options 參數：

❑ length：進度條的長度，預設是 100 像素。

❑ mode：可以有下列 2 種模式：。

■ determinate：一個**指針** (indicator) 會從起點移至終點，通常我們知道所需工作時間時，可以使用此模式，這是預設模式。

■ indeterminate：一個**指針** (indicator) 會在起點和終點間來回移動，通常我們不知道工作所需時間時，可以使用此模式。

❑ maximum：進度條的最大值，預設是 100.0。

❑ name：進度條的名稱，供程式未來參考引用。

❑ orient：進度條的方向，可以是 HORIZONTAL(預設) 或 VERTICAL。

❑ value：進度條的目前值。

❑ variable：記錄進度條目前進度值。

程式實例 ch15_1.py：進度條最大值是 100，列出目前值是 50 的畫面。其中一個**進度條**大部分參數使用預設，另一個則是使用自行設定方式。

```
1  # ch15_1.py
2  from tkinter import *
3  from tkinter.ttk import *
4
5  root = Tk()
6  root.geometry("300x140")
7  root.title("ch15_1")
8
```

```
9   # 使用預設建立進度條
10  pb1 = Progressbar(root)
11  pb1.pack(pady=20)
12  pb1["maximum"] = 100
13  pb1["value"] = 50
14
15  # 使用各參數設定方式建立進度條
16  pb2 = Progressbar(root,orient=HORIZONTAL,length=200,mode ="determinate
17  pb2.pack(pady=20)
18  pb2["maximum"] = 100
19  pb2["value"] = 50
20
21  root.mainloop()
```

執行結果

15-2 Progressbar 動畫設計

如果想要設計含動畫效果的 Progressbar，可以在每次更新 Progressbar 物件的 value 值時呼叫 update() 方法，這時視窗可以重新依據 value 值重繪，這樣就可以達到動畫效果。

程式實例 ch15_2.py：設計動畫的 Progressbar，最大值是 100，從 0 開始，每隔 0.05 秒可以移動一格。

```
1   # ch15_2.py
2   from tkinter import *
3   from tkinter.ttk import *
4   import time
5
6   def running():                          # 開始Progressbar動畫
7       for i in range(100):
8           pb["value"] = i+1               # 每次更新1
9           root.update()                   # 更新畫面
10          time.sleep(0.05)
```

```
11
12   root = Tk()
13   root.title("ch15_2")
14
15   pb = Progressbar(root,length=200,mode="determinate",orient=HORIZONTAL)
16   pb.pack(padx=10,pady=10)
17   pb["maximum"] = 100
18   pb["value"] = 0
19
20   btn = Button(root,text="Running",command=running)
21   btn.pack(pady=10)
22
23   root.mainloop()
```

執行結果　

　　假設我們在設計下載資料的 Progressbar，在真實的應用中，可以將所獲得的檔案
大小當作 Progressbar 物件 maximum 參數的值，然後設定每次讀取資料數量 (下載量)，
只要總下載量小於 maximum，則繼續下載，下列是模擬下載的 Progressbar 設計。

程式實例 ch15_3.py：模擬下載的 Progressbar 設計，假設下載總量是 10000，每次讀
取資料數量 (下載量) 是 500。

```
1   # ch15_3.py
2   from tkinter import *
3   from tkinter.ttk import *
4
5   def load():                        # 啟動Progressbar
6       pb["value"] = 0                # Progressbar初始值
7       pb["maximum"] = maxbytes       # Prograddbar最大值
8       loading()
9   def loading():                     # 模擬下載資料
10      global bytes
11      bytes += 500                   # 模擬每次下在500bytes
12      pb["value"] = bytes            # 設定指針
13      if bytes < maxbytes:
14          pb.after(50,loading)       # 經過0.05秒繼續執行loading
15
16  root = Tk()
17  root.title("ch15_3")
18  bytes = 0                          # 設定初值
19  maxbytes = 10000                   # 假設下載檔案大小
20
```

```
21   pb = Progressbar(root,length=200,mode="determinate",orient=HORIZONTAL)
22   pb.pack(padx=10,pady=10)
23   pb["value"] = 0                        # Prograssbar初始值
24
25   btn = Button(root,text="Load",command=load)
26   btn.pack(pady=10)
27
28   root.mainloop()
```

執行結果　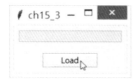　

15-3　Progressbar 的方法 start( )/step( )/stop( )

這幾個方法意義如下：

❑ start(interval)：每隔 interval 時間移動一次指針 (indicator)，interval 的預設值是 50ms，每次指針移動好像呼叫一次 step(delta)。在 step( ) 方法內的 delta 參數的意義是**增值量**。

❑ step(delta)：每次增加一次 delta，預設值是 1.0，在 mode=determinate 模式，指針不會超過 maximum 參數值。在 mode=indeterminate 模式，指針達到 maximum 參數值的前一格，**指針** (indicator) 會回到起點。

❑ stop( )：停止 start( ) 的運行。

程式實例 ch15_4.py：驗證使用 step(2) 方法，相當於每次增值 2，當指針到達末端值 100 前一格時 (相當於是 98)，指針會回到 0，然後重新開始移動。這個程式執行時同時在 Python Shell 視窗會列出目前指針的值。

```
1    # ch15_4.py
2    from tkinter import *
3    from tkinter.ttk import *
4    import time
5
6    def running():                         # 開始Progressbar動畫
7        while pb.cget("value") <= pb["maximum"]:
8            pb.step(2)
9            root.update()                   # 更新畫面
```

```
10              print(pb.cget("value"))      # 列印指針值
11              time.sleep(0.05)
12
13   root = Tk()
14   root.title("ch15_4")
15
16   pb = Progressbar(root,length=200,mode="determinate",orient=HORIZONTAL)
17   pb.pack(padx=10,pady=10)
18   pb["maximum"] = 100
19   pb["value"] = 0
20
21   btn = Button(root,text="Running",command=running)
22   btn.pack(pady=10)
23
24   root.mainloop()
```

執行結果

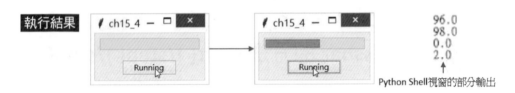

```
96.0
98.0
0.0
2.0
↑
Python Shell視窗的部分輸出
```

程式實例 ch15_5.py：使用 start( ) 方法啟動 Progressbar 的動畫，當按 Stop 鈕後才可終止此動畫。

```
1    # ch15_5.py
2    from tkinter import *
3    from tkinter.ttk import *
4
5    def run():                                  # 開始Progressbar動畫
6        pb.start()                              # 指針每次移動1
7    def stop():                                 # 中止Progressbar動畫
8        pb.stop()                               # 中止pb物件動畫
9
10   root = Tk()
11   root.title("ch15_5")
12
13   pb = Progressbar(root,length=200,mode="determinate",orient=HORIZONTAL)
14   pb.pack(padx=5,pady=10)
15   pb["maximum"] = 100
16   pb["value"] = 0
17
18   btnRun = Button(root,text="Run",command=run)      # 建立Run按鈕
19   btnRun.pack(side=LEFT,padx=5,pady=10)
20
21   btnStop = Button(root,text="Stop",command=stop)   # 建立Stop按鈕
22   btnStop.pack(side=LEFT,padx=5,pady=10)
23
24   root.mainloop()
```

執行結果 按下方右圖的 Stop 按鈕可以終止動畫的 Pregressbar。

15-4　mode=indeterminate 模式

在這個模式下指針將在左右移動,主要是應用在讓使用者知道程式仍在繼續工作。

程式實例 ch15_6.py：將 Progressbar 的模式設為 "mode=indeterminate"，重新設計 ch15_5.py，這個程式在執行時可以看到指針左右移動，若是按 Stop 鈕可以終止指針移動。

```
13   pb = Progressbar(root,length=200,mode="indeterminate",orient=HORIZONTAL)
```

執行結果

第十六章

功能表 Menu 和工具列 Toolbars

16-1 功能表 Menu 設計的基本觀念

視窗一般均會有功能表設計，功能表是一種下拉式的表單，在這表單中我們可以設計功能表清單。建立功能表的方法是 Menu( )，它的語法格式如下：

Menu(父物件 , options, …)

Menu( ) 方法的第一個參數是父物件，表示這個功能表將建立在那一個父物件內。下列是 Menu( ) 方法內其它常用的 options 參數：

❑ activebackground：當滑鼠移置此功能表清單時的背景色彩。

❑ activeborderwidth：當被滑鼠選取時它的外框厚度，預設是 1。

❑ activeforeground：當滑鼠移置此功能表清單時的前景色彩。

❑ bd：所有功能表清單的外框厚度，預設是 1。

❑ bg：功能表清單未被選取時的背景色彩。

❑ cursor：當功能表分離時，滑鼠在清單的外觀。

❑ disabledforeground：功能表清單是 DISABLED 時的顏色。

❑ font：功能表清單文字的字型。

❑ fg：功能表清單未被選取時的前景色彩。

❑ image：功能表的圖示。

❑ tearoff：功能表上方的分隔線，這是一個虛線線條，有分隔線時 tearoff 等於 True 或 1，此時功能表清單從 1 位置開始放置，同時可以讓功能表分離，分離方式是開啟功能表後按一下分隔線。如果將 tearoff 設為 False 或 0 時，此時不會顯示分隔線，也就是功能表無法分離，但是功能表清單將從 0 位置開始存放。相關實例可以參考 16-2 節。

下列是其它相關的方法：

❑ add_cascade( )：建立階層式功能表，同時讓此子功能清單與父功能表建立連結。

❑ add_command( )：增加功能表清單。

❑ add_separator( )：增加功能表清單的分隔線，可以參考 16-3 節。

程式實例 ch16_1.py：建立最上層的功能表清單，執行 Hello! 會出現歡迎使用功能表的對話方塊，執行 Exit! 則程式結束。

```
1   # ch16_1.py
2   from tkinter import *
3   from tkinter import messagebox
4
5   def hello():
6       messagebox.showinfo("Hello","歡迎使用功能表")
7
8   root = Tk()
9   root.title("ch16_1")
10  root.geometry("300x180")
11
12  # 建立最上層功能表
13  menubar = Menu(root)
14  menubar.add_command(label="Hello!",command=hello)
15  menubar.add_command(label="Exit!",command=root.destroy)
16  root.config(menu=menubar)               # 顯示功能表物件
17
18  root.mainloop()
```

執行結果

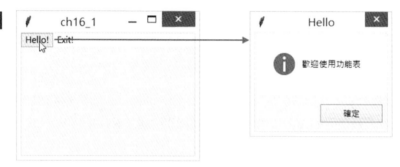

上述的設計理念是第 13 行先建立 menubar 物件，然後第 14-15 行分別將 Hello! 和 Exit! 指令清單建立在 menubar 上。

在上述程式雖然可以執行，但是這不是一個正規的功能表設計方式，正規的功能表是在最上方先建立**功能表類別**，然後才在各功能表類別內建立相關子功能表清單，這些子功能表清單是用下拉式視窗顯示。

程式實例 ch16_2.py：建立一個 File 功能表，然後在此功能表內建立下拉式 Exit 清單指令。

```
1   # ch16_2.py
2   from tkinter import *
3   from tkinter import messagebox
```

```
4
5   def newFile():
6       messagebox.showinfo("New File","開新檔案")
7
8   root = Tk()
9   root.title("ch16_2")
10  root.geometry("300x180")
11
12  menubar = Menu(root)                     # 建立最上層功能表
13  # 建立功能表類別物件,和將此功能表類別命名File
14  filemenu = Menu(menubar)
15  menubar.add_cascade(label="File",menu=filemenu)
16  # 在File功能表內建立功能表清單
17  filemenu.add_command(label="New File",command=newFile)
18  filemenu.add_command(label="Exit!",command=root.destroy)
19  root.config(menu=menubar)                # 顯示功能表物件
20
21  root.mainloop()
```

執行結果

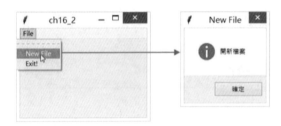

上述建立 File 功能表的關鍵是第 14-15 行，filemenu 則是 File 功能表的物件，第 17-18 行我們是使用 filemenu 物件在 File 功能表內建立 New File 和 Exit! 指令清單。

16-2 tearoff 參數

在 16-1 節的 Menu( ) 方法的參數 options 中，筆者介紹了 tearoff 參數，它的預設值是 1，至於其它細節可以參考該部分的說明，由於這是預設，所以若是開啟功能表時可以看到 "tearoff=1" 參數產生的虛線分隔線。

按一下虛線

上述若是按一下虛線，可以讓這個下拉式功能表分離，結果如上方右圖所示。

程式實例 ch16_3.py：在第 14 行建立功能表時設定 "tearoff=False" 重新設計 ch16_2.py，然後觀察執行結果，可以發現此虛線已被取消，這也造成無法將此下拉式功能表從 ch16_3 的視窗中分離。

```
1   # ch16_3.py
2   from tkinter import *
3   from tkinter import messagebox
4
5   def newFile():
6       messagebox.showinfo("New File","開新檔案")
7
8   root = Tk()
9   root.title("ch16_3")
10  root.geometry("300x180")
11
12  menubar = Menu(root)                      # 建立最上層功能表
13  # 建立功能表類別物件,和將此功能表類別命名File
14  filemenu = Menu(menubar,tearoff=False)
15  menubar.add_cascade(label="File",menu=filemenu)
16  # 在File功能表內建立功能表清單
17  filemenu.add_command(label="New File",command=newFile)
18  filemenu.add_command(label="Exit!",command=root.destroy)
19  root.config(menu=menubar)                 # 顯示功能表物件
20
21  root.mainloop()
```

執行結果 參考下圖虛線被隱藏了。

16-3　功能表清單間加上分隔線

在建立下拉式功能表清單時，如果清單項目有很多，可以適當的使用 add_separator( ) 方法在功能表清單內加上分隔線。

程式實例 ch16_4.py：擴充設計 ch16_2.py，在 File 功能表內建立 5 個指令清單，同時適時的在指令清單間建立分隔線，讀者可以參考第 24 和 27 行。

```
1   # ch16_4.py
2   from tkinter import *
3   from tkinter import messagebox
4   def newFile():
5       messagebox.showinfo("New File","開新檔案")
6   def openFile():
7       messagebox.showinfo("New File","開啟舊檔")
8   def saveFile():
9       messagebox.showinfo("New File","儲存檔案")
10  def saveAsFile():
11      messagebox.showinfo("New File","另存新檔")
12
13  root = Tk()
14  root.title("ch16_4")
15  root.geometry("300x180")
16
17  menubar = Menu(root)                    # 建立最上層功能表
18  # 建立功能表類別物件,和將此功能表類別命名File
19  filemenu = Menu(menubar)
20  menubar.add_cascade(label="File",menu=filemenu)
21  # 在File功能表內建立功能表清單
22  filemenu.add_command(label="New File",command=newFile)
23  filemenu.add_command(label="Open File",command=openFile)
24  filemenu.add_separator()
25  filemenu.add_command(label="Save",command=saveFile)
26  filemenu.add_command(label="Save As",command=saveAsFile)
27  filemenu.add_separator()
28  filemenu.add_command(label="Exit!",command=root.destroy)
29  root.config(menu=menubar)               # 顯示功能表物件
30
31  root.mainloop()
```

執行結果

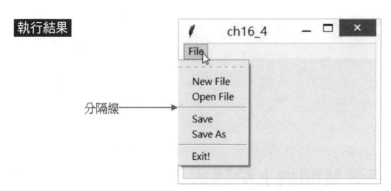

分隔線 →

16-6

16-4 建立多個功能表的應用

一個實用的視窗應用程式在最上層 menubar 應該會有多組功能表類別，在先前的實例中我們只建立了 File 功能表 filemenu 物件，所使用的方法如下：

> menubar = Menu(root)
>
> filemenu = Menu(menubar)
>
> menu.add_cascade(label="File",menu=filemenu)

如果我們想要建立多組功能表類別，所需要的就是增加設計上述第 2-3 行，然後用不同的名稱取代即可。

程式實例 ch16_5.py：擴充實例 ch16_4.py，增加 Help 功能表，在這個功能表內增加 About me 指令清單。

```
1  # ch16_5.py
2  from tkinter import *
3  from tkinter import messagebox
4  def newFile():
5      messagebox.showinfo("New File","開新檔案")
6  def openFile():
7      messagebox.showinfo("New File","開啟舊檔")
8  def saveFile():
9      messagebox.showinfo("New File","儲存檔案")
10 def saveAsFile():
11     messagebox.showinfo("New File","另存新檔")
12 def aboutMe():
13     messagebox.showinfo("New File","洪錦魁著")
14
15 root = Tk()
16 root.title("ch16_5")
17 root.geometry("300x180")
18
19 menubar = Menu(root)                 # 建立最上層功能表
20 # 建立功能表類別物件,和將此功能表類別命名File
21 filemenu = Menu(menubar)
22 menubar.add_cascade(label="File",menu=filemenu)
23 # 在File功能表內建立功能表清單
24 filemenu.add_command(label="New File",command=newFile)
25 filemenu.add_command(label="Open File",command=openFile)
26 filemenu.add_separator()
27 filemenu.add_command(label="Save",command=saveFile)
28 filemenu.add_command(label="Save As",command=saveAsFile)
29 filemenu.add_separator()
30 filemenu.add_command(label="Exit!",command=root.destroy)
31 # 建立功能表類別物件,和將此功能表類別命名Help
32 helpmenu = Menu(menubar)
```

```
33   menubar.add_cascade(label="Help",menu=helpmenu)
34   # 在Help功能表內建立功能表清單
35   helpmenu.add_command(label="About me",command=aboutMe)
36   root.config(menu=menubar)              # 顯示功能表物件
37
38   root.mainloop()
```

16-5 Alt 快捷鍵 (Shortcuts)

所謂的**快捷鍵**是某個功能表類別或是清單指令的英文字串內為單一字母增加底線，未來可以用 Alt 先啟動此功能，當功能表顯示底線字母時，可以直接按指定字母啟動該功能，設計方式是在下列 2 個方法內增加 underline 參數。

add_cascade(… ,underline=n)　　　　# n 代表第幾個索引字母含底線
add_command(… ,underline=n)　　　　# n 代表第幾個索引字母含底線

add_cascade( ) 的 underline 是為功能表類別增加字母含底線，add_command( ) 的 underline 是為指令清單增加字母含底線，上述索引是從 0 開始計算。當然在選擇字母處理成含底線時，必須適度選擇具有代表性的字母，通常會是字串的第一個字母，例如：File 功能表可以選擇 F、Help 功能表可以選擇 H，… 。有時候會發生字串的第一個字母與先前的字母重複，例如：Save 的 S 與 Save As 的 S，這時第二個出現的字串可以適度選擇其它字母，可參考下列實例。

程式實例 ch16_6.py：重新設計 ch16_5.py，為功能表類別和清單指令建立快捷鍵的字母。

```
1   # ch16_6.py
2   from tkinter import *
3   from tkinter import messagebox
```

```
4  def newFile():
5      messagebox.showinfo("New File","開新檔案")
6  def openFile():
7      messagebox.showinfo("New File","開啟舊檔")
8  def saveFile():
9      messagebox.showinfo("New File","儲存檔案")
10 def saveAsFile():
11     messagebox.showinfo("New File","另存新檔")
12 def aboutMe():
13     messagebox.showinfo("New File","洪錦魁著")
14
15 root = Tk()
16 root.title("ch16_6")
17 root.geometry("300x180")
18
19 menubar = Menu(root)                      # 建立最上層功能表
20 # 建立功能表類別物件,和將此功能表類別命名File
21 filemenu = Menu(menubar)
22 menubar.add_cascade(label="File",menu=filemenu,underline=0)
23 # 在File功能表內建立功能表清單
24 filemenu.add_command(label="New File",command=newFile,underline=0)
25 filemenu.add_command(label="Open File",command=openFile,underline=€
26 filemenu.add_separator()
27 filemenu.add_command(label="Save",command=saveFile,underline=0)
28 filemenu.add_command(label="Save As",command=saveAsFile,underline=5
29 filemenu.add_separator()
30 filemenu.add_command(label="Exit!",command=root.destroy,underline=€
31 # 建立功能表類別物件,和將此功能表類別命名Help
32 helpmenu = Menu(menubar)
33 menubar.add_cascade(label="Help",menu=helpmenu,underline=0)
34 # 在Help功能表內建立功能表清單
35 helpmenu.add_command(label="About me",command=aboutMe,underline=1)
36 root.config(menu=menubar)                 # 顯示功能表物件
37
38 root.mainloop()
```

執行結果 首先必須按鍵盤的 Alt 鍵啟動此功能。

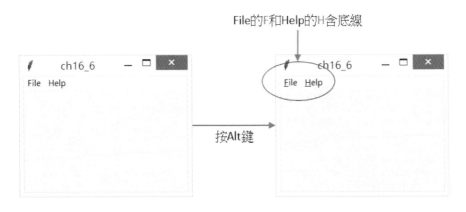

File的F和Help的H含底線

按Alt鍵

可以看到 File 的 F 和 Help 的 H 字母含底線，請按 F 鍵可以開啟 File 功能表。

上述左圖按 N 鍵，可以執行 New File 功能。

16-6 Ctrl+ 快捷鍵 (Shortcuts)

在設計功能表清單時也可以在指令右邊設計 "Ctrl+X" 之類的快捷鍵，X 是代表一個快捷鍵的英文字母，要設計這類的工作可以借助 accelerator 參數，然後再使用第 11 章所學的 bind( ) 方法將此快捷鍵綁定一個 callback( ) 方法。為了讓程式簡化，專注在 Ctrl+ 快捷鍵的觀念，筆者簡化了 ch16_6.py，重新設計 ch16_7.py。

程式實例 ch16_7.py：設計 File 功能表的 New File 指令可以用 Ctrl+N 開啟此功能。

```
1   # ch16_7.py
2   from tkinter import *
3   from tkinter import messagebox
4   def newFile():
5       messagebox.showinfo("New File","開新檔案")
6
7   root = Tk()
8   root.title("ch16_7")
9   root.geometry("300x180")
10
11  menubar = Menu(root)                    # 建立最上層功能表
12  # 建立功能表類別物件,和將此功能表類別命名File
13  filemenu = Menu(menubar)
14  menubar.add_cascade(label="File",menu=filemenu,underline=0)
15  # 在File功能表內建立功能表清單
16  filemenu.add_command(label="New File",command=newFile,
17                       accelerator="Ctrl+N")
18  filemenu.add_separator()
19  filemenu.add_command(label="Exit!",command=root.destroy,underline=0)
20  root.config(menu=menubar)               # 顯示功能表物件
```

```
21  root.bind("<Control-N>",              # 快捷鍵綁定
22        lambda event:messagebox.showinfo("New File","開新檔案"))
23
24  root.mainloop()
```

執行結果

同時按Ctrl+N

在上述第 21-22 行是執行 Ctrl+N 快捷鍵的綁定，由於所綁定事件會回傳 event 事件給 callback( ) 方法，所以無法直接呼叫第 4-5 行的 newFile( ) 方法，因為 newFile( ) 方法沒有傳遞任何參數，碰上這種問題如果使用直覺方法是再建立一個專供此快捷鍵使用的方法，此例，筆者使用 Lambda 表達式處理，簡化整個程式的設計。

16-7　建立子功能表 (Submenu)

當我們建立功能表時所使用的觀念如下：

menubar = Menu(root)

filemenu = Menu(menubar)

menu.add_cascade(label="File",menu=filemenu)

上述是建立 File 功能表，所謂的建立子功能表就是在 File 功能表內另外建立一個子功能表。如果所要建立的子功能表是 Find 子功能表，所要建的物件是 findmenu，此時可以使用下列指令。

findmenu = Menu(filemenu)

　　xxx　　　　　　　　# 這是建立子功能表指令清單

　　xxx　　　　　　　　# 這是建立子功能表指令清單

filemenu.add_cascade(label="Find",menu=findmenu)

程式實例 ch16_8.py：在 File 功能表內建立 Find 子功能表，然後這個子功能表內有 Find Next 和 Find Pre 指令。

```python
1   # ch16_8.py
2   from tkinter import *
3   from tkinter import messagebox
4   def findNext():
5       messagebox.showinfo("Find Next","尋找下一筆")
6   def findPre():
7       messagebox.showinfo("Find Pre","尋找上一筆")
8
9   root = Tk()
10  root.title("ch16_8")
11  root.geometry("300x180")
12
13  menubar = Menu(root)                          # 建立最上層功能表
14  # 建立功能表類別物件,和將此功能表類別命名File
15  filemenu = Menu(menubar)
16  menubar.add_cascade(label="File",menu=filemenu,underline=0)
17  # 在File功能表內建立功能表清單
18  # 首先在File功能表內建立find子功能表物件
19  findmenu = Menu(filemenu,tearoff=False)       # 取消分隔線
20  findmenu.add_command(label="Find Next",command=findNext)
21  findmenu.add_command(label="Find Pre",command=findPre)
22  filemenu.add_cascade(label="Find",menu=findmenu)
23  # 下列是增加分隔線和建立Exit!指令
24  filemenu.add_separator()
25  filemenu.add_command(label="Exit!",command=root.destroy,underline=0)
26
27  root.config(menu=menubar)                     # 顯示功能表物件
28
29  root.mainloop()
```

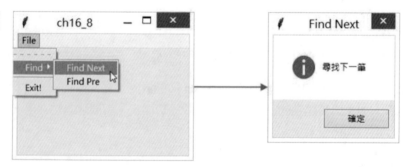

由於在子功能表的設計中一般均是省略虛線分隔線設計，所以筆者在第 19 行的 Menu( ) 方法中增加了 tearoff=False。

16-8 建立彈出功能表 (Popup menu)

當我們使用 Windows 作業系統時，可以在桌面上按一下滑鼠右鍵，此時會彈出一個功能表這就是所謂的**彈出功能表 Popup menu**，有的人將此功能表稱**快顯功能表**。

設計這類的功能表與先前需在視窗的 menubar 區建立功能表類別有一些差異，我們建立好 Menu 物件後，可以直接在此物件建立指令清單，最後再將按滑鼠右鍵綁定顯示彈出功能表即可。

```
popupmenu = Menu(root,tearoff=False)                      # 一般均是隱藏虛線分隔線
popupmenu.add_command(label="xx",command="yy")   # 建立指令清單
   ….
root.bind("<Button-3>",callback)                                   # 綁定按滑鼠右鍵顯示彈出功能表
```

程式實例 ch16_9.py：設計彈出功能表，這個彈出功能表有 2 個指令，一個是 Minimize 可以將視窗縮成圖示，另一個是 Exit 結束程式。

```python
1  # ch16_9.py
2  from tkinter import *
3  from tkinter import messagebox
4  def minimizeIcon():                    # 縮小視窗為圖示
5      root.iconify()
6  def showPopupMenu(event):              # 顯示彈出功能表
7      popupmenu.post(event.x_root,event.y_root)
8
9  root = Tk()
10 root.title("ch16_9")
11 root.geometry("300x180")
12
13 popupmenu = Menu(root,tearoff=False)    # 建立彈出功能表物件
14 # 在彈出功能表內建立2個指令清單
15 popupmenu.add_command(label="Minimize",command=minimizeIcon)
16 popupmenu.add_command(label="Exit",command=root.destroy)
17 # 按滑鼠右鍵綁定顯示彈出功能表
18 root.bind("<Button-3>",showPopupMenu)
19
20 root.mainloop()
```

執行結果

上述第 5 行的 iconify( ) 是最小化視窗,第 7 行的 post( ) 方法是由 popupmenu 物件啟動,相當於可以在滑鼠游標位置 (event.x_root,event.y_root) 彈出此視窗。

16-9 add_checkbutton( )

設計功能表清單時,也可以將指令用**核取方塊** (checkbutton) 方式表達,在英文原意這稱 Check menu button,下列將用程式實例解說。程式實例 ch16_10.py 在執行時,在視窗下方可以看到**狀態列**,View 功能表的 Status 其實就是指令用的核取方塊,或是稱 Check menu button。

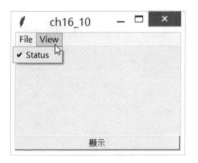 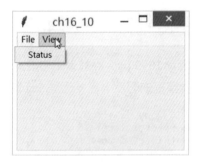

上述工作原理是當 Status 狀態是 True 時,Status 左邊可以有勾選符號,同時視窗下方會有狀態列,可參考上方左圖。當 Status 狀態是 False 時,左邊沒有勾選符號,同時視窗下方不會有狀態列,可參考上方右圖。Check menu button 的工作原理和 Widget 物件 Checkbutton 相同,點一下可以切換狀態是 True 或 False。

程式實例 ch16_10.py:設計當 Status 為 True 時可以顯示狀態列,當 Status 為 False 時可以隱藏狀態列,這個程式的狀態列是用標籤 Label 方式處理,可以參考第 30-34 行。

```
1   # ch16_10.py
2   from tkinter import *
3
4   def status():                       # 設定是否顯示狀態列
5       if demoStatus.get():
6           statusLabel.pack(side=BOTTOM,fill=X)
7       else:
8           statusLabel.pack_forget()
9
10  root = Tk()
11  root.title("ch16_10")
12  root.geometry("300x180")
13
```

```
14   menubar = Menu(root)                    # 建立最上層功能表
15   # 建立功能表類別物件,和將此功能表類別命名File
16   filemenu = Menu(menubar,tearoff=False)
17   menubar.add_cascade(label="File",menu=filemenu)
18   # 在File功能表內建立功能表清單Exit
19   filemenu.add_command(label="Exit",command=root.destroy)
20   # 建立功能表類別物件,和將此功能表類別命名View
21   viewmenu = Menu(menubar,tearoff=False)
22   menubar.add_cascade(label="View",menu=viewmenu)
23   # 在View功能表內建立Check menu button
24   demoStatus = BooleanVar()
25   demoStatus.set(True)
26   viewmenu.add_checkbutton(label="Status",command=status,
27                           variable=demoStatus)
28   root.config(menu=menubar)               # 顯示功能表物件
29
30   statusVar = StringVar()
31   statusVar.set("顯示")
32   statusLabel = Label(root,textvariable=statusVar,relief="raised")
33   statusLabel.pack(side=BOTTOM,fill=X)
34
35   root.mainloop()
```

執行結果 可參考前面解說。

　　上述程式的重點如下,第 24-27 行在 View 功能表內使用 add_checkbutton( ) 建立 Check menu button,此物件名稱是 Status,同時使用 demoStatus 布林變數紀錄目前狀態是 True 或 False,這個 Status 物件當有狀態改變時會執行 status( ) 方法。

　　在第 4-8 行的 status( ) 方法中如果目前 demoStatus 是 True,執行第 6 行包裝顯示視窗的標籤狀態列,相當於顯示 statusLabel。如果目前 demoStatus 是 False,執行第 8 行的 statusLabel.pack_forget( ),這個方法可以隱藏標籤狀態列。

16-10　建立工具列 Toolbar

　　先前章節我們已經學會使用將系列類似指令組成功能表,在視窗程式設計中另一個很重要的觀念是將常用的指令功能組成工具列,放在視窗內方便使用者隨時引用。tkinter 模組沒有提供 Toolbar 模組,不過我們可以使用 Frame 建立工具列。

程式實例 ch16_11.py:這個程式會建立一個 File 功能表,功能表內有 Exit 指令。這個程式也建立了一個工具列,在工具列內有 exitBtn 按鈕。這個程式不論是執行 File 功能表的 Exit 指令或是按工具列的 exitBtn 按鈕,皆可以讓程式結束。

```
1    # ch16_11.py
2    from tkinter import *
3
4    root = Tk()
5    root.title("ch16_11")
6    root.geometry("300x180")
7
8    menubar = Menu(root)                          # 建立最上層功能表
9    # 建立功能表類別物件,和將此功能表類別命名File
10   filemenu = Menu(menubar,tearoff=False)
11   menubar.add_cascade(label="File",menu=filemenu)
12   # 在File功能表內建立功能表清單Exit
13   filemenu.add_command(label="Exit",command=root.destroy)
14
15   # 建立工具列
16   toolbar = Frame(root,relief=RAISED,borderwidth=3)
17   # 在工具列內建立按紐
18   sunGif = PhotoImage(file="sun.gif")
19   exitBtn = Button(toolbar,image=sunGif,command=root.destroy)
20   exitBtn.pack(side=LEFT,padx=3,pady=3)       # 包裝按鈕
21   toolbar.pack(side=TOP,fill=X)               # 包裝工具列
22   root.config(menu=menubar)                   # 顯示功能表物件
23
24   root.mainloop()
```

執行結果　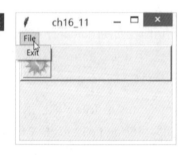　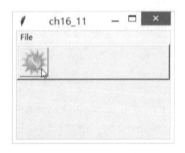

其實這個程式所用到的皆是已經學過的觀念,基本步驟如下:

1: 第 8-11 行,建立 File 功能表

2: 第 13 行,在 File 功能表內建立 Exit 指令,設定 command=root.destroy。

3: 第 16 行建立工具列 toolbar。

4: 第 19-20 行在工具列 toolbar 內建立和包裝 exitBtn 按鈕。

5: 第 21 行包裝工具列。

6: 第 22 行顯示功能表。

當然上述程式也有工具列高度太大的缺點,這是因為 Gif 檔案太大,未來讀者設計類似程式時只要縮小 GIF 檔案即可。

第十七章

文字區域 Text

第 5 章的 Entry 控件主要是供處理單行的文字輸入，本章所要介紹的 Text 控件可以視為 Entry 的擴充，這個 Text 控件是可以處理多行的輸入，另外，也可以在文字中嵌入影像、或是提供格式化功能。因此，實際上我們可以將此 Text 當簡單的文書處理軟體、甚至也可以當作網頁瀏覽器使用。

17-1　文字區域 Text 的基本觀念

Text 的建構方法如下：

Text(父物件 , options, …)

Text( ) 方法的第一個參數是**父物件**，表示這個文字區域將建立在那一個父物件內。下列是 Text( ) 方法內其它常用的 options 參數：

❑ bg 或 background：背景色彩。

❑ borderwidth 或 bd：邊界寬度預設是 2 個像素。

❑ cursor：當滑鼠游標在核取方塊時的游標外形。

❑ exportselection：如果執行選取時，所選取的字串會自動輸出至剪貼簿，如果想要避免如此可以設定 exportselection=0。

❑ fg 或 foreground：字型色彩。

❑ font：字型。

❑ height：高，單位是字元高，實際高度會視字元數量而定。

❑ highlightbackground：當文字方塊取得焦點時的背景顏色。

❑ highlightcolor：當文字方塊取得焦點時的顏色。

❑ highlightthickness：預設是 1，取得焦點時的厚度。

❑ insertbackground：預設是黑色，插入游標的顏色。

❑ insertborderwidth：預設是 0，圍繞插入游標的 3-D 厚度。

❑ padx：Text 左 / 右框與文字最左 / 最右的間距。

❑ pady：Text 上 / 下框與文字最上 / 最下的間距。

❑ relief：預設是 relief=SUNKEN，可由此控制文字外框。

❑ selectbackground：被選取字串的背景色彩。

❑ selectborderwidth：選取字串時的邊界厚度，預設是 1。

❑ selectforeground：被選取字串的前景色彩。

❑ state：輸入狀態，預設是 NORMAL 表示可以輸入，DISABLED 則是無法編輯。

❑ tab：可設定按 Tab 鍵時，如何定位插入點。

❑ width：Text 的寬，單位是字元寬。

❑ wrap：可控制某行太長時的處理，預設是 wrap=CHAR，當某行太長時可從字元做斷行。當 wrap=WORD 時只能從字作斷行。

❑ xcrollcommand：在 x 軸使用捲軸。

❑ ycrollcommand：在 y 軸使用捲軸。

程式實例 ch17_1.py：建立一個高度是 2，寬度是 30 的 Text 文字區域，然後輸入文字，並觀察執行結果。

```
1   # ch17_1.py
2   from tkinter import *
3
4   root = Tk()
5   root.title("ch17_1")
6
7   text = Text(root,height=2,width=30)
8   text.pack()
9
10  root.mainloop()
```

執行結果 下列是沒有輸入、輸入 2 行資料、輸入 3 行資料的結果。

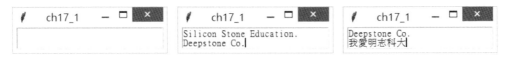

從上圖我們可以發現，若是輸入資料超過 2 行，將導致第 1 行資料被隱藏，若是輸入更多行教造成更多資料被隱藏，雖然我們可以用移動游標方式重新看到第 1 行資料，但是對於不了解程式結構的人而言，還是比較容易誤會 Text 文字區域的內容。最後要注意的是，放大視窗並不會放大 Text 文字區域，可參考下圖。

　　當然你也可以重新設定第 7 行 Text( ) 方法內的 height 和 width 參數，讓 Text 文字區域可以容納更多資料。不過至少在此讀者應該可以體會如何使用 Text 控件建立輸入多行文字的程式了。

17-2　插入文字 insert( )

　　insert( ) 可以將字串插入指定索引位置，它的使用格式如下：

insert(index, string)

　　若是參數 index 位置使用 END 或是 INSERT，表示將字串插入文件末端位置。

程式實例 ch17_2.py：將字串插入 Text 文字區域末端位置。

```
1   # ch17_2.py
2   from tkinter import *
3
4   root = Tk()
5   root.title("ch17_2")
6
7   text = Text(root,height=3,width=30)
8   text.pack()
9   text.insert(END,"Python王者歸來\nJava王者歸來\n")
10  text.insert(INSERT,"深智公司")
11
12  root.mainloop()
```

執行結果

程式實例 ch17_3.py：插入一個長度是 30 的字串，並觀察執行結果。

```
1  # ch17_3.py
2  from tkinter import *
3
4  root = Tk()
5  root.title("ch17_3")
6
7  text = Text(root,height=3,width=30)
8  text.pack()
9  str = """Silicon Stone Education is an unbiased organization,
10 concentrated on bridging the gap between academic and the
11 working world in order to benefit society as a whole.
12 We have carefully crafted our online certification system and
13 test content databases. The content for each topic is created
14 by experts and is all carefully designed with a comprehensive
15 knowledge to greatly benefit all candidates who participate.
16 """
17 text.insert(END,str)
18
19 root.mainloop()
```

執行結果

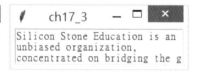

再度我們只看到片段的字串內容，為了改進此狀況，可以使用將捲軸 Scrollbar 加入此 Text 控件，未來可以用捲軸方式查看內容，可參考下一節內容。

17-3　Text 加上捲軸 Scrollbar 設計

在 12-8 節筆者有說明捲軸 Scrollbar 的用法，同時也將 Scrollbar 與 Listbox 做結合，我們可以參考該節觀念將 Scrollbar 應用在 Text 控件。

程式實例 ch17_4.py：修訂設計 ch17_3.py，將原先只顯示 3 行改成顯示 5 行，另外主要是將 Scrollbar 應用在 Text 控件，讓整個 Text 文字區域增加 y 軸的捲軸。

```
1  # ch17_4.py
2  from tkinter import *
3
4  root = Tk()
5  root.title("ch17_4")
6
7  yscrollbar = Scrollbar(root)              # y軸scrollbar物件
```

```
 8  text = Text(root,height=5,width=30)
 9  yscrollbar.pack(side=RIGHT,fill=Y)           # y軸scrollbar包裝顯
10  text.pack()
11  yscrollbar.config(command=text.yview)        # y軸scrollbar設定
12  text.config(yscrollcommand=yscrollbar.set)   # Text控件設定
13
14  str = """Silicon Stone Education is an unbiased organization,
15  concentrated on bridging the gap between academic and the
16  working world in order to benefit society as a whole.
17  We have carefully crafted our online certification system and
18  test content databases. The content for each topic is created
19  by experts and is all carefully designed with a comprehensive
20  knowledge to greatly benefit all candidates who participate.
21  """
22  text.insert(END,str)
23
24  root.mainloop()
```

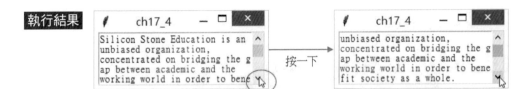

從上述執行結果可以發現，現在我們可以捲動垂直捲軸，向下捲動看更多內容了。

程式實例 ch17_5.py：擴充設計 ch17_4.py，增加 x 軸的捲軸。請留意第 9 行，若是想顯示 x 軸的捲軸必須設定 wrap="none"。

```
 1  # ch17_5.py
 2  from tkinter import *
 3
 4  root = Tk()
 5  root.title("ch17_5")
 6
 7  xscrollbar = Scrollbar(root,orient=HORIZONTAL)  # x軸scrollbar物件
 8  yscrollbar = Scrollbar(root)                    # y軸scrollbar物件
 9  text = Text(root,height=5,width=30,wrap="none")
10  xscrollbar.pack(side=BOTTOM,fill=X)             # x軸scrollbar包裝顯示
11  yscrollbar.pack(side=RIGHT,fill=Y)              # y軸scrollbar包裝顯示
12  text.pack()
13  xscrollbar.config(command=text.xview)           # x軸scrollbar設定
14  yscrollbar.config(command=text.yview)           # y軸scrollbar設定
15  text.config(xscrollcommand=xscrollbar.set)      # x軸scrollbar綁定text
16  text.config(yscrollcommand=yscrollbar.set)      # y軸scrollbar綁定text
17
18  str = """Silicon Stone Education is an unbiased organization,
19  concentrated on bridging the gap between academic and the
20  working world in order to benefit society as a whole.
21  We have carefully crafted our online certification system and
```

```
22    test content databases. The content for each topic is created
23    by experts and is all carefully designed with a comprehensive
24    knowledge to greatly benefit all candidates who participate.
25    """
26    text.insert(END,str)
27
28    root.mainloop()
```

執行結果

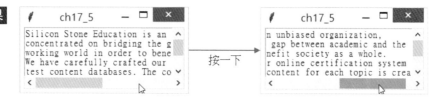

上述增加我們可以捲動水平捲軸左右捲動，看完整的內容。上述如果我們將視窗變大，仍然可以看到所設定的 Text 文字區域，由於我們沒有使用 fill 或 expand 參數作更進一步設定，所以 Text 文字區域將是保持第 9 行 height 和 width 的參數設定，不會更改，如下所示：

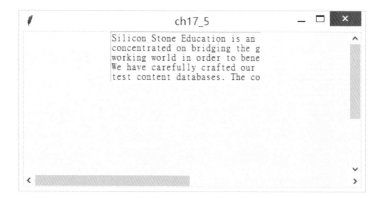

設計 Text 文字區域時，如果想讓此區域隨著視窗更改大小，使用 pack() 時，適度的使用 fill 和 expand 參數。

程式實例 ch17_6.py：擴充設計 ch17_5.py，讓 Text 文字區域隨著視窗擴充而擴充，為了讓文字區域明顯，筆者將此區域的背景設為黃色，可參考第 9 行的設定。第 12 行則是讓視窗擴充時，Text 文字區域也同步擴充。

```
 9    text = Text(root,height=5,width=30,wrap="none",bg="lightyellow")
10    xscrollbar.pack(side=BOTTOM,fill=X)            # x軸scrollbar包裝顯示
11    yscrollbar.pack(side=RIGHT,fill=Y)             # y軸scrollbar包裝顯示
12    text.pack(fill=BOTH,expand=True)
```

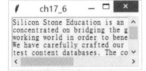
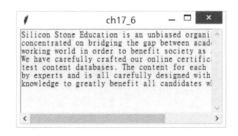

17-4 字型 Fonts

在第 2-6 節筆者有說明字型 Font 的觀念，在 tkinter.font 模組內有 Font 方法，可以由此方法設定 Font 的相關參數，例如：family、size、weight、slant、underline、overstrike。本節將分成 3 小節講解，最常用的 3 個 Font 參數，family、weight 和 size。

17-4-1　Font family

這是設定 Text 文字區域的字型，筆者將以實例說明此參數對於文字區域字型的影響。

程式實例 ch17_7.py：建立一個 Text 文字區域，然後在上方建立一個 OptionMenu 物件，在這個物件內筆者建立了 Arial、Times、Courier 等 3 種字型，其中 Arial 是預設的字型，使用者可以在 Text 文字區域輸入文字，然後可以選擇字型，可以看到所輸入的文字將因所選擇的字型而有不同的變化。

```
1   # ch17_7.py
2   from tkinter import *
3   from tkinter.font import Font
4
5   def familyChanged(event):                   # font family更新
6       f=Font(family=familyVar.get())          # 取得新font family
7       text.configure(font=f)                  # 更新text的font family
8
9   root = Tk()
10  root.title("ch17_7")
11  root.geometry("300x180")
12
13  # 建立font family OptionMenu
14  familyVar = StringVar()
```

```
15  familyFamily = ("Arial","Times","Courier")
16  familyVar.set(familyFamily[0])
17  family = OptionMenu(root,familyVar,*familyFamily,command=familyChanged)
18  family.pack(pady=2)
19
20  # 建立Text
21  text = Text(root)
22  text.pack(fill=BOTH,expand=True,padx=3,pady=2)
23  text.focus_set()
24
25  root.mainloop()
```

執行結果

這個程式第 13-18 行，有關建立 OptionMenu 物件的觀念可以參考 13-1 節，第 21-23 行，有關建立 Text 文字區域的觀念可參考前幾節的敘述，對讀者而言最重要的事第 6 行可以取得所選擇的 font family，然後在第 7 行，設定讓 Text 文字區域使用此字型。

上述程式實例所使用的 OptionMenu 是使用 tkinter 的 Widget，如果使用 tkinter. ttk 將看到不一樣的外觀，可參考程式實例 ch17_7_1.py。

程式實例 ch17_7_1.py：使用 tkinter.ttk 模組的 OptionMenu 重新設計 ch17_7.py，這個程式主要是增加第 4 行。

```
4   from tkinter.ttk import *
```

執行結果

17-4-2　Font weight

這是設定 Text 文字區域的字是否是粗體 bold，筆者將以實例說明此參數對於文字區域字型的影響。

程式實例 ch17_8.py：擴充 ch17_7.py，先使用 Frame 建立一個 Toolbar，然後將 family 物件放在此 Toolbar 內，同時靠左切齊。然後建立 weight 物件，預設的 weight 是 normal，將此物件放在 family 物件右邊，使用者可以在 Text 文字區域輸入文字，然後可以選擇字型或是 weight 方式，可以看到所輸入的文字將因所選擇的字型或 weight 方式而有不同的變化。

```
1   # ch17_8.py
2   from tkinter import *
3   from tkinter.font import Font
4
5   def familyChanged(event):                       # font family更新
6       f=Font(family=familyVar.get())              # 取得新font family
7       text.configure(font=f)                      # 更新text的font family
8   def weightChanged(event):                       # weight family更新
9       f=Font(weight=weightVar.get())              # 取得新font weight
10      text.configure(font=f)                      # 更新text的font weight
11
12  root = Tk()
13  root.title("ch17_8")
14  root.geometry("300x180")
15
16  # 建立工具列
17  toolbar = Frame(root,relief=RAISED,borderwidth=1)
18  toolbar.pack(side=TOP,fill=X,padx=2,pady=1)
19
20  # 建立font family OptionMenu
21  familyVar = StringVar()
22  familyFamily = ("Arial","Times","Courier")
23  familyVar.set(familyFamily[0])
24  family = OptionMenu(toolbar,familyVar,*familyFamily,command=familyChanged)
25  family.pack(side=LEFT,pady=2)
26
27  # 建立font weight OptionMenu
28  weightVar = StringVar()
29  weightFamily = ("normal","bold")
30  weightVar.set(weightFamily[0])
31  weight = OptionMenu(toolbar,weightVar,*weightFamily,command=weightChanged)
32  weight.pack(pady=3,side=LEFT)
33
34  # 建立Text
35  text = Text(root)
36  text.pack(fill=BOTH,expand=True,padx=3,pady=2)
37  text.focus_set()
38
39  root.mainloop()
```

執行結果

　　上述程式實例所使用的 OptionMenu 是使用 tkinter 的 Widget，如果使用 tkinter. ttk 將看到不一樣的外觀，可參考程式實例 ch17_8_1.py。

程式實例 ch17_8_1.py：使用 tkinter.ttk 模組的 OptionMenu 重新設計 ch17_8.py，這個程式主要是增加第 4 行。

```
4   from tkinter.ttk import *
```

執行結果

17-4-3　Font size

　　這是設定 Text 文字區域的字型大小，筆者將以實例說明此參數對於文字區域字型大小的影響。

程式實例 ch17_9.py：擴充 ch17_8.py，擴充使用 13-2 節的 Combobox 物件設定字型大小，字型大小的區間是 8-30，其中預設大小是 12，將此物件放在 weight 物件右邊，使用者可以在 Text 文字區域輸入文字，然後可以選擇字型、weight 或字型大小，可以看到所輸入的文字將因所選擇的字型或 weight 或字型大小而有不同的變化。

```
1   # ch17_9.py
2   from tkinter import *
3   from tkinter.font import Font
4   from tkinter.ttk import *
5   def familyChanged(event):              # font family更新
6       f=Font(family=familyVar.get())     # 取得新font family
7       text.configure(font=f)             # 更新text的font family
8   def weightChanged(event):              # weight family更新
9       f=Font(weight=weightVar.get())     # 取得新font weight
10      text.configure(font=f)             # 更新text的font weight
11  def sizeSelected(event):               # size family更新
12      f=Font(size=sizeVar.get())         # 取得新font size
13      text.configure(font=f)             # 更新text的font size
14
15  root = Tk()
16  root.title("ch17_9")
17  root.geometry("300x180")
18
19  # 建立工具列
20  toolbar = Frame(root,relief=RAISED,borderwidth=1)
21  toolbar.pack(side=TOP,fill=X,padx=2,pady=1)
22
23  # 建立font family OptionMenu
24  familyVar = StringVar()
25  familyFamily = ("Arial","Times","Courier")
26  familyVar.set(familyFamily[0])
27  family = OptionMenu(toolbar,familyVar,*familyFamily,command=familyChanged)
28  family.pack(side=LEFT,pady=2)
29
30  # 建立font weight OptionMenu
31  weightVar = StringVar()
32  weightFamily = ("normal","bold")
33  weightVar.set(weightFamily[0])
34  weight = OptionMenu(toolbar,weightVar,*weightFamily,command=weightChanged)
35  weight.pack(pady=3,side=LEFT)
36
37  # 建立font size Combobox
38  sizeVar = IntVar()
39  size = Combobox(toolbar,textvariable=sizeVar)
40  sizeFamily = [x for x in range(8,30)]
41  size["value"] = sizeFamily
42  size.current(4)
43  size.bind("<<ComboboxSelected>>",sizeSelected)
44  size.pack(side=LEFT)
45
46  # 建立Text
47  text = Text(root)
48  text.pack(fill=BOTH,expand=True,padx=3,pady=2)
49  text.focus_set()
50
51  root.mainloop()
```

執行結果

17-5 選取文字 Selecting text

　　Text 物件的 get( ) 方法可以取得目前所選的文字，在使用 Text 文字區域時，如果有選取文字發生時，Text 物件會將所選文字起始索引放在 SEL_FIRST，結束索引放在 SEL_LAST，將 SEL_FIRST 和 SEL_LAST 當作 get( ) 的參數，就可以獲得目前所選的文字，可以參考 ch17_10.py 第 6 行。

程式實例 ch17_10.py：當按下 Print Selection 按鈕時，可以在 Python Shell 視窗列出目前所選的文字。

```
1   # ch17_10.py
2   from tkinter import *
3
4   def selectedText():                          # 列印所選的文字
5       try:
6           selText = text.get(SEL_FIRST,SEL_LAST)
7           print("選取文字: ",selText)
8       except TclError:
9           print("沒有選取文字")
10
11  root = Tk()
12  root.title("ch17_10")
13  root.geometry("300x180")
14
15  # 建立Button
16  btn = Button(root,text="Print selection",command=selectedText)
17  btn.pack(pady=3)
18
19  # 建立Text
20  text = Text(root)
21  text.pack(fill=BOTH,expand=True,padx=3,pady=2)
22  text.insert(END,"Love You Like A Love Song")    # 插入文字
23
24  root.mainloop()
```

執行結果

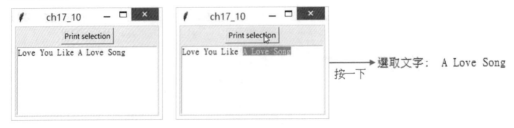

按一下　→　選取文字：　A Love Song

在上述第 4-9 的 selectedText( ) 方法中，筆者使用 try .. except，如果有選取文字，會列出所選的文字。如果沒有選取文字就按 Print selection 鈕將造成執行第 6 行 get( ) 方法時產生異常，這時會產生 TclError 的異常，此時筆者在 Python Shell 視窗列出 " 沒有選取文字 "。

17-6　認識 Text 的索引 (index)

Text 物件的索引並不是單一數字，而是一個字串。索引目的是讓 Text 控件處理更進一步的文件操作，下列是常見的索引形式。

❑ line/column("line.column")：計數方式 line 是從 1 開始，column 從 0 開始計數，中間用句點分隔。

❑ INSERT：目前插入點的位置。

❑ CURRENT：滑鼠目前位置相對於字元的位置。

❑ END：緩衝區最後一個字元後的位置。

❑ 表達式 Expression：索引使用表達式，下列是說明，相關實例可以參考 17-11 節的程式實例 ch17_21.py。

　■ "+count chars"，count 是數字，例如："+2c" 索引往後移動 2 個字元。

　■ "-count chars"，count 是數字，例如："-2c" 索引往前移動 2 個字元。

上述是用字串形式表示，我們可以使用 index( ) 方法，實際用字串方式列出索引內容。

程式實例 ch17_11.py：擴充設計 ch17_10.py，同時將所選的文字以常用的 "line. column" 字串方式顯示。

```
4   def selectedText():                              # 列印所選的文字
5       try:
6           selText = text.get(SEL_FIRST,SEL_LAST)
7           print("選取文字: ",selText)
8           print("selectionstart: ", text.index(SEL_FIRST))
9           print("selectionend  : ", text.index(SEL_LAST))
10      except TclError:
11          print("沒有選取文字")
```

執行結果

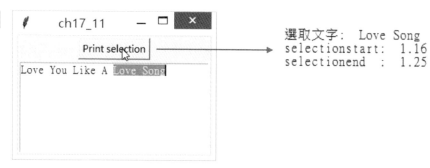

```
選取文字:  Love  Song
selectionstart:  1.16
selectionend  :  1.25
```

程式實例 ch17_12.py：列出 INSERT、CURRENT、END 的所印位置。

```
1   # ch17_12.py
2   from tkinter import *
3
4   def printIndex():                                # 列印索引
5       print("INSERT : ", text.index(INSERT))
6       print("CURRENT: ", text.index(CURRENT))
7       print("END    : ", text.index(END))
8
9   root = Tk()
10  root.title("ch17_12")
11  root.geometry("300x180")
12
13  # 建立Button
14  btn = Button(root,text="Print index",command=printIndex)
15  btn.pack(pady=3)
16
17  # 建立Text
18  text = Text(root)
19  text.pack(fill=BOTH,expand=True,padx=3,pady=2)
20  text.insert(END,"Love You Like A Love Song\n")   # 插入文字
21  text.insert(END,"夢醒時分")                        # 插入文字
22
23  root.mainloop()
```

由於滑鼠游標一直在 Print index 按鈕，所以列出 CURRENT 是在 1.0 索引位置，其實如果我們在文件位置按一下時，CURRENT 的索引位置會更動，此時 INSERT 的索引位置會隨著 CURRENT 更改。過去我們了解使用 insert( ) 方法，可以在文件末端插入文字，當我們了解索引觀念後，其實也可以利用索引位置插入文件。

程式實例 ch17_13.py：在指定索引位置插入文字。

```
1   # ch17_13.py
2   from tkinter import *
3
4   root = Tk()
5   root.title("ch17_13")
6   root.geometry("300x180")
7
8   # 建立Text
9   text = Text(root)
10  text.pack(fill=BOTH,expand=True,padx=3,pady=2)
11  text.insert(END,"Love You Like A Love Song\n")    # 插入文字
12  text.insert(1.14,"夢醒時分 ")                        # 插入文字
13
14  root.mainloop()
```

執行結果

上述程式的重點是筆者在 line=1，column=14 位置插入 " 夢醒時分 "。

17-7 建立書籤 (Marks)

在編輯文件時，可以在文件特殊位置建立書籤 (Marks)，方便未來可以查詢。書籤是無法顯示，但會在編輯系統內被記錄，如果書籤內容被刪除，則此書籤也將自動被刪除。其實在 tkinter 內有預設 2 個書籤，INSERT 和 CURRENT，它的相對位置觀念可以參考 17-6 節。下列是常用的書籤相關方法。

❑ index(mark)：傳回特定書籤的 line 和 column。

❑ mark_names( )：傳回這個 Text 物件所有的書籤。

❑ mark_set(mark,index)：在特定 index 位置設定書籤。

❑ mark_unset(mark)：取消特定書籤設定。

程式實例 ch17_14.py：設定 2 個書籤，然後在列出書籤間的內容。

```
1   # ch17_14.py
2   from tkinter import *
3
4   root = Tk()
5   root.title("ch17_14")
6   root.geometry("300x180")
7
8   text = Text(root)
9
10  for i in range(1,10):
11      text.insert(END,str(i) + ' Python GUI設計王者歸來 \n')
12
13  # 設定書籤
14  text.mark_set("mark1","5.0")
15  text.mark_set("mark2","8.0")
16
17  print(text.get("mark1","mark2"))
18  text.pack(fill=BOTH,expand=True)
19
20  root.mainloop()
```

執行結果 下方右圖是 Python Shell 視窗的輸出。

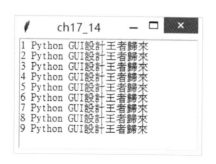

17-8 標籤 (Tags)

　　所謂的**標籤** (Tags) 是指一個區段文字，然後我們可以為這個區段名字取一個名字，這個名字就是稱**標籤**，未來可以使用此標籤名字代表這個區段文字。有了標籤後，我們可以針對此標籤作更進一步的工作，例如：將字型、色彩、 … 等應用在此標籤上。下列是常用的標籤方法。

- ❑ tag_add(tagname,startindex[,endindex] …)：將 startindex 和 endindex 間的文字命名為 tagname 標籤。

- ❑ tag_config(tagname,options, …)：可以為標籤執行特定的編輯，或動作綁定。
  - ■ background：背景顏色。
  - ■ borderwidth：文字外圍厚度，預設是 0。
  - ■ font：字型。
  - ■ foreground：前景顏色。
  - ■ justify：對齊方式，預設是 LEFT，可以是 RIGHT 或 CENTER。
  - ■ overstrike：如果是 True，加上刪除線。
  - ■ underline：如果是 True，加上底線。
  - ■ wrap：當使用 wrap 模式時，可以使用 NONE、CHAR 或 WORD。

- ❑ tag_delete(tagname)：刪除此標籤，同時移除此標籤特殊的編輯或綁定。

- ❑ tag_remove(tagname[,startindex[,endindex]] …)：刪除標籤，但是不移除此標籤特殊的編輯或綁定。

　　除了可以使用 tag_add( ) 自行定義標籤外，系統有內建一個標籤 SEL，代表所選取的區間。我們在 17-4 節處理字型時所影響的是整份 Text 物件的文字，了解了標籤的觀念後，現在我們可以針對特定區間文字或所選取的文字做編輯了。

程式實例 ch17_15.py：這個程式第 14-15 行會先設定 2 個書籤，然後第 18 行將 2 個書籤間的文字設為 tag1，最後針對此 tag1 設定前景顏色是藍色，背景顏色是淺黃色。

```
1  # ch17_15.py
2  from tkinter import *
3
4  root = Tk()
5  root.title("ch17_15")
6  root.geometry("300x180")
```

```
7
8   text = Text(root)
9
10  for i in range(1,10):
11      text.insert(END,str(i) + ' Python GUI設計王者歸來 \n')
12
13  # 設定書籤
14  text.mark_set("mark1","5.0")
15  text.mark_set("mark2","8.0")
16
17  # 設定標籤
18  text.tag_add("tag1","mark1","mark2")
19  text.tag_config("tag1",foreground="blue",background="lightyellow")
20  text.pack(fill=BOTH,expand=True)
21
22  root.mainloop()
```

執行結果

程式實例 ch17_16.py：設計當選取文字時，可以依所選的文字大小顯示所選文字。

```
1   # ch17_16.py
2   from tkinter import *
3   from tkinter.font import Font
4   from tkinter.ttk import *
5
6   def sizeSelected(event):                  # size family更新
7       f=Font(size=sizeVar.get())            # 取得新font size
8       text.tag_config(SEL,font=f)
9
10  root = Tk()
11  root.title("ch17_16")
12  root.geometry("300x180")
13
14  # 建立工具列
15  toolbar = Frame(root,relief=RAISED,borderwidth=1)
16  toolbar.pack(side=TOP,fill=X,padx=2,pady=1)
17
18  # 建立font size Combobox
19  sizeVar = IntVar()
20  size = Combobox(toolbar,textvariable=sizeVar)
```

```
21    sizeFamily = [x for x in range(8,30)]
22    size["value"] = sizeFamily
23    size.current(4)
24    size.bind("<<ComboboxSelected>>",sizeSelected)
25    size.pack()
26
27    # 建立Text
28    text = Text(root)
29    text.pack(fill=BOTH,expand=True,padx=3,pady=2)
30    text.insert(END,"Five Hundred Miles\n")
31    text.insert(END,"If you miss the rain I'm on,\n")
32    text.insert(END,"You will know that I am gone.\n")
33    text.insert(END,"You can hear the whistle blow\n")
34    text.insert(END,"A hundred miles,\n")
35    text.focus_set()
36
37    root.mainloop()
```

執行結果

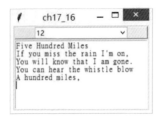  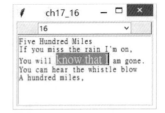

上述程式在設計時我們是使用 SEL 當作變更字型大小的依據，可參考第 8 行，所以當我們取消選取時，原先所編輯的文字又將返回原先大小。在程式設計時我們也可以在 insert( ) 方法的第 3 個參數增加標籤 tag，未來則可以直接設定此標籤。

程式實例 ch17_17.py：擴充程式實例 ch17_16.py，主要是第 30 行插入歌曲標題時，同時設定此標題為 Tag 標籤 "a"，然後在第 37 行設定標籤為置中對齊、藍色、含底線。

```
27    # 建立Text
28    text = Text(root)
29    text.pack(fill=BOTH,expand=True,padx=3,pady=2)
30    text.insert(END,"Five Hundred Miles\n","a")        # 插入時同時設定Tag
31    text.insert(END,"If you miss the rain I'm on,\n")
32    text.insert(END,"You will know that I am gone.\n")
33    text.insert(END,"You can hear the whistle blow\n")
34    text.insert(END,"A hundred miles,\n")
35    text.focus_set()
36    # 將Tag a設為置中,藍色,含底線
37    text.tag_config("a",foreground="blue",justify=CENTER,underline=True)
38
39    root.mainloop()
```

執行結果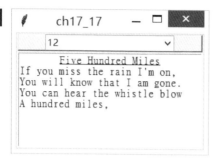

17-9 Cut/Copy/Paste 功能

編輯文件時剪下 / 複製 / 貼上 (Cut/Copy/Paste) 是很常用的功能，這些功能其實已經被內建在 tkinter 了，不過在使用這些內建功能前，筆者還是想為讀者建立正確觀念，學習更多基本功，畢竟學會基本功可以了解工作原理，對讀者而言將會更有幫助。如果我們想要刪除所編輯的文件可以用 delete( ) 方法，在這個方法中如果想要刪除的是一個字元，可以使用一個參數，這個參數可以是索引，下列是實例：

```
delete(INSERT)                    # 刪除插入點字元
```

如果要刪除所選的文字區塊，可以使用 2 個參數，起始索引與結束索引。

```
delete(SEL_FIRST, SEL_LAST)       # 刪除所選文字區塊
delete(startindex, endindex)      # 刪除指定區間文字區塊
```

在編輯程式時常常會需要刪除整份文件，可以使用下列語法。

```
delete(1.0, END)
```

注意：以上皆需要由 Text 物件啟動。接下來筆者將直接用程式實例解說如何應用這些功能。

程式實例 ch17_18.py：使用 Python tkinter 硬功夫設計具有 Cut/Copy/Paste 功能的彈出功能表，這個功能表可以執行**剪下 / 複製 / 貼上** (Cut/Copy/Paste) 工作。

```
1  # ch17_18.py
2  from tkinter import *
3  from tkinter import messagebox
4  def cutJob():                      # Cut方法
5      copyJob()                      # 複製選取文字
```

```
 6        text.delete(SEL_FIRST,SEL_LAST)          # 刪除選取文字
 7    def copyJob():                               # Copy方法
 8        try:
 9            text.clipboard_clear()               # 清除剪貼簿
10            copyText = text.get(SEL_FIRST,SEL_LAST)                    # 複製選取區域
11            text.clipboard_append(copyText)      # 寫入剪貼簿
12        except TclError:
13            print("沒有選取")
14    def pasteJob():                              # Paste方法
15        try:
16            copyText = text.selection_get(selection="CLIPBOARD")      # 讀取剪貼簿內容
17            text.insert(INSERT,copyText)              # 插入內容
18        except TclError:
19            print("剪貼簿沒有資料")
20    def showPopupMenu(event):                    # 顯示彈出功能表
21        popupmenu.post(event.x_root,event.y_root)
22
23    root = Tk()
24    root.title("ch17_18")
25    root.geometry("300x180")
26
27    popupmenu = Menu(root,tearoff=False)         # 建立彈出功能表物件
28    # 在彈出功能表內建立3個指令清單
29    popupmenu.add_command(label="Cut",command=cutJob)
30    popupmenu.add_command(label="Copy",command=copyJob)
31    popupmenu.add_command(label="Paste",command=pasteJob)
32    # 按滑鼠右鍵綁定顯示彈出功能表
33    root.bind("<Button-3>",showPopupMenu)
34
35    # 建立Text
36    text = Text(root)
37    text.pack(fill=BOTH,expand=True,padx=3,pady=2)
38    text.insert(END,"Five Hundred Miles\n")
39    text.insert(END,"If you miss the rain I'm on,\n")
40    text.insert(END,"You will know that I am gone.\n")
41    text.insert(END,"You can hear the whistle blow\n")
42    text.insert(END,"A hundred miles,\n")
43
44    root.mainloop()
```

執行結果

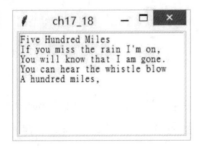 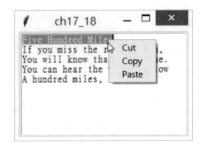

對上述程式而言，最重要是下列 3 個方法，下列是 cutJob( ) 方法。

```
4    def cutJob():                                    # Cut方法
5        copyJob()                                    # 複製選取文字
6        text.delete(SEL_FIRST,SEL_LAST)              # 刪除選取文字
```

　　在編輯功能中執行剪下時，資料是暫存在剪貼簿，所以第 5 行筆者先執行呼叫
copyJob( )，這個方法會將所選取的文字區間儲存在剪貼簿。第 6 行則是刪除所選取的
文字區間。下列是 copyJob( ) 方法。

```
7    def copyJob():                                   # Copy方法
8        try:
9            text.clipboard_clear()                   # 清除剪貼簿
10           copyText = text.get(SEL_FIRST,SEL_LAST)                  # 複製選取區域
11           text.clipboard_append(copyText)  # 寫入剪貼簿
12       except TclError:
13           print("沒有選取")
```

　　所謂的複製是將所選取的資料先複製至剪貼簿，為了單純化，在第 9 行筆者使用
clipboard_clear( ) 方法先刪除剪貼簿的資料。由於如果沒有選取文字就讀取所選區塊文
字會造成異常，所以程式筆者增加 try … except 設計。第 10 行是將所選取的文字區塊
讀入 copyText 變數。第 11 行則是使用 clipboard_append( ) 方法將參數 copyText 變數
的內容寫入剪貼簿。下列是 pasteJob( ) 方法的設計。

```
14   def pasteJob():                                  # Paste方法
15       try:
16           copyText = text.selection_get(selection="CLIPBOARD") # 讀取剪貼簿內容
17           text.insert(INSERT,copyText)             # 插入內容
18       except TclError:
19           print("剪貼簿沒有資料")
```

　　如果剪貼簿沒有資料在執行讀取時會產生 TclError 異常，所以設計時增加了 try …
except 設計，第 16 行筆者呼叫 selection_get( ) 方法讀取剪貼簿的內容，所讀取的內容
會儲存在 copyText，第 17 行則是將所讀取的 copyText 內容插入編輯區 INSERT 位置。

　　不過上述 Cut/Copy/Paste 方法目前已經內建為 tkinter 的虛擬事件，我們可以直接
引用，可參考下列方法。

程式實例 ch17_19.py：使用內建的虛擬方法重新設計 ch17_18.py。

```
1    # ch17_19.py
2    from tkinter import *
3    from tkinter import messagebox
4    def cutJob():                                    # Cut方法
5        text.event_generate("<<Cut>>")
6    def copyJob():                                   # Copy方法
```

```
7        text.event_generate("<<Copy>>")
8    def pasteJob():                              # Paste方法
9        text.event_generate("<<Paste>>")
10   def showPopupMenu(event):                    # 顯示彈出功能表
11       popupmenu.post(event.x_root,event.y_root)
12
13   root = Tk()
14   root.title("ch17_19")
15   root.geometry("300x180")
16
17   popupmenu = Menu(root,tearoff=False)        # 建立彈出功能表物件
18   # 在彈出功能表內建立3個指令清單
19   popupmenu.add_command(label="Cut",command=cutJob)
20   popupmenu.add_command(label="Copy",command=copyJob)
21   popupmenu.add_command(label="Paste",command=pasteJob)
22   # 按滑鼠右鍵綁定顯示彈出功能表
23   root.bind("<Button-3>",showPopupMenu)
24
25   # 建立Text
26   text = Text(root)
27   text.pack(fill=BOTH,expand=True,padx=3,pady=2)
28   text.insert(END,"Five Hundred Miles\n")
29   text.insert(END,"If you miss the rain I'm on,\n")
30   text.insert(END,"You will know that I am gone.\n")
31   text.insert(END,"You can hear the whistle blow\n")
32   text.insert(END,"A hundred miles,\n")
33
34   root.mainloop()
```

執行結果 與 ch17_18.py 相同。

17-10 復原 Undo 與重複 Redo

　　Text 控件有一個簡單復原 (undo) 和重複 (redo) 的機制，使用這個機制可以應用在文字剪下 (delete) 和文字插入 (insert)，Text 控件在預設環境是沒有開啟這個機制，如果要使用這個機制，可以在 Text( ) 方法內增加 undo=True 參數。

程式實例 ch17_20.py：擴充設計 ch17_19.py，增加工具列，在這個工具列內有 Undo 和 Redo 功能鈕，可以分別執行 Undo 和 Redo 工作。

```
1   # ch17_20.py
2   from tkinter import *
3   from tkinter import messagebox
4   def cutJob():                               # Cut方法
5       text.event_generate("<<Cut>>")
6   def copyJob():                              # Copy方法
7       text.event_generate("<<Copy>>")
```

```
 8  def pasteJob():                              # Paste方法
 9      text.event_generate("<<Paste>>")
10  def showPopupMenu(event):                    # 顯示彈出功能表
11      popupmenu.post(event.x_root,event.y_root)
12  def undoJob():                               # 復原undo方法
13      try:
14          text.edit_undo()
15      except:
16          print("先前未有動作")
17  def redoJob():                               # 重複redo方法
18      try:
19          text.edit_redo()
20      except:
21          print("先前未有動作")
22
23  root = Tk()
24  root.title("ch17_20")
25  root.geometry("300x180")
26
27  popupmenu = Menu(root,tearoff=False)     # 建立彈出功能表物
28  # 在彈出功能表內建立3個指令清單
29  popupmenu.add_command(label="Cut",command=cutJob)
30  popupmenu.add_command(label="Copy",command=copyJob)
31  popupmenu.add_command(label="Paste",command=pasteJob)
32  # 按滑鼠右鍵綁定顯示彈出功能表
33  root.bind("<Button-3>",showPopupMenu)
34
35  # 建立工具列
36  toolbar = Frame(root,relief=RAISED,borderwidth=1)
37  toolbar.pack(side=TOP,fill=X,padx=2,pady=1)
38
39  # 建立Button
40  undoBtn = Button(toolbar,text="Undo",command=undoJob)
41  undoBtn.pack(side=LEFT,pady=2)
42  redoBtn = Button(toolbar,text="Redo",command=redoJob)
43  redoBtn.pack(side=LEFT,pady=2)
44
45  # 建立Text
46  text = Text(root,undo=True)
47  text.pack(fill=BOTH,expand=True,padx=3,pady=2)
48  text.insert(END,"Five Hundred Miles\n")
49  text.insert(END,"If you miss the rain I'm on,\n")
50  text.insert(END,"You will know that I am gone.\n")
51  text.insert(END,"You can hear the whistle blow\n")
52  text.insert(END,"A hundred miles,\n")
53
54  root.mainloop()
```

執行結果

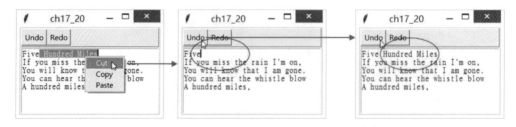

上述當我們在第 46 行 Text( ) 建構方法增加 undo=True 參數後,程式第 14 行就可以用 text 物件呼叫 edit_undo( ) 方法,這個方法會自動執行 Undo 動作。程式第 19 行就可以用 text 物件呼叫 edit_redo( ) 方法,這個方法會自動執行 Redo 動作。

17-11 搜尋文字 Searching text

在 Text 控件內可以使用 search( ) 方法搜尋指定的**字串** (string),這個方法會傳回找到第一個指定字串的索引位置,假設 Text 控件的物件是 text 它的語法如下:

pos = text.search(key, startindex, endindex)

❑ pos:是傳回所找到的字串的索引位置,如果搜尋失敗傳回空字串。

❑ key:是所搜尋的字串。

❑ startindex:搜尋起始位置。

❑ endindex:搜尋結束位置,如果搜尋到檔案最後可以使用 END。

程式實例 ch17_21.py:搜尋文字的應用,所搜尋到的文字將用黃色底顯示。

```
1   # ch17_21.py
2   from tkinter import *
3
4   def mySearch():
5       text.tag_remove("found","1.0",END)        # 刪除標籤但是不刪除標籤定義
6       start = "1.0"                             # 設定搜尋起始位置
7       key = entry.get()                         # 讀取搜尋關鍵字
8
9       if (len(key.strip()) == 0):               # 沒有輸入
10          return
11      while True:                               # while迴圈搜尋
12          pos = text.search(key,start,END)      # 執行搜尋
13          if (pos == ""):                       # 找不到結束while迴圈
14              break
```

```
16              start = "%s+%dc" % (pos, len(key))              # 更新搜尋起始位置
17
18  root = Tk()
19  root.title("ch17_21")
20  root.geometry("300x180")
21
22  root.rowconfigure(1, weight=1)
23  root.columnconfigure(0, weight=1)
24
25  entry = Entry()
26  entry.grid(row=0,column=0,padx=5,sticky=W+E)
27
28  btn = Button(root,text="搜尋",command=mySearch)
29  btn.grid(row=0,column=1,padx=5,pady=5)
30
31  # 建立Text
32  text = Text(root,undo=True)
33  text.grid(row=1,column=0,columnspan=2,padx=3,pady=5,
34          sticky=N+S+W+E)
35  text.insert(END,"Five Hundred Miles\n")
36  text.insert(END,"If you miss the rain I'm on,\n")
37  text.insert(END,"You will know that I am gone.\n")
38  text.insert(END,"You can hear the whistle blow\n")
39  text.insert(END,"A hundred miles,\n")
40
41  text.tag_configure("found", background="yellow")        # 定義未來找到的標籤定義
42
43  root.mainloop()
```

執行結果

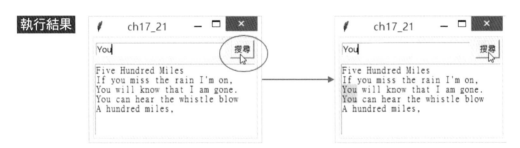

對讀者而言，陌生的第一個程式碼是第 12 行如下所示：

```
12          pos = text.search(key,start,END)                  # 執行搜尋
```

這個程式碼會搜尋 key 關鍵字，所搜尋的範圍是 text 控件內容 start 索引至文件結束，若是搜尋到回傳回 key 關鍵字出現的索引位置給 pos。讀者陌生的第二個程式碼是第 15-16 行，如下所示：

```
15          text.tag_add("found",pos,"%s+%dc" % (pos, len(key)))     # 加入標籤
16          start = "%s+%dc" % (pos, len(key))              # 更新搜尋起始位置
```

上述第 15 行 pos 是加入標籤的起始位置，標籤的結束位置是一個索引的表達式：

"%s+%dc" % (pos, len(key))

上述是所搜尋到字串的結束索引位置，相當於是 pos 位置加上 key 關鍵字的長度。程式第 16 行則是更新搜尋起始位置，為下一次搜尋做準備。

17-12 拼字檢查 Spelling check

在建立文書編輯程式時，如果想要讓程式更完整可以設計拼字檢查功能，其實在本節並沒有介紹 Text 控件新功能，這算是一個應用的專題程式。

程式實例 ch17_22.py：筆者使用記事本設計一個小字典 myDict.txt，然後將 Text 控件的每個單字與字典的單字做比較，如果有不符的單字則用紅色顯示此單字。這個程式另外有 2 個功能鈕，拼字檢查鈕可以正式執行拼字檢查，清除鈕可以將紅色顯示的字改為正常顯示。

```python
1  # ch17_22.py
2  from tkinter import *
3
4  def spellingCheck():
5      text.tag_remove("spellErr","1.0",END)             # 刪除標籤但是不刪除標籤定義
6      textwords = text.get("1.0",END).split()           # Text控件的內文
7      print("字典內容\n",textwords)                      # 列印字典內容
8
9      startChar = ("(")                                 # 可能的啟始字元
10     endChar = (".", ",", ":", ";", "?", "!", ")")     # 可能的結束字元
11
12     start = "1.0"                                      # 檢查起始索引位置
13     for word in textwords:
14         if word[0] in startChar:                       # 是否含非字母的啟始字元
15             word = word[1:]                            # 刪除非字母的啟始字元
16         if word[-1] in endChar:                        # 是否含非字母的結束字元
17             word = word[:-1]                           # 刪除非字母的結束字元
18         if  (word not in dicts and word.lower() not in dicts):
19             print("error", word)
20             pos = text.search(word, start, END)
21             text.tag_add("spellErr", pos, "%s+%dc" % (pos,len(word)))
22             pos = "%s+%dc" % (pos,len(word))
23
24 def clrText():
25     text.tag_remove("spellErr","1.0",END)
26
27 root = Tk()
28 root.title("ch17_22")
29 root.geometry("300x180")
30
31 # 建立工具列
```

```
32  toolbar = Frame(root,relief=RAISED,borderwidth=1)
33  toolbar.pack(side=TOP,fill=X,padx=2,pady=1)
34
35  chkBtn = Button(toolbar,text="拼字檢查",command=spellingCheck)
36  chkBtn.pack(side=LEFT,padx=5,pady=5)
37
38  clrBtn = Button(toolbar,text="清除",command=clrText)
39  clrBtn.pack(side=LEFT,padx=5,pady=5)
40
41  # 建立Text
42  text = Text(root,undo=True)
43  text.pack(fill=BOTH,expand=True)
44  text.insert(END,"Five Hundred Miles\n")
45  text.insert(END,"If you miss the rain I am on,\n")
46  text.insert(END,"You will knw that I am gone.\n")
47  text.insert(END,"You can hear the whistle blw\n")
48  text.insert(END,"A hunded miles,\n")
49
50  text.tag_configure("spellErr", foreground="red")    # 定義未來找到的標籤定義
51  with open("myDict.txt", "r") as dictObj:
52      dicts = dictObj.read().split("\n")              # 自訂字典串列
53
54  root.mainloop()
```

執行結果

這個程式在執行時會先列出字典內容，如果有找到不符單字會在 Python Shell 視窗列出此單字，下列是執行結果。

```
==================== RESTART: D:\PythonGUI\ch17\ch17_22.py ====================
字典內容
 ['Five', 'Hundred', 'Miles', 'If', 'you', 'miss', 'the', 'rain', 'I', 'am', 'on
,', 'You', 'will', 'knw', 'that', 'I', 'am', 'gone.', 'You', 'can', 'hear', 'the
', 'whistle', 'blw', 'A', 'hunded', 'miles,']
error knw
error blw
error hunded
```

17-13 儲存 Text 控件內容

當使用編輯程式完成文件的編排後，下一步是將所編排的文件儲存，這也將是本節的重點。

程式實例 ch17_23.py：一個簡單檔案儲存的程式，這個程式在 File 功能表基本上只包含 2 個功能，Save 和 Exit，Save 可以將所編輯的檔案儲存在 ch17_23.txt，Exit 則是結束此程式，程式執行時視窗標題是 Untitled，當檔案儲存後視窗標題將改為所儲存的檔名 ch17_23.txt。

```python
1   # ch17_23.py
2   from tkinter import *
3
4   def saveFile():
5       textContent = text.get("1.0",END)
6       filename = "ch17_23.txt"
7       with open(filename,"w") as output:
8           output.write(textContent)
9           root.title(filename)
10
11  root = Tk()
12  root.title("Untitled")
13  root.geometry("300x180")
14
15  menubar = Menu(root)                    # 建立最上層功能表
16  # 建立功能表類別物件,和將此功能表類別命名File
17  filemenu = Menu(menubar,tearoff=False)
18  menubar.add_cascade(label="File",menu=filemenu)
19  # 在File功能表內建立功能表清單
20  filemenu.add_command(label="Save",command=saveFile)
21  filemenu.add_command(label="Exit",command=root.destroy)
22  root.config(menu=menubar)               # 顯示功能表物件
23
24  # 建立Text
25  text = Text(root,undo=True)
26  text.pack(fill=BOTH,expand=True)
27  text.insert(END,"Five Hundred Miles\n")
28  text.insert(END,"If you miss the rain I am on,\n")
29  text.insert(END,"You will knw that I am gone.\n")
30  text.insert(END,"You can hear the whistle blw\n")
31  text.insert(END,"A hunded miles,\n")
32
33  root.mainloop()
```

執行結果

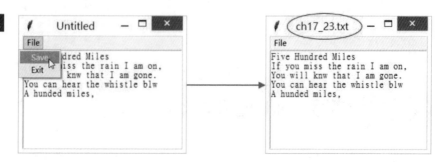

下列是 ch17_23.txt 的內容。

上述雖然可以執行儲存檔案的工作，但是那不是 GUI 的設計方式，在 GUI 的設計中應該是啟動**另存新檔**對話方塊，然後讀者可以選擇將檔案儲存的資料夾再輸入檔案名稱。在 tkinter.filedialog 模組有 asksaveasfilename( ) 方法，我們可以使用此方法，讓視窗出現對話方塊，再執行存檔工作。

```
filename = asksaveasfilename( )
```

上述可以傳回所存檔案的路徑 (含資料夾)。

程式實例 ch17_24.py：建立一個 File 功能表，在這個功能表內有 Save As 指令，執行此指令可以出現另存新檔對話方塊，然後可以選擇資料夾以及輸入檔案名稱，然後可以儲存檔案。

```
1  # ch17_24.py
2  from tkinter import *
3  from tkinter.filedialog import asksaveasfilename
4
5  def saveAsFile():                    # 另存新檔
6      global filename
7      textContent = text.get("1.0",END)
8  # 開啟另存新檔對話方塊，所輸入的檔案路徑會回傳給filename
9      filename = asksaveasfilename()
10     if filename == "":               # 如果沒有輸入檔案名稱
11         return                       # 不往下執行
12     with open(filename,"w") as output:
13         output.write(textContent)
14         root.title(filename)         # 更改root視窗標題
15
16  filename = "Untitled"
17  root = Tk()
18  root.title(filename)
19  root.geometry("300x180")
20
21  menubar = Menu(root)                 # 建立最上層功能表
22  # 建立功能表類別物件,和將此功能表類別命名File
23  filemenu = Menu(menubar,tearoff=False)
24  menubar.add_cascade(label="File",menu=filemenu)
```

```
25   # 在File功能表內建立功能表清單
26   filemenu.add_command(label="Save As",command=saveAsFile)
27   filemenu.add_separator()
28   filemenu.add_command(label="Exit",command=root.destroy)
29   root.config(menu=menubar)              # 顯示功能表物件
30
31   # 建立Text
32   text = Text(root,undo=True)
33   text.pack(fill=BOTH,expand=True)
34   text.insert(END,"Five Hundred Miles\n")
35   text.insert(END,"If you miss the rain I am on,\n")
36   text.insert(END,"You will knw that I am gone.\n")
37   text.insert(END,"You can hear the whistle blw\n")
38   text.insert(END,"A hunded miles,\n")
39
40   root.mainloop()
```

執行結果

筆者使用的檔案名稱是 out17_24.txt，當按下**存檔**鈕後，可以儲存此檔案，然後可以視窗看到下列結果。

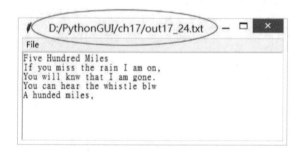

　　其實在正規的文書編輯程式中，需要考慮的事項有許多，例如：可以有 Save 指令，可以直接使用目前檔案名稱儲存檔案，如果尚未存檔才出現**另存新檔**對話方塊。另外，

也須考慮快捷鍵 (shortcut) 的使用，不過經過 16-17 章的說明，相信讀者有能力設計這方面的程式。

上述筆者使用最簡單的 asksaveasfilename( ) 方法，其實在這個方法內有許多參數可以使用，例如在先前的執行結果中，我們必須在另存新檔對話方塊的檔案名稱欄位輸入含副檔名檔案名稱，如果我們感覺所輸入的檔案名稱是 txt 檔案，可以參考下列實例設定參數。

程式實例 ch17_25.py：重新設計 ch17_24.py，假設所建的檔案是 txt 檔案。

```
8    # 開啟另存新檔對話方塊，預設所存的檔案副檔名是txt
9        filename = asksaveasfilename(defaultextension=".txt")
```

執行結果

可以省略副檔名最後所存檔案是out17_25.txt

17-14 開新檔案 New File

在設計編輯程式時，有時候想要執行開新檔案，這時編輯程式會將編輯區清空，以方便供編輯新的檔案，它的設計方式如下：

1： 刪除 Text 控件內容，可參考下列程式第 6 行。

2： 將視窗標題改為 "Untitled"，可參考下列程式第 7 行。

程式實例 ch17_26.py：擴充設計程式實例 ch17_25.py，在 File 功能標增加 New File 功能。讀者需注意第 5-7 行的開新檔案的方法 newFile，另外在第 30 行筆者在 File 功能表建立 New File 指令。

```
1   # ch17_26.py
2   from tkinter import *
3   from tkinter.filedialog import asksaveasfilename
4
5   def newFile():                       # 開新檔案
6       text.delete("1.0",END)           # 刪除Text控件內容
7       root.title("Untitled")           # 視窗標題改為Untitled
8
9   def saveAsFile():                    # 另存新檔
10      global filename
11      textContent = text.get("1.0",END)
12  # 開啟另存新檔對話方塊，預設所存的檔案副檔名是txt
13      filename = asksaveasfilename(defaultextension=".txt")
14      if filename == "":               # 如果沒有輸入檔案名稱
15          return                       # 不往下執行
16      with open(filename,"w") as output:
17          output.write(textContent)
18          root.title(filename)         # 更改root視窗標題
19
20  filename = "Untitled"
21  root = Tk()
22  root.title(filename)
23  root.geometry("300x180")
24
25  menubar = Menu(root)                 # 建立最上層功能表
26  # 建立功能表類別物件,和將此功能表類別命名File
27  filemenu = Menu(menubar,tearoff=False)
28  menubar.add_cascade(label="File",menu=filemenu)
29  # 在File功能表內建立功能表清單
30  filemenu.add_command(label="New File",command=newFile)
31  filemenu.add_command(label="Save As",command=saveAsFile)
32  filemenu.add_separator()
33  filemenu.add_command(label="Exit",command=root.destroy)
34  root.config(menu=menubar)            # 顯示功能表物件
35
36  # 建立Text
37  text = Text(root,undo=True)
38  text.pack(fill=BOTH,expand=True)
39  text.insert(END,"Five Hundred Miles\n")
40  text.insert(END,"If you miss the rain I am on,\n")
```

執行結果

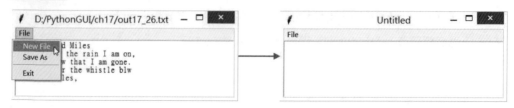

17-15 開啟舊檔 Open File

在 tkinter.filedialog 模組有 askopenfilename( ) 方法，我們可以使用此方法，讓視窗出現對話方塊，再執行選擇所要開啟的檔案。

filename = askopenfilename( )

上述可以傳回所存檔案的路徑 (含資料夾)，然後我們可以使用 open( ) 方法開啟檔案，最後將所開啟的檔案插入 Text 控件。整個觀念步驟如下：

1： 在開啟對話方塊選擇欲開啟的檔案，可參考下列程式第 12 行。

2： 使用 open File( ) 方法開啟檔案，可參考下列程式第 15 行。

3： 使用 read( ) 方法讀取檔案內容，可參考下列程式第 16 行。

4： 刪除 Text 控件內容，可參考下列程式第 17 行。

5： 將所讀取的檔案內容插入 Text 控件，可參考下列程式第 18 行。

6： 更改視窗標題名稱，可參考下列程式第 19 行。

程式實例 ch17_27.py：擴充程式實例 ch17_26.py，增加開啟檔案 Open 的應用，這個程式在執行時，可以使用 File/Open 指令開啟檔案，然後將所開啟的檔案儲存在 Text 控件，同時將視窗標題改為所開啟的檔案路徑。

```
1   # ch17_27.py
2   from tkinter import *
3   from tkinter.filedialog import asksaveasfilename
4   from tkinter.filedialog import askopenfilename
5
6   def newFile():                          # 開新檔案
7       text.delete("1.0",END)              # 刪除Text控件內容
8       root.title("Untitled")              # 視窗標題改為Untitl
9
10  def openFile():                         # 開啟舊檔
11      global filename
12      filename = askopenfilename()        # 讀取開啟的檔案
13      if filename == "":                  # 如果沒有選擇檔案
14          return                          # 返回
15      with open(filename,"r") as fileObj:     # 開啟檔案
16          content = fileObj.read()        # 讀取檔案內容
17      text.delete("1.0",END)              # 刪除Text控件內容
18      text.insert(END,content)            # 插入所讀取的檔案
19      root.title(filename)                # 更改視窗標題
20
21  def saveAsFile():                       # 另存新檔
```

```
22       global filename
23       textContent = text.get("1.0",END)
24   # 開啟另存新檔對話方塊，預設所存的檔案副檔名是txt
25       filename = asksaveasfilename(defaultextension=".txt"
26       if filename == "":              # 如果沒有輸入檔案名
27           return                      # 不往下執行
28       with open(filename,"w") as output:
29           output.write(textContent)
30           root.title(filename)        # 更改root視窗標題
31
32   filename = "Untitled"
33   root = Tk()
34   root.title(filename)
35   root.geometry("300x180")
36
37   menubar = Menu(root)                 # 建立最上層功能表
38   # 建立功能表類別物件,和將此功能表類別命名File
39   filemenu = Menu(menubar,tearoff=False)
40   menubar.add_cascade(label="File",menu=filemenu)
41   # 在File功能表內建立功能表清單
42   filemenu.add_command(label="New File",command=newFile)
43   filemenu.add_command(label="Open File ...",command=openFile)
44   filemenu.add_command(label="Save As ...",command=saveAsFile)
45   filemenu.add_separator()
46   filemenu.add_command(label="Exit",command=root.destroy)
47   root.config(menu=menubar)            # 顯示功能表物件
48
49   # 建立Text
50   text = Text(root,undo=True)
51   text.pack(fill=BOTH,expand=True)
52
53   root.mainloop()
```

執行結果

上述是筆者選擇開啟 ch17_26.py 所儲存的檔案，當按**開啟**鈕後，適度放大視窗可
以得到下列結果。

17-16 預設含捲軸的 ScrolledText 控件

在 17-3 節筆者教導讀者將捲軸綁在 Text 控件，其實前一小節筆者設計了簡單的文書編輯程式是沒有捲軸的功能，正式的文書編輯程式應該要設計捲軸，我們可以採用 17-3 節的方法加上捲軸。另外，也可以使用 tkinter 含有捲軸的控件設計這類程式。在 tkinter.scrolledtext 模組內有 ScrolledText 控件，這是一個預設含有捲軸的 Text 控件，使用時可以先導入此模組，未來執行時就可以看到捲軸。

程式實例 ch17_28.py：使用 ScrolledText 控件取代 Text 控件重新設計 ch17_27.py，下列導入此模組時新增第 5 行內容。

```
5    from tkinter.scrolledtext import ScrolledText
```

下列是建立 ScrolledText 取代 Text 控件的內容。

```
49   # 建立Text
50   text = ScrolledText(root,undo=True)
```

執行結果 下列右圖是開啟 ch17_23.txt，然後縮小視窗高度的結果。

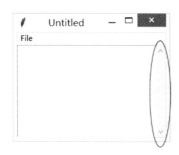

17-17 插入影像

　　Text 控件是允許插入影像檔案，所插入的影像檔案會被視為是一個字元方式處理，所呈現的大小會是實際影像的大小，下列筆者將以程式實例做解說。

程式實例 ch17_29.py：插入影像檔案的應用，所插入的檔案是 hung.jpg。

```python
1   # ch17_29.py
2   from tkinter import *
3   from PIL import Image, ImageTk
4
5   root = Tk()
6   root.title("ch17_29")
7
8   img = Image.open("hung.jpg")
9   myPhoto = ImageTk.PhotoImage(img)
10
11  text = Text()
12  text.image_create(END,image=myPhoto)
13  text.insert(END,"\n")
14  text.insert(END,"洪錦魁年輕時留學美國拍攝於Chicago")
15  text.pack(fill=BOTH,expand=True)
16
17  root.mainloop()
```

執行結果

第十八章

Treeview

Treeview 是 tkinter.ttk 的控件，這個控件主要是提供多欄位的顯示功能，我們可以**稱樹狀表格數據** (Treeview)，在設計時也可以在左邊欄位設計成樹狀結構或是稱層次結構，使用者可以顯示或隱藏任何部分，這個最左邊的欄位稱圖標欄位 (icon column)，也有人稱圖示欄。

18-1　Treeview 的基本觀念

設計 Treeview 控件基本觀念是，使用 Treeview 建構方法建立 Treeview 物件，

它的語法如下：

Treeview(父物件 , options, …)

Treeview( ) 方法的第一個參數是**父物件**，表示這個 Treeview 將建立在那一個父物件內。下列是 Treeview( ) 方法內其它常用的 options 參數：

- ❑ columns：欄位的字串，可以設定欄位數，其中第 1 個欄位是圖標欄 (icon column) 是預設，不在此設定範圍，如果設定 columns=("Name","Age")，則控件有 3 個欄，首先是最左欄位的圖標欄 (icon column)，未來此圖標欄可以建立延展 (expand) 或是隱藏 (collapse)，另 2 欄是 Name 和 Age。
- ❑ cursor：可以設定游標在此控件的外觀。
- ❑ displaycolumns：可以設定欄位顯示順序。
  - ■ 如果參數是 "#all" 表示顯示所有欄位，同時依建立順序顯示。
  - ■ 如果設定 columns=("Name","Age","Date")，未來使用 insert( ) 插入元素時需要依次插入元素。同樣狀況如果我們使用 columns(2,0)，則圖標欄 (icon column) 在最前面，緊跟著是 Date 欄，然後是 Name 欄。這種狀況也可以寫成 columns=("Date","Name")
- ❑ height：控件每行的高度。
- ❑ padding：可以使用 1-4 個參數設定內容與控件框的間距，它的規則如下：

值	Left	Top	Right	Bottom
a	a	a	a	a
ab	a	b	a	b
abc	a	c	b	c
abcd	a	b	c	d

❑ selectmode：使用者可以使用滑鼠選擇項目方式。

   ■ selectmode=BROWSE，一次選擇一項，這是預設。

   ■ selectmode=EXTENDED，一次可以選擇多項。

   ■ selectmode=NONE，無法用滑鼠執行選擇。

❑ show：預設是設定顯示圖標欄的標籤 show="tree"，如果省略則是顯示圖標欄，如果設為 "show=headings" 則不顯示圖標欄。

❑ takefocus：預設是 True，如果不想被訪問可以設為 False。

   下列筆者將從實例引導讀者，然後再說明更多規則。

程式實例 ch18_1.py：簡單建立 Treeview 控件的應用。

```
1   # ch18_1.py
2   from tkinter import *
3   from tkinter.ttk import *
4
5   root = Tk()
6   root.title("ch18_1")
7
8   # 建立Treeview
9   tree = Treeview(root,columns=("cities"))
10  # 建立欄標題
11  tree.heading("#0",text="State")        # 圖標欄位icon column
12  tree.heading("#1",text="City")
13  # 建立內容
14  tree.insert("",index=END,text="伊利諾",values="芝加哥")
15  tree.insert("",index=END,text="加州",values="洛杉磯")
16  tree.insert("",index=END,text="江蘇",values="南京")
17  tree.pack()
18
19  root.mainloop()
```

執行結果 建議讀者可以點選，以體會 Treeview 的基本操作，下方右圖是點選的示範輸出。

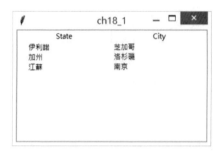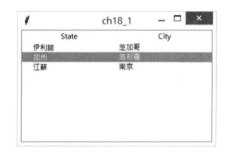

上述程式第 9 行筆者建立 Treeview 控件，此控件名稱是 tree，此控件有一個欄位，欄位名稱是 cities，未來程式設計可以使用此 cities 代表這一個欄位。經這樣設定後，我們可以知道此多欄位表單有 2 個欄位，除了 cities 外，另外左邊有**圖標欄位** (icon column)。

程式第 11-12 行筆者使用 heading( ) 方法，在這個方法內筆者建立了欄標題，其中第一個參數 "#0" 是指最左欄圖標欄位，"#1" 是指第 1 個欄位，所以這 2 行分別建立了 2 個欄標題。

程式第 14-16 行筆者使用 insert( ) 方法插入 Treeview 控件內容，在這個方法中的第一個參數 ""，代表是父 id，因為圖標欄未來可以有 Tree 狀結構，所以有這一個欄位設計，未來筆者會有實例說明。當所建的欄是最頂層 (top-level) 時，這邊可以用 "" 空字串處理。第 2 個參數 index=END 代表是將資料插入 Treeview 末端，它的觀念與 Text 控件的 END 相同。第 3 個參數 text 是設定圖標欄的內容。第 4 個參數的 values 是設定 City 欄位的內容。

程式實例 ch18_1_1.py：重新設計 ch18_1.py 在建立 Treeview 控件時，增加 "show=headings" 參數，將造成不顯示圖標欄。

```
9   tree = Treeview(root,columns=("cities"),show="headings")
```

執行結果

程式實例 ch18_2.py：程式實例 ch18_1.py 第 9 行 columns=("cities")，筆者指出欄標題名稱是 cities，我們可以使用此字串代表欄位，其實我們在第 12 行使用 "#1" 代表 cities 欄位，其實我們可以使用此 "cities" 取代 "#1"。

```
12   tree.heading("cities",text="City")
```

執行結果 與 ch18_1.py 相同。

在程式實例 ch18_1.py 的第 14 行 insert( ) 方法中第 4 參數 values 是設定所插入的內容，上述由於除了圖標欄外只有一個欄位，所以筆者只是設定 values 等於字串內容，如果有多個欄位時，須使用 values=(value1, value2, …)，如果所設定的內容數太少時其他欄位將是空白，如果所設定的內容數太多時多的內容將被拋棄。

程式實例 ch18_3.py：擴充設計 ch18_1.py，增加 population 人口數欄位，其中人口數的單位是萬人。

```
1    # ch18_3.py
2    from tkinter import *
3    from tkinter.ttk import *
4
5    root = Tk()
6    root.title("ch18_3")
7
8    # 建立Treeview
9    tree = Treeview(root,columns=("cities","populations"))
10   # 建立欄標題
11   tree.heading("#0",text="State")              # 圖標欄位icon column
12   tree.heading("#1",text="City")
13   tree.heading("#2",text="Populations")
14   # 建立內容
15   tree.insert("",index=END,text="伊利諾",values=("芝加哥","800"))
16   tree.insert("",index=END,text="加州",values=("洛杉磯","1000"))
17   tree.insert("",index=END,text="江蘇",values=("南京","900"))
18   tree.pack()
19
20   root.mainloop()
```

執行結果

　　由上述執行結果筆者再次強調 insert( ) 方法的用法：

❑ text：參數是設定圖標欄位的內容。

❑ values：參數是設定一般欄位的內容，values=(" 芝加哥 ","800")，這是順序方式設
定欄位，" 芝加哥 " 是第 1 個欄位，"800" 是第 2 個欄位。

　　其實當我們了解上數 values 參數內容觀念後，也可以將 Python 的串列觀念應用在
建立欄位內容。

程式實例 ch18_3_1.py：重新設計 ch18_3.py，使用串列方式建立欄位內容，讀者應該
學習第 8-10 行設定串列內容，以及第 18-20 行將串列應用在 insert( ) 方法的 values 參
數。

```
1   # ch18_3_1.py
2   from tkinter import *
3   from tkinter.ttk import *
4
5   root = Tk()
6   root.title("ch18_3_1")
7
8   list1 = ["芝加哥","800"]                # 以串列方式設定欄內容
9   list2 = ["洛杉磯","1000"]
10  list3 = ["南京","900"]
11  # 建立Treeview
12  tree = Treeview(root,columns=("cities","populations"))
13  # 建立欄標題
14  tree.heading("#0",text="State")           # 圖標欄位icon column
15  tree.heading("#1",text="City")
16  tree.heading("#2",text="Populations")
17  # 建立內容
18  tree.insert("",index=END,text="伊利諾",values=list1)
19  tree.insert("",index=END,text="加州",values=list2)
20  tree.insert("",index=END,text="江蘇",values=list3)
21  tree.pack()
22
23  root.mainloop()
```

執行結果 與 ch18_3.py 相同。

　　上述我們使用串列建立 insert( ) 方法的 values 參數內容，也可以使用元組 (tuple)
代替，具有相同效果。

18-2 格式化 Treeview 欄位內容 column( )

Treeview 控件的 column( ) 方法主要是用於格式化特定欄位的內容，它的語法格式如下：

column(id, options)

上述 id 是指出特定欄位，可以用字串表達，或是用 "#index" 索引方式。下列是 options 的可能參數。

❑ anchor：可以設定欄位內容參考位置，可以參考 2-4 節。

❑ minwidth：最小欄寬，預設是 20 像素。

❑ stretch：預設是 1，當控件大小改變時欄位寬度將隨著改變。

❑ width：預設欄寬是 200 像素。

如果我們使用此方法不含參數，如下所示：

ret = column(id)

上述將以字典方式傳回特定欄位所有參數的內容。

程式實例 ch18_4.py：格式化 ch18_3.py，將第 1-2 欄位寬度改為 150，同時置中對齊，圖標欄未則不改變。

```
1  # ch18_4.py
2  from tkinter import *
3  from tkinter.ttk import *
4
5  root = Tk()
6  root.title("ch18_4")
7
8  # 建立Treeview
9  tree = Treeview(root,columns=("cities","populations"))
10 # 建立欄標題
11 tree.heading("#0",text="State")              # 圖標欄位icon column
12 tree.heading("#1",text="City")
13 tree.heading("#2",text="Populations")
14 # 格式化欄位
15 tree.column("#1",anchor=CENTER,width=150)
16 tree.column("#2",anchor=CENTER,width=150)
17 # 建立內容
18 tree.insert("",index=END,text="伊利諾",values=("芝加哥","800"))
19 tree.insert("",index=END,text="加州",values=("洛杉磯","1000"))
```

```
20  tree.insert("",index=END,text="江蘇",values=("南京","900"))
21  tree.pack()
22
23  root.mainloop()
```

執行結果

程式實例 ch18_5.py：擴充設計 ch18_4.py，以字典方式列出 cities 欄位的所有內容，這個程式只增加下列 2 行。

```
22  cityDict = tree.column("cities")
23  print(cityDict)
```

執行結果 下列是 Python Shell 視窗的執行結果。

```
==================== RESTART: D:/PythonGUI/ch18/ch18_5.py ====================
{'width': 150, 'minwidth': 20, 'stretch': 1, 'anchor': 'center', 'id': 'cities'}
```

18-3 建立不同顏色的行內容

建立 Treeview 控件內容時，常常會需要在不同行之間用不同底色做區隔，方便使用者閱讀這份多欄位表單，若是想要設計這方面的程式，可以使用 Text 控件的標籤觀念，在 Treeview 控件有 tag_configure( ) 方法，可以使用這個方法建立標籤，然後定義此標籤的格式，可參考下列指令。

tag_configure("tagName",options, …)

上述第 1 個參數 tagName 是標籤名稱，未來可以用此名稱將此標籤導入欄位資料，至於 options 的可能參數如下：

❑ background：標籤背景顏色。

❑ font：字型設定。

❑ foreground：標籤前景顏色。

❑ image：影像與清單同時顯示。

要將標籤導入欄位使用的是 insert( ) 方法，這時需在此方法內增加 tags 參數設定，如下所示：

insert(…… , tags = "tagName")

最後筆者要講解的是，在企業實際應用中資料量通常是很龐大，這時是無法使用單筆資料一步一步建立 Treeview 控件內容，適度使用 Python 的資料結構與遍歷方法是可以讓設計程式變得有效率，在下列程式實例中筆者使用字典儲存資料，然後將此字典以迴圈方式導入 Treeview 控件內。

程式實例 ch18_6.py：基本上是 ch18_2.py 的擴充，在這個實例筆者將偶數行使用藍色底顯示。

```
1  # ch18_6.py
2  from tkinter import *
3  from tkinter.ttk import *
4
5  root = Tk()
6  root.title("ch18_6")
7
8  stateCity = {"伊利諾":"芝加哥","加州":"洛杉磯",
9              "德州":"休士頓","華盛頓州":"西雅圖",
10             "江蘇":"南京","山東":"青島",
11             "廣東":"廣州","福建":"廈門"}
12 # 建立Treeview
13 tree = Treeview(root,columns=("cities"))
14 # 建立欄標題
15 tree.heading("#0",text="State")           # 圖標欄位icon column
16 tree.heading("cities",text="City")
17 # 格式欄位
18 tree.column("cities",anchor=CENTER)
19 # 建立內容,行號從1算起偶數行是用淺藍色底
20 tree.tag_configure("evenColor", background="lightblue") # 設定標籤
```

```
21  rowCount = 1                                    # 行號從1算起
22  for state in stateCity.keys():
23      if (rowCount % 2 == 1):                     # 如果True則是奇數行
24          tree.insert("",index=END,text=state,values=stateCity[state])
25      else:
26          tree.insert("",index=END,text=state,values=stateCity[state],
27                      tags=("evenColor"))          # 建立淺藍色底
28      rowCount += 1                               # 行號數加1
29  tree.pack()
30
31  root.mainloop()
```

執行結果

State	City
伊利諾	芝加哥
加州	洛杉磯
德州	休士頓
華盛頓州	西雅圖
江蘇	南京
山東	青島
廣東	廣州
福建	廈門

18-4 建立階層式的 Treeview

其實本節的主題階層式 (Hierarchy) 相關知識前幾小節已經介紹，現在讀者所需的技巧只要在圖標欄位 (icon column) 先建立 Top-level 的項目 id，然後將相關子項目放在所屬的 Top-Level 項目 id 即可。

程式實例 ch18_7.py：建立階層式的 Treeview 控件內容。

```
1  # ch18_7.py
2  from tkinter import *
3  from tkinter.ttk import *
4
5  root = Tk()
6  root.title("ch18_7")
7
8  asia = {"中國":"北京","日本":"東京","泰國":"曼谷","韓國":"首爾"}
9  euro = {"英國":"倫敦","法國":"巴黎","德國":"柏林","挪威":"奧斯陸"}
10
```

```
11  # 建立Treeview
12  tree = Treeview(root,columns=("capital"))
13  # 建立欄標題
14  tree.heading("#0",text="國家")              # 圖標欄位icon column
15  tree.heading("capital",text="首都")
16  # 建立id
17  idAsia = tree.insert("",index=END,text="Asia")
18  idEuro = tree.insert("",index=END,text="Europe")
19  # 建立idAsia底下內容
20  for country in asia.keys():
21      tree.insert(idAsia,index=END,text=country,values=asia[country])
22  # 建立idEuro底下內容
23  for country in euro.keys():
24      tree.insert(idEuro,index=END,text=country,values=euro[country])
25  tree.pack()
26
27  root.mainloop()
```

執行結果

在上述程式第 8-9 行是建立亞洲 asia 和歐洲 euro 國家與首都的字典資料。第 17-18 行則是建立圖標欄位 top-level 的 id，分別是 idAsia 和 idEuro。建立階層式資料最關鍵的是使用 insert( ) 方法時，必須在第一個參數放置 top-level 的 id，在這個觀念下第 20-21 行是建立亞洲國家國名與首都資料，所以第 21 行的 insert( ) 方法的第一個參數是 idAsia，這表示插入的資料放在 idAsia 層次下，程式碼設計如下：

tree.insert(idAsia, …)

第 23-24 行是建立歐洲國家國名與首都資料，所以第 24 行的 insert( ) 方法的第一個參數是 idEuro，這表示插入的資料放在 idEuro 層次下，程式碼設計如下：

tree.insert(idEuro, …)

18-5 插入影像

在 insert( ) 方法內若是增加 image 參數可以增加影像，在增加影像時需要考慮的是可能 row 的高度不足，所以必須增加高度。這時可以用下列 Style( ) 方法處理。

　　　　Style( ).configure("Treeview",rowheight=xx)　　　　　　# xx 是高度設定

程式實例 ch18_8.py：設計一個含有影像的 Treeview。

```
1   # ch18_8.py
2   from tkinter import *
3   from tkinter.ttk import *
4   from PIL import Image, ImageTk
5
6   root = Tk()
7   root.title("ch18_8")
8
9   Style().configure("Treeview",rowheight=35)   # 格式化擴充row高度
10
11  info = ["鳳凰新聞App可以獲得中國各地最新消息",
12          "瑞士國家鐵路App提供全瑞士火車時刻表",
13          "可口可樂App是一個娛樂的軟件"]
14
15  tree = Treeview(root,columns=("說明"))
16  tree.heading("#0",text="App")              # 圖標欄位icon column
17  tree.heading("#1",text="功能說明")
18  tree.column("#1",width=300)                # 格式化欄標題
19
20  img1 = Image.open("news.jpg")              # 插入鳳凰新聞App圖示
21  imgObj1 = ImageTk.PhotoImage(img1)
22  tree.insert("",index=END,text="鳳凰新聞",image=imgObj1,values=info[0])
23
24  img2 = Image.open("sbb.jpg")               # 插入瑞士國家鐵路App圖示
25  imgObj2 = ImageTk.PhotoImage(img2)
26  tree.insert("",index=END,text="瑞士鐵路",image=imgObj2,values=info[1])
27
28  img3 = Image.open("coca.jpg")              # 插入可口可樂App圖示
29  imgObj3 = ImageTk.PhotoImage(img3)
30  tree.insert("",index=END,text="可口可樂",image=imgObj3,values=info[2])
31  tree.pack()
32
33  root.mainloop()
```

執行結果 上述如果沒有增第 9 行，將看到下頁左圖的結果。

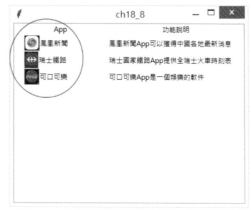

18-6 Selection 選項發生與事件觸發

在 18-1 節筆者有說明在 Treeview 控件中可以有 3 種選擇模式 (Selection mode)，分別是 BROWSE(這是預設)、EXTENDED、NONE，這是使用 selectmode 參數設定，當有新選擇項目發生時會產生虛擬事件 <<TreeviewSelect>>，其實我們可以針對此特性設計相關功能。

程式實例 ch18_9.py：筆者使用預設的 BROWSE 選項，一次只能選擇一個項目，當選項發生時將同步在視窗下方的狀態列顯示所選擇的項目。

```
1   # ch18_9.py
2   from tkinter import *
3   from tkinter.ttk import *
4   def treeSelect(event):
5       widgetObj = event.widget                    # 取得控件
6       itemselected = widgetObj.selection()[0]     # 取得選項
7       col1 = widgetObj.item(itemselected,"text")  # 取得圖標欄內容
8       col2 = widgetObj.item(itemselected,"values")[0] # 取得第0索引欄位內容
9       str = "{0} : {1}".format(col1,col2)         # 取得所選項目內容
10      var.set(str)                                # 設定狀態列內容
11
12  root = Tk()
13  root.title("ch18_9")
14
15  stateCity = {"伊利諾":"芝加哥","加州":"洛杉磯",
16              "德州":"休士頓","華盛頓州":"西雅圖",
17              "江蘇":"南京","山東":"青島",
18              "廣東":"廣州","福建":"廈門"}
19  # 建立Treeview
```

```
20   tree = Treeview(root,columns=("cities"),selectmode=BROWSE)
21   # 建立欄標題
22   tree.heading("#0",text="State")                    # 圖標欄位icon column
23   tree.heading("cities",text="City")
24   # 格式欄位
25   tree.column("cities",anchor=CENTER)
26   # 建立內容,行號從1算起偶數行是用淺藍色底
27   tree.tag_configure("evenColor", background="lightblue") # 設定標籤
28   rowCount = 1                                        # 行號從1算起
29   for state in stateCity.keys():
30       if (rowCount % 2 == 1):                         # 如果True則是奇數行
31           tree.insert("",index=END,text=state,values=stateCity[state])
32       else:
33           tree.insert("",index=END,text=state,values=stateCity[state],
34                       tags=("evenColor"))             # 建立淺藍色底
35       rowCount += 1                                   # 行號數加1
36
37   tree.bind("<<TreeviewSelect>>",treeSelect)  # Treeview控件Select發生
38   tree.pack()
39
40   var = StringVar()
41   label = Label(root,textvariable=var,relief="groove")     # 建立狀態列
42   label.pack(fill=BOTH,expand=True)
43
44   root.mainloop()
```

執行結果

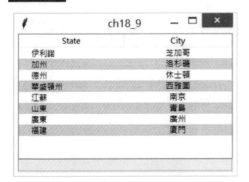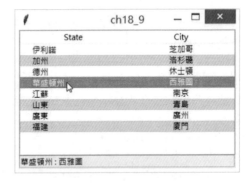

上述第 23 行筆者在建立 Treeview 控件物件時,特別設定 selectmode=BROWSE 參數只是特別強調這個模式,因為這是預設模式所以如果省略此設定也將獲得一樣的結果。程式第 37 行是將有選擇項目發生時交由 treeSelect( ) 事件處理程式處理。

第 5 行是取得視窗內發生此事件的控件,設定給 widgetObj。第 6 行是 Treeview 控件物件 widgetObj 呼叫 selection( ) 方法,目的是取得目前所選的項目,筆者用 itemselected 代表,通常也可稱此所選的項目是 iid,這是 tkinter 內部使用的 id。

第 7-8 行則是由控件物件 widgetObj 呼叫 item( ) 方法，注意這是需要 2 個參數目的是取得所選項目的圖標欄內容和索引欄內容。第 9 行是格式化所獲得的內容，第 10 行則是將內容設定到狀態列。

18-7 刪除項目

在 Treeview 控件可以使用 delete( ) 方法刪除所選的項目，下列將以實例說明。

程式實例 ch18_10.py：刪除所選的項目，這個程式在建立 Treeview 控件時設定 selectmode=EXTENDED，相當於一次可以選擇多項，第 2 個選項在按滑鼠按鍵時可以同時按 Ctrl，可以執行不連續的選項。如果第 2 個選項在按滑鼠按鍵時同時按 Shift 鍵，可以執行連續的選項。這個程式下方有 Remove 按鈕，按此鈕可以刪除所選項目。

```
1  # ch18_10.py
2  from tkinter import *
3  from tkinter.ttk import *
4  def removeItem():                       # 刪除所選項目
5      iids = tree.selection()             # 取得所選項目
6      for iid in iids:                    # 所選項目可能很多所以用迴圈
7          tree.delete(iid)                # 刪除所選項目
8
9  root = Tk()
10 root.title("ch18_10")
11
12 stateCity = {"伊利諾":"芝加哥","加州":"洛杉磯",
13              "德州":"休士頓","華盛頓州":"西雅圖",
14              "江蘇":"南京","山東":"青島",
15              "廣東":"廣州","福建":"廈門"}
16 # 建立Treeview,可以有多項選擇selectmode=EXTENDED
17 tree = Treeview(root,columns=("cities"),selectmode=EXTENDED)
18 # 建立欄標題
19 tree.heading("#0",text="State")       # 圖標欄位icon column
20 tree.heading("cities",text="City")
21 # 格式欄位
22 tree.column("cities",anchor=CENTER)
23 # 建立內容
24 for state in stateCity.keys():
25     tree.insert("",index=END,text=state,values=stateCity[state])
26 tree.pack()
27
28 rmBtn = Button(root,text="Remove",command=removeItem)    # 刪除鈕
29 rmBtn.pack(pady=5)
30
31 root.mainloop()
```

執行結果 下列是筆者嘗試刪除一筆資料與多筆資料的結果。

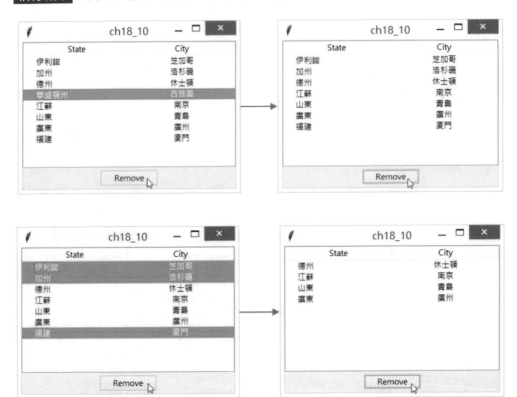

上述程式當按 Remove 按鈕時會執行第 4-7 行的 removeItem( ) 方法，這時會先執行第 5 行，如下所示：

iids = tree.selection( )

上述方法會將目前選項傳給 iids，iids 的資料型態是**元組** (tuple)，所以第 6-7 行是迴圈可以遍歷此元組，然後依次刪除所選的項目。

18-8 插入項目

在使用 Treeview 控件時，除了前一節的刪除控件項目外，另一個常用功能是插入項目，插入的方式與建立控件的插入 insert( ) 方法是一樣。至於所插入的內容則可以使用 tkinter 的 Entry 控件，下列將用實例說明。

程式實例 ch18_11.py：擴充程式實例 ch18_10.py，增加設計插入功能，由於這個 Treeview 控件包含圖標欄位下共有 2 個欄位，所以若是想要插入必須建立 2 個 Entry 控件，由於我們必須標出所插入的控件，所以必須在 Entry 旁加上標籤，所以必須加上 2 個標籤。另外，在執行插入時我們必須使用一個按鈕標出正式執行插入，所以必須另外建立一個按鈕。

```python
1   # ch18_11.py
2   from tkinter import *
3   from tkinter.ttk import *
4   def removeItem():                      # 刪除所選項目
5       ids = tree.selection()             # 取得所選項目
6       for id in ids:                     # 所選項目可能很多所以用迴圈
7           tree.delete(id)                # 刪除所選項目
8   def insertItem():
9       state = stateEntry.get()           # 獲得stateEntry的輸入
10      city = cityEntry.get()             # 獲得cityEntry的輸入
11  # 如果輸入資料未完全不往下執行
12      if (len(state.strip())==0 or len(city.strip())==0):
13          return
14      tree.insert("",END,text=state,values=(city))    # 插入
15      stateEntry.delete(0,END)           # 刪除stateEntry
16      cityEntry.delete(0,END)            # 刪除cityEntry
17
18  root = Tk()
19  root.title("ch18_11")
20
21  stateCity = {"伊利諾":"芝加哥","加州":"洛杉磯",
22              "德州":"休士頓","華盛頓州":"西雅圖",
23              "江蘇":"南京","山東":"青島",
24              "廣東":"廣州","福建":"廈門"}
25  # 以下3行主要是應用在縮放視窗
26  root.rowconfigure(1,weight=1)          # row1會隨視窗縮放1:1變化
27  root.columnconfigure(1,weight=1)       # column1會隨視窗縮放1:1變化
28  root.columnconfigure(3,weight=1)       # column3會隨視窗縮放1:1變化
29
30  stateLab = Label(root,text="State :")   # 建立State :標籤
31  stateLab.grid(row=0,column=0,padx=5,pady=3,sticky=W)
32  stateEntry = Entry()                    # 建立State :文字方塊
33  stateEntry.grid(row=0,column=1,sticky=W+E,padx=5,pady=3)
34  cityLab = Label(root,text="City : ")    # 建立City :標籤
35  cityLab.grid(row=0,column=2,sticky=E)
36  cityEntry = Entry()                     # 建立City :文字方塊
37  cityEntry.grid(row=0,column=3,sticky=W+E,padx=5,pady=3)
38  # 建立Insert按鈕
39  inBtn = Button(root,text="插入",command=insertItem)
40  inBtn.grid(row=0,column=4,padx=5,pady=3)
```

```
41    # 建立Treeview,可以有多項選擇selectmode=EXTENDED
42    tree = Treeview(root,columns=("cities"),selectmode=EXTENDED)
43    # 建立欄標題
44    tree.heading("#0",text="State")      # 圖標欄位icon column
45    tree.heading("cities",text="City")
46    # 格式欄位
47    tree.column("cities",anchor=CENTER)
48    # 建立內容
49    for state in stateCity.keys():
50        tree.insert("",index=END,text=state,values=stateCity[state])
51    tree.grid(row=1,column=0,columnspan=5,padx=5,sticky=W+E+N+S)
52
53    rmBtn = Button(root,text="刪除",command=removeItem)    # 刪除鈕
54    rmBtn.grid(row=2,column=2,padx=5,pady=3,sticky=W)
55
56    root.mainloop()
```

執行結果

上述若是按**插入**鈕,將得到下列結果。

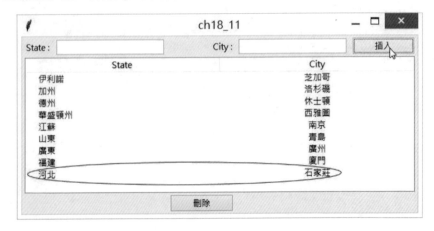

上述程式第 26-28 行主要是處理縮放視窗時，第 26 行的 rowconfigure( ) 方法內的第 1 個參數是 1，這代表 row=1，相當於讓在 row=1 的 Treeview 控件隨著縮放，縮放比由第 2 個參數 weight　1 得知是 1:1 縮放。第 27 行的 columnconfigure( ) 方法內的第 1 個參數是 1，這代表 column=1，相當於讓在 column=1 的 stateEntry 控件隨著縮放，縮放比由第 2 個參數 weight　1 得知是 1:1 縮放。第 28 行的 columnconfigure( ) 方法內的第 1 個參數是 3，這代表 column=3，相當於讓在 column=3 的 cityEntry 控件隨著縮放，縮放比由第 2 個參數 weight　1 得知是 1:1 縮放。如果沒有上述設定，當縮放視窗時，所有元件大小將不會更改。

第 39-40 行是建立**插入鈕**，當按此鈕時會執行第 8-16 行的 insertItem( ) 方法。在這個方法中，第 9 行是讀取 stateEntry 的輸入，第 10 行是讀取 cityEntry 的輸入。第 12-13 行是判斷是否 2 個欄位皆有輸入，如果有一個欄位沒有輸入則返回不往下執行。第 14 行是插入 stateEntry 和 cityEntry 的輸入。由於插入已經完成，所以第 15 行刪除 stateEntry 文字方塊內容，第 16 行刪除 cityEntry 文字方塊內容。

18-9　連按 2 下某個項目

在使用 Treeview 控件時，常常會需要執行連按某個項目 2 下，最常見的目的是開啟這個檔案，這一節筆者將講解這方面的知識。在 Treeview 控件中當發生連按 2 下時，可以產生 <Double-1> 事件，我們可以利用這個功能建立一個處理連按 2 下的事件處理程式。

對這類問題，另一個重點是取得連按 2 下的項目，下列將以實例解說。

程式實例 ch18_12.py：當連按 2 下 Treeview 控件的某個項目時，會出現對話方塊，列出所按的項目。

```
1   # ch18_12.py
2   from tkinter import *
3   from tkinter import messagebox
4   from tkinter.ttk import *
5   def doubleClick(event):
6       e = event.widget                        # 取得事件控件
7       iid = e.identify("item",event.x,event.y)    # 取得連按2下項目
8       state = e.item(iid,"text")              # 取得State
9       city = e.item(iid,"values")[0]          # 取得City
10      str = "{0} : {1}".format(state,city)    # 格式化
11      messagebox.showinfo("Double Clicked",str)   # 輸出
```

```
12
13  root = Tk()
14  root.title("ch18_12")
15
16  stateCity = {"伊利諾":"芝加哥","加州":"洛杉磯",
17              "德州":"休士頓","華盛頓州":"西雅圖",
18              "江蘇":"南京","山東":"青島",
19              "廣東":"廣州","福建":"廈門"}
20
21  # 建立Treeview
22  tree = Treeview(root,columns=("cities"))
23  # 建立欄標題
24  tree.heading("#0",text="State")         # 圖標欄位icon column
25  tree.heading("cities",text="City")
26  # 格式欄位
27  tree.column("cities",anchor=CENTER)
28  # 建立內容
29  for state in stateCity.keys():
30      tree.insert("",index=END,text=state,values=stateCity[state])
31  tree.bind("<Double-1>",doubleClick)      # 連按2下綁定doubleClick方
32  tree.pack()
33
34  root.mainloop()
```

執行結果

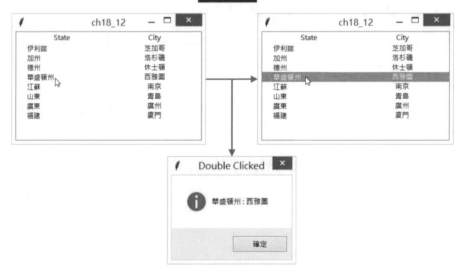

上述程式第 31 行，筆者將連按 2 下與 doubleClick( ) 方法綁定，所以當連按 2 下時會執行第 5-11 行的 doubleClick( ) 方法。第 6 行是取得連按 2 下事件的控件，第 7 行 identify( ) 方法的用法如下：

identify("xxx", event.x, event.y)

第一個參數 xxx 可以是 item、column、row，分別是使用連按 2 下的座標，取得連按 2 下的 item、column 或 row 的資訊，此例是使用 item，所以我們可以由此取得是那一個項目被連按 2 下。第 8 行是取得連按 2 下的 "text" 資訊，此資訊是 State 內容。第 9 行是取得連按 2 下的 "values" 資訊，此資訊是 City 內容。第 9 行是取得格式化的字串，第 10 行是出現 showinfo 的訊息對話方塊。

18-10 Treeview 綁定捲軸

在 12-8 節筆者有說明捲軸 Scrollbar 的用法，同時也將 Scrollbar 與 Listbox 做結合。17-3 節筆者則是介紹了將 Text 加上捲軸的設計。我們可以參考該 2 節的觀念將 Scrollbar 應用在 Treeview 控件。

程式實例 ch18_13.py：將捲軸應用在 Treeview 控件。

```
1   # ch18_13.py
2   from tkinter import *
3   from tkinter.ttk import *
4
5   root = Tk()
6   root.title("ch18_13")
7
8   stateCity = {"Illinois":"芝加哥","California":"洛杉磯",
9                "Texas":"休士頓","Washington":"西雅圖",
10               "Jiangsu":"南京","Shandong":"青島",
11               "Guangdong":"廣州","Fujian":"廈門",
12               "Mississippi":"Oxford","Kentucky":"Lexington",
13               "Florida":"Miama","Indiana":"West Lafeyette"}
14
15  tree = Treeview(root,columns=("cities"))
16  yscrollbar = Scrollbar(root)              # y軸scrollbar物件
17  yscrollbar.pack(side=RIGHT,fill=Y)        # y軸scrollbar包裝顯示
18  tree.pack()
19  yscrollbar.config(command=tree.yview)     # y軸scrollbar設定
20  tree.configure(yscrollcommand=yscrollbar.set)
21  # 建立欄標題
22  tree.heading("#0",text="State")           # 圖標欄位icon column
23  tree.heading("cities",text="City")
24  # 格式欄位
25  tree.column("cities",anchor=CENTER)
26  # 建立內容
27  for state in stateCity.keys():
28      tree.insert("",index=END,text=state,values=stateCity[state])
29
30  root.mainloop()
```

執行結果

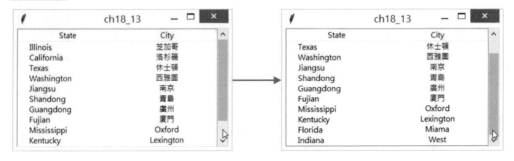

18-11 排序 Sorting

在建立 Treeview 控件後，有一個很常見的功能是將欄位資訊做排序，通常是可以按一下欄位標題就可以執行排序，本節將以實例講解這方面的應用。

程式實例 ch18_14.py：排序 Treeview 控件 State 欄的資料，在這個程序中筆者為了簡化程式，省略了圖標欄。所以 Treeview 控件只有一個 State 欄，當按一下欄標題時可以正常排序 (由小到大)，如果再按一下可以反向排序，未來排序方式將如此切換。

```python
1   # ch18_14.py
2   from tkinter import *
3   from tkinter.ttk import *
4   def treeview_sortColumn(col):
5       global reverseFlag                    # 定義排序旗標全域變數
6       lst = [(tree.set(st, col), st)
7              for st in tree.get_children("")]
8       print(lst)                            # 列印串列
9       lst.sort(reverse=reverseFlag)         # 排序串列
10      print(lst)                            # 列印串列
11      for index, item in enumerate(lst):    # 重新移動項目內容
12          tree.move(item[1],"",index)
13      reverseFlag = not reverseFlag         # 更改排序旗標
14
15  root = Tk()
16  root.title("ch18_14")
17  reverseFlag = False                       # 排序旗標註明是否反向排序
18
19  myStates = {"Illinois","California","Texas","Washington",
20              "Jiangsu","Shandong","Guangdong","Fujian",
21              "Mississippi","Kentucky","Florida","Indiana"}
22
```

```
23  tree = Treeview(root,columns=("states"),show="headings")
24  yscrollbar = Scrollbar(root)            # y軸scrollbar物件
25  yscrollbar.pack(side=RIGHT,fill=Y)      # y軸scrollbar包裝顯示
26  tree.pack()
27  yscrollbar.config(command=tree.yview)   # y軸scrollbar設定
28  tree.configure(yscrollcommand=yscrollbar.set)
29  # 建立欄標題
30  tree.heading("states",text="State")
31  # 建立內容
32  for state in myStates:                  # 第一次的Treeview內容
33      tree.insert("",index=END,values=(state,))
34  # 點選標題欄將啟動treeview_sortColumn
35  tree.heading("#1",text="State",
36              command=lambda c="states": treeview_sortColumn(c))
37
38  root.mainloop()
```

執行結果

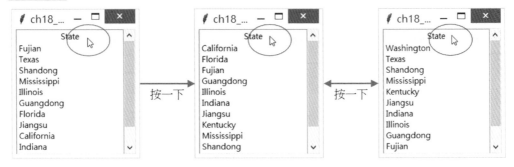

　　這個程式為了單純，省略顯示圖標欄位，筆者在第 23 行建立 Treeview 控件時增加 show="headings" 參數。

```
23  tree = Treeview(root,columns=("states"),show="headings")
```

　　第 32-33 行是建立欄位的資料，相當於是將 myStates 串列資料放入 Treeview 控件。接下來第 34-35 行是重點，這其實是 heading( ) 方法，所以是一道指令，只是太長筆者分 2 行撰寫。當有用滑鼠游標按一下標題欄時會執行 command 所指定的方法，這是 Lambda 表達式，筆者將 "states" 設定給變數 c，然後將 c 當參數傳遞給 treeview_sortColumn( ) 方法。

　　程式第 4-13 行是 treeview_sortColumn( ) 方法，在這個方法中為了要讓讀者了解資料內容筆者特別在第 8 和 10 行列出目前串列內容方便讀者瞭解目前程式的意義。首

先筆者第 5 行設定 reverseFlag 是全域變數，它的原始定義是在 17 行。第 6-7 行其實是一道指令，如下所示：

```
6        lst = [(tree.set(st, col), st)
7                   for st in tree.get_children("")]
```

上述有一個 get_children( ) 方法，它的語法如下：

get_children([item])

上述會傳回 item 的一個 tuple 的 iid 值，如果省略則是得到一個 tuple，此 tuple 是 top-level 的 iid 值。

上述主要是建立 lst 串列，第 8 行會列印這個串列內容，可以在 Python Shell 視窗看到，如下所示：

```
[('Washington', 'I001'), ('Texas', 'I002'), ('Jiangsu', 'I003'), ('Florida', 'I0
04'), ('Illinois', 'I005'), ('Shandong', 'I006'), ('Guangdong', 'I007'), ('Fujia
n', 'I008'), ('Kentucky', 'I009'), ('Indiana', 'I00A'), ('Mississippi', 'I00B'),
 ('California', 'I00C')]
```

第 9 行是將上述串列內容排序，第 10 行是印出排序結果，如下所示：

```
[('California', 'I00C'), ('Florida', 'I004'), ('Fujian', 'I008'), ('Guangdong',
'I007'), ('Illinois', 'I005'), ('Indiana', 'I00A'), ('Jiangsu', 'I003'), ('Kentu
cky', 'I009'), ('Mississippi', 'I00B'), ('Shandong', 'I006'), ('Texas', 'I002'),
 ('Washington', 'I001')]
```

第 11-12 行內容如下：

```
11      for index, item in enumerate(lst):   # 重新移動項目內容
12          tree.move(item[1],"",index)
```

上述有一個 move( ) 方法，他的語法如下：

move(iid,parent,index)

將 iid 所指項目移至 parent 層次的 index 位置，此程式用 "" 代表 parent 層次。第 13 行是更改排序旗號，這樣下次可以使用反向排序。

第十九章

Canvas

這一章我們將介紹 tkinter 模組內的 Canvas，這個模組可以繪圖，也可以製作動畫，而動畫也是設計遊戲的基礎，筆者將完整介紹這方面的知識。

19-1 繪圖功能

19-1-1　建立畫布

可以使用 Canvas( ) 方法建立畫布物件。

```
tk = Tk( )                              # 使用 tk 當視窗 Tk 物件
canvas = Canvas(tk, width=xx, height=yy)  # xx,yy 是畫布寬與高
canvas.pack( )                          # 可以將畫布包裝好，這是必要的
```

畫布建立完成後，左上角是座標 0,0，向右 x 軸遞增，向下 y 軸遞增。

19-1-2　繪線條 create_line( )

它的使用方式如下：

create_line(x1, y1, x2, y2, ⋯, xn, yn, options)

線條將會沿著 (x1,y1), (x2,y2), ⋯繪製下去，下列是常用的 options 用法。

❑ arrow：預設是沒有箭頭，使用 arrow=tk.FIRST 在起始線末端有箭頭，arrow=tk.LAST 在最後一條線末端有箭頭，使用 arrow=tk.BOTH 在兩端有箭頭。

❑ arrowshape：使用元組 (d1, d2, d3) 代表箭頭，預設是 (8,10,3)。

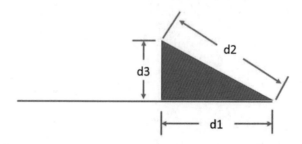

❑ capstyle：這是線條終點的樣式，預設是 BUTT，也可以選 PROJECTING、ROUND，程式實例可以參考 ch19_4.py。

❑ dash：建立虛線，使用元組儲存數字資料，第一個數字是實線、第二個數字是空
白、如此循環當所有元組數字用完又重新開始。例如：dash=(5,3) 產生 5 像素實
線，3 像素空白，如此循環。例如：dash=(8,1,1,1) 產生 8 像素實線和點的線條。
dash=(5,) 產生 5 實線 5 空白。

❑ dashoffset：與 dash 一樣產生虛線，但是一開始數字是空白的寬度。

❑ fill：設定線條顏色。

❑ joinstyle：線條相交的設定，預設是 ROUND，也可以選 BEVEL、MITER，程式實
例可以參考 ch19_3.py。

❑ stipple：繪製位元圖樣 (Bitmap) 線條，觀念可以參考 2-8 節，程式實例可以參考
ch19_5.py。

error	hourglass	info	questhead	question
warning	gray12	gray25	gray50	gray75

下列是上述位元圖由左到右、由上到下依序的圖例。

❑ tags：為線條建立標籤，未來配合使用 delete(刪除標籤)，再重繪標籤如此循環，
可以創造動畫效果，可參考 19-3-5 節。

❑ width：線條寬度。

程式實例 ch19_1.py： 在半徑為 100 的圓外圍建立 12 個點，然後將這些點彼此連線。

```
1   # ch19_1.py
2   from tkinter import *
3   import math
4
5   tk = Tk()
6   canvas = Canvas(tk, width=640, height=480)
7   canvas.pack()
8   x_center, y_center, r = 320, 240, 100
9   x, y = [], []
10  for i in range(12):          # 建立圓外圍12個點
11      x.append(x_center + r * math.cos(30*i*math.pi/180))
12      y.append(y_center + r * math.sin(30*i*math.pi/180))
13  for i in range(12):          # 執行12個點彼此連線
14      for j in range(12):
15          canvas.create_line(x[i],y[i],x[j],y[j])
```

執行結果

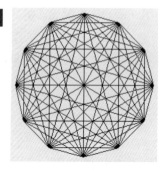

上述程式使用了數學函數 sin( ) 和 cos( ) 以及 pi，這些是在 math 模組。使用 create_line( ) 時，在 options 參數欄位可以用 fill 設定線條顏色，用 width 設定線條寬度。

程式實例 ch19_2.py：不同線條顏色與寬度。

```
1  # ch19_2.py
2  from tkinter import *
3  import math
4
5  tk = Tk()
6  canvas = Canvas(tk, width=640, height=480)
7  canvas.pack()
8  canvas.create_line(100,100,500,100)
9  canvas.create_line(100,125,500,125,width=5)
10 canvas.create_line(100,150,500,150,width=10,fill='blue')
11 canvas.create_line(100,175,500,175,dash=(10,2,2,2))
```

執行結果

程式實例 ch19_3.py：由線條交接了解 joinstyle 參數的應用。

```
1  # ch19_3.py
2  from tkinter import *
3  import math
4
5  tk = Tk()
6  canvas = Canvas(tk, width=640, height=480)
7  canvas.pack()
8  canvas.create_line(30,30,500,30,265,100,30,30,
9                     width=20,joinstyle=ROUND)
10 canvas.create_line(30,130,500,130,265,200,30,130,
11                    width=20,joinstyle=BEVEL)
12 canvas.create_line(30,230,500,230,265,300,30,230,
13                    width=20,joinstyle=MITER)
```

執行結果

程式實例 ch19_4.py：由線條了解 capstyle 參數的應用。

```
1   # ch19_4.py
2   from tkinter import *
3   import math
4
5   tk = Tk()
6   canvas = Canvas(tk, width=640, height=480)
7   canvas.pack()
8   canvas.create_line(30,30,500,30,width=10,capstyle=BUTT)
9   canvas.create_line(30,130,500,130,width=10,capstyle=ROUND)
10  canvas.create_line(30,230,500,230,width=10,capstyle=PROJECTING)
11  # 以下垂直線
12  canvas.create_line(30,20,30,240)
13  canvas.create_line(500,20,500,250)
```

執行結果

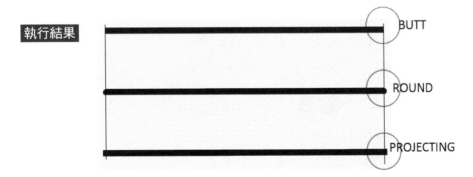

程式實例 ch19_5.py：建立位元圖樣線條 (stipple line)。

```
1   # ch19_5.py
2   from tkinter import *
3   import math
4
```

```
 5    tk = Tk()
 6    canvas = Canvas(tk, width=640, height=480)
 7    canvas.pack()
 8    canvas.create_line(30,30,500,30,width=10,capstyle=BUTT)
 9    canvas.create_line(30,130,500,130,width=10,capstyle=ROUND)
10    canvas.create_line(30,230,500,230,width=10,capstyle=PROJECTING)
```

執行結果

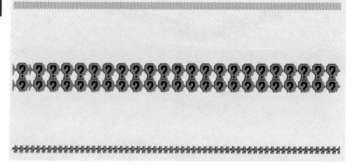

程式實例 ch19_5_1.py：寫一個程式可以顯示 15*15 的網格。

```
 1    # ch19_5_1.py
 2    from tkinter import *
 3
 4    window = Tk()
 5    window.title("ch19_5_1")
 6
 7    xWidth = 200
 8    yHeight = 200
 9    canvas = Canvas(window, width=xWidth, height=yHeight)
10    canvas.pack()
11
12    for i in range(19):
13        canvas.create_line(10, 10+10*i, xWidth - 10, 10+10*i)
14        canvas.create_line(10+10*i, 10, 10+10*i, yHeight - 10)
15
16    window.mainloop()
```

執行結果

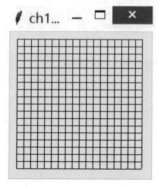

19-1-3　繪矩形 create_rectangle( )

它的使用方式如下：

create_rectangle(x1, y1, x2, y2,options)

(x1,y1) 和 (x2,y2) 是矩形左上角和右下角座標，下列是常用的 options 用法。

❑ dash：建立虛線，觀念與 create_line( ) 相同。

❑ dashoffset：與 dash 一樣產生虛線，但是一開始數字是空白的寬度。

❑ fill：矩形填充顏色。

❑ outline：設定矩形線條顏色。

❑ stipple：繪製位元圖樣 (Bitmap) 矩形，觀念可以參考 2-8 節，程式實例可以參考 ch19_5.py。

❑ tags：為矩形建立標籤，未來可以用 delete 創造動畫效果，可參考 19-3-5 節。

❑ width：矩形線條寬度。

程式實例 ch19_6.py：在畫布內隨機產生不同位置與大小的矩形。

```
1  # ch19_6.py
2  from tkinter import *
3  from random import *
4
5  tk = Tk()
6  canvas = Canvas(tk, width=640, height=480)
7  canvas.pack()
8  for i in range(50):                  # 隨機繪50個不同位置與大小的矩形
9      x1, y1 = randint(1, 640), randint(1, 480)
10     x2, y2 = randint(1, 640), randint(1, 480)
11     if x1 > x2: x1,x2 = x2,x1        # 確保左上角x座標小於右下角x座標
12     if y1 > y2: y1,y2 = y2,y1        # 確保左上角y座標小於右下角y座標
13     canvas.create_rectangle(x1, y1, x2, y2)
```

執行結果

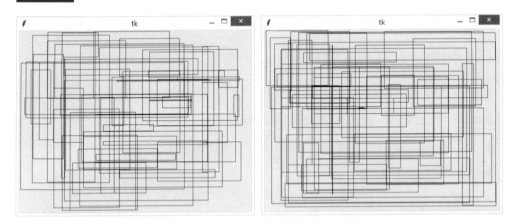

　　這個程式每次執行時皆會產生不同的結果，有一點藝術畫的效果。使用 create_rectangle( ) 時，在 options 參數欄位可以用 fill='color' 設定矩形填充顏色，用 outline='color' 設定矩形輪廓顏色。

程式實例 ch19_7.py：繪製 3 個矩形，第一個使用紅色填充輪廓色是預設，第二個使用黃色填充輪廓是藍色，第三個使用綠色填充輪廓是灰色。

```
1   # ch19_7.py
2   from tkinter import *
3   from random import *
4
5   tk = Tk()
6   canvas = Canvas(tk, width=640, height=480)
7   canvas.pack()
8   canvas.create_rectangle(10, 10, 120, 60, fill='red')
9   canvas.create_rectangle(130, 10, 200, 80, fill='yellow', outline='blue')
10  canvas.create_rectangle(210, 10, 300, 60, fill='green', outline='grey')
```

執行結果

　　由執行結果可以發現由於畫布底色是淺灰色，所以第三個矩形用灰色輪廓，幾乎看不到輪廓線，另外也可以用 width 設定矩形輪廓的寬度。

程式實例 ch19_7_1.py：寫一個程式，畫布寬高分別是 400*250，由外往內繪製，每次寬和高減 10，可以顯示 20 個矩形。

```
1  # ch19_7_1.py
2  from tkinter import *
3
4  window = Tk()
5  window.title("ch19_7_1")
6
7  xWidth = 400
8  yHeight = 250
9  canvas = Canvas(window, width=xWidth, height=yHeight)
10 canvas.pack()
11
12 for i in range(20):
13     canvas.create_rectangle(10 + i * 5, 10 + i * 5,
14         xWidth - 10 - i * 5, yHeight - 10 - i * 5)
15
16 window.mainloop()
```

執行結果

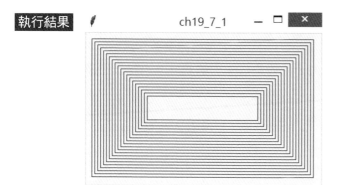

19-1-4　繪圓弧 create_arc( )

它的使用方式如下：

create_arc(x1, y1, x2, y2, extent=angle, style=ARC, options)

(x1,y1) 和 (x2,y2) 分別是包圍圓形矩形左上角和右下角座標，下列是常用的 options 用法。

❏ dash：建立虛線，觀念與 create_line( ) 相同。

❏ dashoffset：與 dash 一樣產生虛線，但是一開始數字是空白的寬度。

❏ extent：如果要繪圓形 extent 值是 359，如果寫 360 會視為 0 度。如果 extent 是 介於 1-359，則是繪製這個角度的圓弧。

❏ fill：填充圓弧顏色。

❏ outline：設定圓弧線條顏色。

❏ start：圓弧起點位置。

❏ stipple：繪製位元圖樣 (Bitmap) 圓弧。

❏ style：有 3 種格式，ARC、CHORD、PIESLICE，可參考 ch19_9.py。

❏ tags：為圓弧建立標籤，未來可以用 delete 創造動畫效果，可參考 19-3-5 節。

❏ width：圓弧線條寬度。

上述 style=ARC 表示繪製圓弧，如果是要使用 options 參數填滿圓弧則需捨去此參數。此外，options 參數可以使用 width 設定輪廓線條寬度 (可參考下列 ch19_8. py 第 12 行)，outline 設定輪廓線條顏色 (可參考下列 ch19_8.py 第 16 行)，fill 設定填充顏色 (可參考下列 ch19_8.py 第 10 行)。目前預設繪圓弧的起點是右邊，也可以用 start=0 代表，也可以由設定 start 的值更改圓弧的起點，方向是逆時針，可參考 ch19_8.py 第 14 行。

程式實例 ch19_8.py：繪製各種不同的圓和橢圓，以及圓弧和橢圓弧。

```
1   # ch19_8.py
2   from tkinter import *
3
4   tk = Tk()
5   canvas = Canvas(tk, width=640, height=480)
6   canvas.pack()
7   # 以下以圓形為基礎
8   canvas.create_arc(10, 10, 110, 110, extent=45, style=ARC)
9   canvas.create_arc(210, 10, 310, 110, extent=90, style=ARC)
10  canvas.create_arc(410, 10, 510, 110, extent=180, fill='yellow')
11  canvas.create_arc(10, 110, 110, 210, extent=270, style=ARC)
12  canvas.create_arc(210, 110, 310, 210, extent=359, style=ARC, width=5)
13  # 以下以橢圓形為基礎
14  canvas.create_arc(10, 250, 310, 350, extent=90, style=ARC, start=90)
15  canvas.create_arc(320, 250, 620, 350, extent=180, style=ARC)
16  canvas.create_arc(10, 360, 310, 460, extent=270, style=ARC, outline='blue')
17  canvas.create_arc(320, 360, 620, 460, extent=359, style=ARC)
```

執行結果

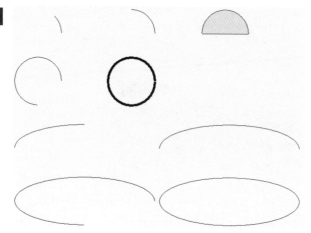

程式實例 ch19_9.py：style 參數是 ARC、CHORD、PIESLICE 參數的應用。

```
1   # ch19_9.py
2   from tkinter import *
3
4   tk = Tk()
5   canvas = Canvas(tk, width=640, height=480)
6   canvas.pack()
7   # 以下以圓形為基礎
8   canvas.create_arc(10, 10, 110, 110, extent=180, style=ARC)
9   canvas.create_arc(210, 10, 310, 110, extent=180, style=CHORD)
10  canvas.create_arc(410, 10, 510, 110, start=30, extent=120, style=PIESLICE)
```

執行結果

程式實例 ch19_9_1.py：寫一個程式，畫布寬高分別是 400*250，由外往內繪製橢圓，每次橢圓寬和高減 10，可以顯示 20 個橢圓形。

```
1   # ch19_9_1.py
2   from tkinter import *
3
4   window = Tk()
5   window.title("ch19_9_1")
6
7   xWidth = 400
8   yHeight = 250
9   canvas = Canvas(window, width=xWidth, height=yHeight)
10  canvas.pack()
11
```

```
12  for i in range(20):
13      canvas.create_oval(10+i*5, 10+i*5, xWidth-10-i*5, yHeight-10-i*5)
14
15  window.mainloop()
```

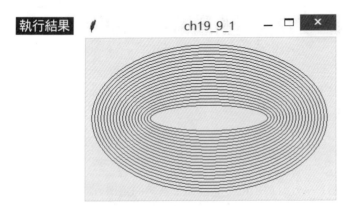

執行結果　　　　　　　　　　　ch19_9_1

19-1-5　繪製圓或橢圓 create_oval( )

它的使用方式如下：

create_oval(x1, y1, x2, y2, options)

(x1,y1) 和 (x2,y2) 分別是包圍圓形矩形左上角和右下角座標，下列是常用的 options 用法。

❑ dash：建立虛線，觀念與 create_line( ) 相同。

❑ dashoffset：與 dash 一樣產生虛線，但是一開始數字是空白的寬度。

❑ fill：設定圓或橢圓的填充顏色。

❑ outline：設定圓或橢圓邊界顏色

❑ stipple：繪製位元圖樣 (Bitmap) 邊界的圓或橢圓。

❑ tags：為圓建立標籤，未來可以用 delete 創造動畫效果，可參考 19-3-5 節。

❑ width：圓或橢圓線條寬度。

程式實例 ch19_10.py：圓和橢圓的繪製。

```
1   # ch19_10.py
2   from tkinter import *
3
4   tk = Tk()
5   canvas = Canvas(tk, width=640, height=480)
6   canvas.pack()
7   # 以下是圓形
8   canvas.create_oval(10, 10, 110, 110)
9   canvas.create_oval(150, 10, 300, 160, fill='yellow')
10  # 以下是橢圓形
11  canvas.create_oval(10, 200, 310, 350)
12  canvas.create_oval(350, 200, 550, 300, fill='aqua', outline='blue', width=5)
```

 執行結果

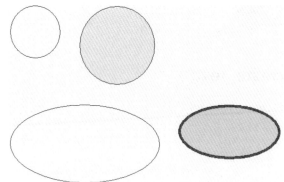

19-1-6 繪製多邊形 create_polygon( )

它的使用方式如下：

create_polygon(x1, y1, x2, y2, x3, y3, … xn, yn, options)

(x1,y1), … (xn,yn) 是多邊形各角的 x,y 座標，下列是常用的 options 用法。

❏ dash：建立虛線，觀念與 create_line( ) 相同。

❏ dashoffset：與 dash 一樣產生虛線，但是一開始數字是空白的寬度。

❏ fill：設定多邊形的填充顏色。

❏ outline：設定多邊形的邊界顏色

❏ stipple：繪製位元圖樣 (Bitmap) 邊界的多邊形。

❏ tags：為多邊形建立標籤，未來可以用 delete 創造動畫效果，可參考 19-3-5 節。

❏ width：多邊形線條寬度。

程式實例 ch19_11.py:繪製多邊形的應用。

```
1  # ch19_11.py
2  from tkinter import *
3
4  tk = Tk()
5  canvas = Canvas(tk, width=640, height=480)
6  canvas.pack()
7  canvas.create_polygon(10,10, 100,10, 50,80, fill='', outline='black')
8  canvas.create_polygon(120,10, 180,30, 250,100, 200,90, 130,80)
9  canvas.create_polygon(200,10, 350,30, 420,70, 360,90, fill='aqua')
10 canvas.create_polygon(400,10,600,10,450,80,width=5,outline='blue',fill='yellow')
```

執行結果

19-1-7　輸出文字 create_text( )

它的使用方式如下:

create_text(x,y,text= 字串 , options)

預設 (x,y) 是文字串輸出的中心座標,下列是常用的 options 用法。

❑ anchor:預設是 anchor=CENTER,也可以參考 2-4 節的位置觀念。

❑ fill:文字顏色。

❑ font:字型的使用,觀念可以參考 2-6 節。

❑ justify:當輸出多行時,預設是靠左 LEFT,更多觀念可以參考 2-7 節。

❑ stipple:繪製位元圖樣 (Bitmap) 線條的文字,預設是 "" 表示實線。

❑ text:輸出的文字。

❑ tags:為文字建立標籤,未來可以用 delete 創造動畫效果,可參考 19-3-5 節。

❑ width:多邊形線條寬度。

程式實例 ch19_12.py：輸出文字的應用。

```
1   # ch19_12.py
2   from tkinter import *
3
4   tk = Tk()
5   canvas = Canvas(tk, width=640, height=480)
6   canvas.pack()
7   canvas.create_text(200, 50, text='Ming-Chi Institute of Technology')
8   canvas.create_text(200, 80, text='Ming-Chi Institute of Technology', fill='blue')
9   canvas.create_text(300, 120, text='Ming-Chi Institute of Technology', fill='blue',
10                  font=('Old English Text MT',20))
11  canvas.create_text(300, 160, text='Ming-Chi Institute of Technology', fill='blue',
12                  font=('華康新綜藝體 Std W7',20))
13  canvas.create_text(300, 200, text='明志科技大學', fill='blue',
14                  font=('華康新綜藝體 Std W7',20))
```

執行結果

Ming-Chi Institute of Technology

Ming-Chi Institute of Technology

Ming-Chi Institute of Technology
Ming-Chi Institute of Technology
明志科技大學

19-1-8 更改畫布背景顏色

在使用 Canvas( ) 方法建立畫布時，可以加上 bg 參數建立畫布背景顏色。

程式實例 ch19_13.py：將畫布背景改成黃色。

```
1   # ch19_13.py
2   from tkinter import *
3
4   tk = Tk()
5   canvas = Canvas(tk, width=640, height=240, bg='yellow')
6   canvas.pack()
```

執行結果

19-1-9　插入影像 create_image( )

在 Canvas 控件內可以使用 create_image( ) 在 Canvas 物件內插入影像檔，它的語法如下：

create_image(x, y, options)

(x,y) 是影像左上角的位置，下列是常用的 options 用法。

☐ anchor：預設是 anchor=CENTER，也可以參考 2-4 節的位置觀念。

☐ image：與插入的影像。

☐ tags：為影像建立標籤，未來可用 delete 創造動畫效果，可參考 19-3-5 節　。

下列將以實例解說。

程式實例 ch19_14.py：插入影像檔案 rushmore.jpg，這個程式會建立視窗，其中在 x 軸建立大於影像寬度 30 像素，y 軸則是大於影像寬度 20 像素。

```
1  # ch19_14.py
2  from tkinter import *
3  from PIL import Image, ImageTk
4
5  tk = Tk()
6  img = Image.open("rushmore.jpg")
7  rushMore = ImageTk.PhotoImage(img)
8
9  canvas = Canvas(tk, width=img.size[0]+40,
10                  height=img.size[1]+30)
11 canvas.create_image(20,15,anchor=NW,image=rushMore)
12 canvas.pack(fill=BOTH,expand=True)
```

執行結果

19-2 滑鼠拖曳應用在繪製線條

Python 的 tkinter 模組在 Canvas 控件部分並沒有提供繪點的工具，不過我們可以使用滑鼠拖曳時綁定 paint 事件處理程式，在這個事件中我們可以取得滑鼠座標，然後使用 create_oval( ) 方法繪製極小化的圓，方法是圓的左上角座標與右下角左標相同，可以參考下列實例。

程式實例 ch19_15.py：設計一個簡單的繪圖程式，這個程式在執行時若是拖曳滑鼠可以繪製條。

```
1   # ch19_15.py
2   from tkinter import *
3   def paint(event):                               # 拖曳可以繪圖
4       x1,y1 = (event.x, event.y)                  # 設定左上角座標
5       x2,y2 = (event.x, event.y)                  # 設定右下角座標
6       canvas.create_oval(x1,y1,x2,y2,fill="blue")
7   def cls():                                       # 清除畫面
8       canvas.delete("all")
9
10  tk = Tk()
11  lab = Label(tk,text="拖曳滑鼠可以繪圖")          # 建立標題
12  lab.pack()
13  canvas = Canvas(tk,width=640, height=300)       # 建立畫布
14  canvas.pack()
15
16  btn = Button(tk,text="清除",command=cls)        # 建立清除按鈕
17  btn.pack(pady=5)
18
19  canvas.bind("<B1-Motion>",paint)                # 滑鼠拖曳綁定paint
20
21  canvas.mainloop()
```

執行結果

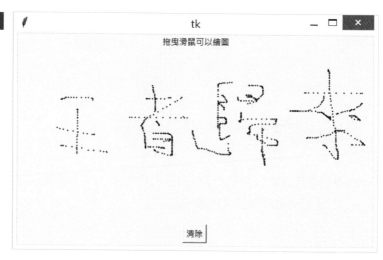

上述程式第 8 行使用了 delete( ) 方法，這個方法內部加上 "all"，可以刪除所有繪製的圖，對此程式而言相當於清除畫布。如果想要讓所繪製的線條變粗，可以適度將左上角座標的 x,y 軸減 1，右下角座標的 x,y 軸加 1。

19-3 動畫設計

19-3-1 基本動畫

動畫設計所使用的方法是 move( )，使用格式如下：

canvas.move(ID, xMove, yMove)　　　　# ID 是物件編號
canvas.update( )　　　　　　　　　　# 強制重繪畫布

xMove,yMove 是 x,y 軸移動距離，單位是像素。

程式實例 ch19_16.py：移動球的設計，每次移動 5 像素。

```
1   # ch19_16.py
2   from tkinter import *
3   import time
4
5   tk = Tk()
6   canvas= Canvas(tk, width=500, height=150)
7   canvas.pack()
8   canvas.create_oval(10,50,60,100,fill='yellow', outline='lightgray')
9   for x in range(0, 80):
10      canvas.move(1, 5, 0)        # ID=1 x軸移動5像素，y軸不變
11      tk.update()                 # 強制tkinter重繪
12      time.sleep(0.05)
```

 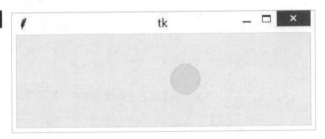

上述執行時筆者使用迴圈，第 12 行相當於定義每隔 0.05 秒移動一次。其實我們只要設定 move( ) 方法的參數就可以往任意方向移動。

程式實例 ch19_17.py：擴大畫布高度為 300，每次移動 x 軸移動 5, y 軸移動 3。

```
10          canvas.move(1, 5, 2)          # ID=1 x軸移動5像素, y軸移動2像素
```

執行結果 讀者可以自行體會球往右下方移動。

　　上述我們使用 time.sleep(s) 建立時間的延遲，s 是秒。其實我們也可以使用 canvas.after(s) 建立時間延遲，s 是千分之一秒，這時可以省略 import time，可以參考 ch19_17_1.py。

程式實例 ch19_17_1.py：重新設計 ch19_17.py。

```
1  # ch19_17_1.py
2  from tkinter import *
3
4  tk = Tk()
5  canvas= Canvas(tk, width=500, height=300)
6  canvas.pack()
7  canvas.create_oval(10,50,60,100,fill='yellow', outline='lightgray')
8  for x in range(0, 80):
9      canvas.move(1, 5, 2)        # ID=1 x軸移動5像素, y軸移動2像素
10     tk.update()                 # 強制tkinter重繪
11     canvas.after(50)
```

執行結果 與 ch19_17.py 相同。

19-3-2　多個球移動的設計

　　在建立球物件時，可以設定 id 值，未來可以利用這個 id 值放入 move( ) 方法內，告知是移動這個球。

程式實例 ch19_18.py：一次移動 2 個球，第 8 行設定黃色球是 id1，第 9 行設定水藍色球是 id2，。

```
1  # ch19_18.py
2  from tkinter import *
3  import time
4
5  tk = Tk()
6  canvas= Canvas(tk, width=500, height=250)
7  canvas.pack()
8  id1 = canvas.create_oval(10,50,60,100,fill='yellow')
9  id2 = canvas.create_oval(10,150,60,200,fill='aqua')
10 for x in range(0, 80):
11     canvas.move(id1, 5, 0)      # id1 x軸移動5像素, y軸移動0像素
12     canvas.move(id2, 5, 0)      # id2 x軸移動5像素, y軸移動0像素
13     tk.update()                 # 強制tkinter重繪
14     time.sleep(0.05)
```

執行結果

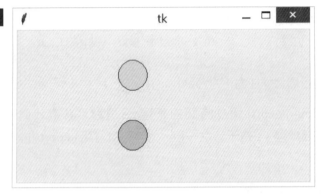

19-3-3　將隨機數應用在多個球體的移動

在拉斯維加或是澳門賭場，常可以看到機器賽馬的賭具，其實我們若是將球改成賽馬意義是相同的。

❑　觀念 1：賭場可以作弊方式

假設筆者想讓黃色球跑的速度快一些，他贏的機率是 70%，可以利用 randint( ) 產生 1-100 的隨機數，讓隨機數 1-70 間移動黃球，71-100 間移動水藍色球，這樣筆者就動手腳了。

❑　觀念 2：賭場作弊現形

當我們玩賽馬賭具時必須下注，如果賭場要作弊最佳方式是，讓下注最少的馬匹有較高機率的移動機會，這樣錢潮就滾滾而來了，很久以來筆者已經不碰這類的遊戲了。

❑　觀念 3：不作弊

我們可以設計隨機數 1-50 間移動黃球，51-100 間移動水藍色球。

程式實例 ch19_19.py：讓迴圈跑 100 次看那一個球跑得快，讓黃色球有 70% 贏的機會。

```
11  for x in range(0, 100):
12      if randint(1,100) > 70:
13          canvas.move(id2, 5, 0)   # id2 x軸移動5像素, y軸移動0像素
14      else:
15          canvas.move(id1, 5, 0)   # id1 x軸移動5像素, y軸移動0像素
16      tk.update()                  # 強制tkinter重繪
17      time.sleep(0.05)
```

執行結果
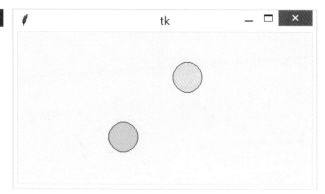

19-3-4　訊息綁定

主要觀念是可以利用系統接收到鍵盤的訊息，做出反應。例如：當發生按下右移鍵時，可以控制球往右邊移動，例如：我們可以這樣設計函數。

```
def ballMove(event):
    canvas.move(1, 5, 0)                            # 假設移動 5 像素
```

在程式設計函數中對於按下右移鍵移動球可以這樣設計。

```
def ballMove(event):
    if event.keysym == 'Right':
        canvas.move(1, 5, 0)
```

對於主程式而言需使用canvas.bind_all( )函數，執行**訊息綁定**工作，它的寫法如下：

```
canvas.bind_all('<KeyPress-Left>', ballMove)       # 左移鍵
canvas.bind_all('<KeyPress-Right>', ballMove)      # 右移鍵
canvas.bind_all('<KeyPress-Up>', ballMove)         # 上移鍵
canvas.bind_all('<KeyPress-Down>', ballMove)       # 下移鍵
```

上述函數主要是告知程式所接收到鍵盤的訊息是什麼，然後呼叫 ballMove( ) 函數執行鍵盤訊息的工作。

程式實例 ch19_20.py：程式開始執行時，在畫布中央有一個紅球，可以按鍵盤的向右、向左、向上、向下鍵，往右、往左、往上、往下移動球，每次移動 5 個像素。

```
1  # ch19_20.py
2  from tkinter import *
3  import time
4  def ballMove(event):
5      if event.keysym == 'Left':   # 左移
6          canvas.move(1, -5, 0)
7      if event.keysym == 'Right':  # 右移
8          canvas.move(1, 5, 0)
9      if event.keysym == 'Up':     # 上移
10         canvas.move(1, 0, -5)
11     if event.keysym == 'Down':   # 下移
12         canvas.move(1, 0, 5)
13 tk = Tk()
14 canvas= Canvas(tk, width=500, height=300)
15 canvas.pack()
16 canvas.create_oval(225,125,275,175,fill='red')
17 canvas.bind_all('<KeyPress-Left>', ballMove)
18 canvas.bind_all('<KeyPress-Right>', ballMove)
19 canvas.bind_all('<KeyPress-Up>', ballMove)
20 canvas.bind_all('<KeyPress-Down>', ballMove)
21 mainloop()
```

 執行結果

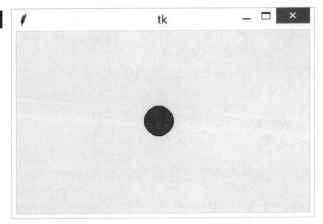

19-3-5　再談動畫設計

在 19-1 節筆者介紹了 tkinter 的繪圖功能，在該節的繪圖方法的參數中筆者有說明可以使用 tags 參數將所繪製的物件標上名稱，有了這個 tags 名稱，未來可以用 canvas. delete("tags 名稱 ") 刪除此物件，然後我們可以在新位置再繪製一次此物件，即可以達到物件移動的目的。

註　如果要刪除畫布內所有物件可以使用 canvas.delete("all")。

前一小節筆者介紹了鍵盤的訊息綁定，其實我們也可以使用下面方式執行滑鼠的訊息綁定。

```
canvas.bind('<Button-1>', callback)        # 按一下滑鼠左鍵執行 callback 方法
canvas.bind('<Button-2>', callback)        # 按一下滑鼠中鍵執行 callback 方法
canvas.bind('<Button-3>', callback)        # 按一下滑鼠右鍵執行 callback 方法
canvas.bind('<Motion>', callback)              # 滑鼠移動執行 callback 方法
```

上述按一下時，滑鼠相對元件的位置會被存入事件的 x 和 y 變數。

程式實例 ch19_20_1.py：滑鼠事件的基本應用，這個程式在執行時會建立 300x180 的視窗，當有按一下滑鼠左邊鍵時，在 Python Shell 視窗會列出**按一下**事件時的滑鼠座標。

```
1   # ch19_20_1.py
2   from tkinter import *
3   def callback(event):                     # 事件處理程式
4       print("Clicked at", event.x, event.y)    # 列印座標
5
6   root = Tk()
7   root.title("ch19_20_1")
8   canvas = Canvas(root,width=300,height=180)
9   canvas.bind("<Button-1>",callback)              # 按一下綁定callback
10  canvas.pack()
11
12  root.mainloop()
```

執行結果

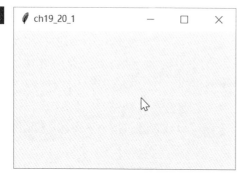

下列是 Python Shell 示範輸出畫面。

```
==================== RESTART: D:/Python/ch19/ch19_20_1.py ====================
Clicked at 159 88
Clicked at 85 60
Clicked at 144 27
```

在程式第 3 行綁定的事件處理程式中必需留意，callback(event) 需有參數 event，event 名稱可以自取，這是因為事件會傳遞事件物件給此事件處理程式。

程式實例 ch19_20_2.py：移動滑鼠時可以在視窗右下方看到滑鼠目前的座標。

```
1   # ch19_20_2.py
2   from tkinter import *
3   def mouseMotion(event):               # Mouse移動
4       x = event.x
5       y = event.y
6       textvar = "Mouse location - x:{}, y:{}".format(x,y)
7       var.set(textvar)
8
9   root = Tk()
10  root.title("ch19_20_2")               # 視窗標題
11  root.geometry("300x180")              # 視窗寬300高180
12
13  x, y = 0, 0                           # x,y座標
14  var = StringVar()
15  text = "Mouse location - x:{}, y:{}".format(x,y)
16  var.set(text)
17
18  lab = Label(root,textvariable=var)    # 建立標籤
19  lab.pack(anchor=S,side=RIGHT,padx=10,pady=10)
20
21  root.bind("<Motion>",mouseMotion)     # 增加事件處理程式
22
23  root.mainloop()
```

執行結果

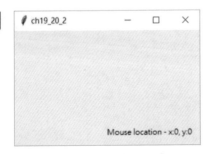 

程式實例 ch19_20_3.py：按一下滑鼠左鍵可以放大圓，按一下滑鼠右鍵可以縮小圓。

```
1   # ch19_20_3.py
2   from tkinter import *
3
4   def circleIncrease(event):
5       global r
6       canvas.delete("myCircle")
7       if r < 200:
8           r += 5
9       canvas.create_oval(200-r,200-r,200+r,200+r,fill='yellow',tag="myCircle")
10
11  def circleDecrease(event):
12      global r
```

```
13        canvas.delete("myCircle")
14        if r > 5:
15            r -= 5
16        canvas.create_oval(200-r,200-r,200+r,200+r,fill='yellow',tag="myCircle")
17
18    tk = Tk()
19    canvas= Canvas(tk, width=400, height=400)
20    canvas.pack()
21
22    r = 100
23    canvas.create_oval(200-r,200-r,200+r,200+r,fill='yellow',tag="myCircle")
24    canvas.bind('<Button-1>', circleIncrease)
25    canvas.bind('<Button-3>', circleDecrease)
26
27    mainloop()
```

執行結果

19-3-6　有趣的動畫實例

程式實例 ch19_20_4.py：寫一個程式可以顯示走馬燈訊息。

```
1    # ch19_20_4.py
2    from tkinter import *
3
4    window = Tk()
5    window.title("ch19_20_4")
6
7    xWidth = 300
8    yHeight = 100
9    canvas = Canvas(window, width=xWidth, height=yHeight)
10   canvas.pack()
11
12   x = 0
13   yMsg = 45
14   canvas.create_text(x, yMsg, text="王者歸來", tags="msg")
```

```
15
16   dx = 5
17   while True:
18       canvas.move("msg", dx, 0)
19       canvas.after(100)
20       canvas.update()
21       if x < xWidth:
22           x += dx
23       else:
24           x = 0
25           canvas.delete("msg")
26           canvas.create_text(x, yMsg, text = "王者歸來", tags = "m
27
28   window.mainloop()
```

執行結果

```
ch19_20_4    —  □   ×

              王者歸來
```

程式實例 ch19_20_5.py：模擬簡單的海龜 (turtle) 繪圖，設計一個程式，當按 up、
down、right、left 鍵盤時，可以繪製線條。

```
1   # ch19_20_5.py
2   from tkinter import *
3
4   def up(event):
5       global y
6       canvas.create_line(x, y, x, y - 5)
7       y -= 5
8   def down(event):
9       global y
10      canvas.create_line(x, y, x, y + 5)
11      y += 5
12  def left(event):
13      global x
14      canvas.create_line(x, y, x - 5, y)
15      x -= 5
16  def right(event):
17      global x
18      canvas.create_line(x, y, x + 5, y)
19      x += 5
20
21  xWidth = 200
22  yHeight = 200
23
24  window = Tk()
25  window.title("ch19_20_5")
```

```
26
27  canvas = Canvas(window, width=xWidth, height=yHeight)
28  canvas.pack()
29
30  x = xWidth / 2
31  y = yHeight / 2
32
33  canvas.bind("<Up>", up)
34  canvas.bind("<Down>", down)
35  canvas.bind("<Left>", left)
36  canvas.bind("<Right>", right)
37  canvas.focus_set()
38
39  window.mainloop()
```

執行結果

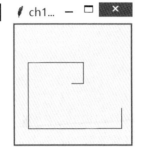

程式實例 ch19_20_6.py：繪製含有 3 片葉子的風扇，視窗的寬度與高度是 300*300，風扇的半徑是 120，其它風扇顏色與轉動細節則可以自行發揮。

```
1   # ch19_20_6.py
2   from tkinter import *
3   def displayFan(startingAngle):
4       canvas.delete("fan")
5       canvas.create_arc(xWidth / 2 - r, yHeight / 2 - r, xWidth / 2 + r, yHeight / 2 + r,
6               start = startAngle + 0, extent = 60, fill = "green", tags = "fan")
7       canvas.create_arc(xWidth / 2 - r, yHeight / 2 - r, xWidth / 2 + r, yHeight / 2 + r,
8               start = startAngle + 120, extent = 60, fill = "green", tags = "fan")
9       canvas.create_arc(xWidth / 2 - r, yHeight / 2 - r, xWidth / 2 + r, yHeight / 2 + r,
10              start = startAngle + 240, extent = 60, fill = "green", tags = "fan")
11
12  xWidth = 300
13  yHeight = 300
14  r = 120
15
16  window = Tk()
17  window.title("ch19_20_6")
18
19  canvas = Canvas(window,width=xWidth, height=yHeight)
20  canvas.pack()
21
22  startAngle = 0
23  while True:
```

```
24        startAngle += 5
25        displayFan(startAngle)
26        canvas.after(50)
27        canvas.update()
28
29   window.mainloop()
```

執行結果

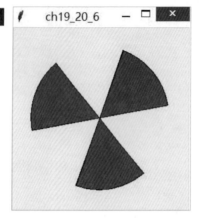
ch19_20_6

程式實例 ch19_20_7.py：球類競賽，重新設計程式實例 ch19_19.py，輸出字串讓玩家由螢幕輸入猜哪一個球跑得快，每次移動時皆讓電腦有 60% 移動的機率。

```
1    # ch19_20_7.py
2    from tkinter import *
3    from random import *
4    def display():
5        if Flag:
6            if ball.get() == "1":
7                raceResult.set("恭喜你贏了，Ball 1勝利")
8            else:
9                raceResult.set("抱歉你輸了，Ball 1勝利")
10       else:
11           if ball.get() == "1":
12               raceResult.set("抱歉你輸了，Ball 2勝利")
13           else:
14               raceResult.set("恭喜你贏了，Ball 2勝利")
15       startBtn.set("重置")
16
17   def running():
18       global Flag
19       if startBtn.get() == "重置":
20           startBtn.set("開始")
21           raceResult.set("")
22           canvas.delete('all')
23           canvas.create_text(10,50,text="1")
24           id1 = canvas.create_oval(20,50,70,100,fill='yellow'
25           canvas.create_text(10,150,text="2")
26           id2 = canvas.create_oval(20,150,70,200,fill='aqua')
27           return
```

```
27              return
28      canvas.delete('all')
29      canvas.create_text(10,50,text="1")
30      id1 = canvas.create_oval(20,50,70,100,fill='yellow')
31      canvas.create_text(10,150,text="2")
32      id2 = canvas.create_oval(20,150,70,200,fill='aqua')
33      id1Loc, id2Loc = 0, 0
34      for x in range(0, 100):
35          if ball.get() == '1':
36              weight = 40
37              raceResult.set("")
38          elif ball.get() == '2':
39              weight = 60
40              raceResult.set("")
41          else:
42              raceResult.set("輸入錯誤!")
43              return
44          if randint(1,100) > weight:
45              canvas.move(id2, 5, 0)   # id2 x軸移動5像素，y軸移動0像素
46              id2Loc += 1
47          else:
48              canvas.move(id1, 5, 0)   # id1 x軸移動5像素，y軸移動0像素
49              id1Loc += 1
50          tk.update()                  # 強制tkinter重繪
51          canvas.after(50)
52      if id1Loc > id2Loc:
53          Flag = True
54      else:
55          Flag = False
56      display()
57
58  tk = Tk()
59  canvas= Canvas(tk, width=500, height=250)
60  canvas.pack()
61  canvas.create_text(10,50,text="1")
62  canvas.create_oval(20,50,70,100,fill='yellow')
63  canvas.create_text(10,150,text="2")
64  canvas.create_oval(20,150,70,200,fill='aqua')
65
66  Flag = True                          # 判斷那一球勝利
67
68  frame = Frame(tk)                    # 建立框架
69  frame.pack(padx=5, pady=5)
70  # 在框架Frame內建立標籤Label，輸入獲勝的球，按鈕Button
71  Label(frame, text="那一個球獲勝 : ").pack(side=LEFT)
72  ball = StringVar()
73  ball.set("1or2")
74  entry = Entry(frame, textvariable=ball).pack(side=LEFT,padx=3)
75  startBtn = StringVar()
76  startBtn.set("開始")
77  Button(frame, textvariable=startBtn,command=running).pack(side=LEFT)
78  raceResult = StringVar()
79
80  Label(frame,width=16,textvariable=raceResult).pack(side=LEFT,padx=3)
81
82  tk.mainloop()
```

執行結果

下列是選擇 1 號球勝利，結果是 2 號球勝利的畫面。

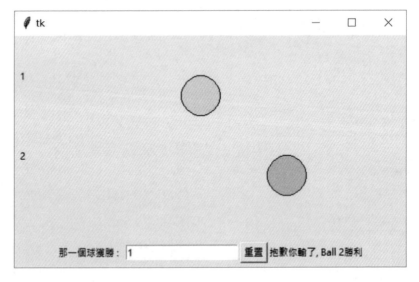

下列是輸入錯誤的畫面。

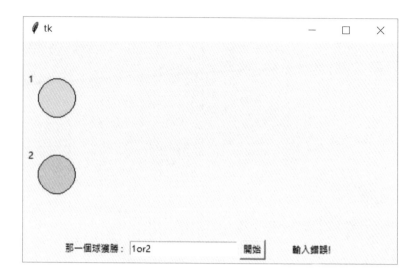

程式實例 ch19_20_8.py：設計移動的鐘擺，這個鐘擺是在鐘擺中心，順時針 120 度與 60 度之間來回擺動。

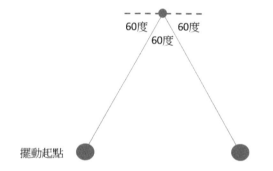

```
1   # ch19_20_8.py
2   from tkinter import *
3   import math
4
5   def show_pendulum():
6       global angle
7       global step
8       x1 = wd / 2;                # 鐘擺中心x座標
9       y1 = ht / 10;               # 鐘擺中心y座標
10      if angle < right_Angle:
11          step = 1                # 向左擺盪
12      elif angle > left_Angle:
13          step = -1               # 向右擺盪
14      angle += step
15      x = x1 + pendulum_radius * math.cos(math.radians(angle))
16      y = y1 + pendulum_radius * math.sin(math.radians(angle))
17      canvas.create_line(x1, y1, x, y, fill="goldenrod", tags = "pendulum")   # 鐘擺軸長條
18      canvas.create_oval(x1 - r, y1 - r, x1 + r, y1 + r, fill = "gold",       # 鐘擺軸心
```

```
19                         outline = "gold", tags = "pendulum")
20       canvas.create_oval(x - radius, y - radius, x + radius, y + radius,      # 鐘擺球體
21                         fill = "gold", outline = "gold", tags = "pendulum")
22
23   wd = 300                            # 視窗寬
24   ht = 300                            # 視窗高
25   r = 2                               # 鐘擺軸心半徑
26   radius = 15                         # 鐘擺球體半徑
27   pendulum_radius = ht * 0.75
28
29   left_Angle = 120                    # 擺盪最左邊角度
30   right_Angle = 60                    # 擺盪最右邊角度
31   step = 1                            # 每次移動角度
32
33   window = Tk()
34   window.title("ch19_20_8")
35
36   canvas = Canvas(window, bg="blue", width=wd, height=ht)
37   canvas.pack()
38
39   angle = left_Angle
40   delay = 50                          # 0.5秒
41
42   while True:
43       canvas.delete("pendulum")
44       show_pendulum()
45       canvas.after(delay)
46       canvas.update()                 # 更新畫布
47
48   window.mainloop()
```

執行結果

程式實例 ch19_20_9.py：設計移動的鐘擺，這個程式的鐘擺中心在畫布中間，鐘擺會順時針繞圈圈。

```
1  # ch19_20_9.py
2  from tkinter import *
3  import math
4
5  def show_pendulum():
6      global angle
7      x1 = wd / 2;                            # 鐘擺中心x座標
8      y1 = ht / 2;                            # 鐘擺中心y座標
9      angle += delta
10     x = x1 + pendulum_radius * math.cos(math.radians(angle))
11     y = y1 + pendulum_radius * math.sin(math.radians(angle))
12     canvas.create_line(x1, y1, x, y, fill="goldenrod", tags = "pendulum")   # 鐘擺軸長條
13     canvas.create_oval(x1 - r, y1 - r, x1 + r, y1 + r, fill = "gold",       # 鐘擺軸心
14                     outline = "gold", tags = "pendulum")
15     canvas.create_oval(x - radius, y - radius, x + radius, y + radius,      # 鐘擺球體
16                     fill = "gold", outline = "gold", tags = "pendulum")
17
18 wd = 300                                    # 視窗寬
19 ht = 300                                    # 視窗高
20 r = 2                                       # 鐘擺軸心半徑
21 radius = 10                                 # 鐘擺球體半徑
22 pendulum_radius = ht * 0.45
23 left_Angle = 120                            # 擺盪最左邊角度
24 right_Angle = 60                            # 擺盪最右邊角度
25 delta = 3                                   # 每次移動角度
26
27 window = Tk()
28 window.title("ch19_20_9")
29
30 canvas = Canvas(window, bg="blue", width=wd, height=ht)
31 canvas.pack()
32
33 angle = left_Angle                          # 鐘擺從左邊開始
34 delay = 30                                  # 0.5秒
35
36 while True:
37     canvas.delete("pendulum")
38     show_pendulum()
39     canvas.after(delay)
40     canvas.update()                         # 更新畫布
41
42 window.mainloop()
```

執行結果

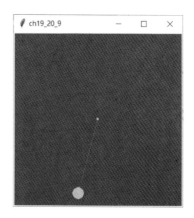

程式實例 ch19_20_10.py：這個程式在執行時會顯示 2 個圓，使用者可以拖曳這 2 個圓，然後程式會顯示這 2 個圓是否相交或重疊。

```
1   # ch19_20_10.py
2   from tkinter import *
3   import math
4
5   class Circle:
6       def __init__(self, x, y, r):
7           ''' x,y坐標軸, r半徑 '''
8           self.x = x
9           self.y = y
10          self.r = r
11      def setX(self, x):
12          self.x = x
13      def setY(self, y):
14          self.y = y
15      def is_insides(self, x, y):
16          d = distance(x, y, self.x, self.y)
17          return d <= self.r
18      def is_overlap(self, circle):
19          d = distance(self.x, self.y, circle.x, circle.y)
20          return  d <= self.r + circle.r
21
22  def distance(x1, y1, x2, y2):
23      return math.sqrt((x1 - x2) * (x1 - x2) + (y1 - y2) * (y1 - y2))
24  def show_Circle(c, obj):
25      canvas.delete(obj)
26      canvas.create_oval(c.x-c.r,c.y-c.r,c.x+c.r,c.y+c.r,tags=obj,fill='yellow')
27      canvas.create_text(c.x, c.y, text=obj, tags=obj)
28  def draged(event):
29      '''拖曳移動圓'''
30      if c1.is_insides(event.x, event.y):
31          c1.setX(event.x)
32          c1.setY(event.y)
33          show_Circle(c1, "c1")
34          if c1.is_overlap(c2):
35              label["text"] = "兩圓相交或重疊"
36          else:
37              label["text"] = "兩圓沒有相交或重疊"
38      elif c2.is_insides(event.x, event.y):
39          c2.setX(event.x)
40          c2.setY(event.y)
```

```
41          show_Circle(c2, "c2")
42          if c1.is_overlap(c2):
43              label["text"] = "兩圓相交或重疊"
44          else:
45              label["text"] = "兩圓沒有相交或重疊"
46
47  window = Tk()
48  window.title("ch19_20_10")
49
50  wd = 400
51  ht = 300
52  label = Label(window, text = "兩圓相交或重疊" )
53  label.pack()
54  canvas = Canvas(window, width=wd, height=ht)
55  canvas.pack()
56
57  canvas.bind("<B1-Motion>", draged)
58  c1 = Circle(wd/2, ht/3, 30)
59  c2 = Circle(wd/2, ht*2/3, 50)
60  show_Circle(c1, "c1")
61  show_Circle(c2, "c2")
62
63  window.mainloop()
```

執行結果

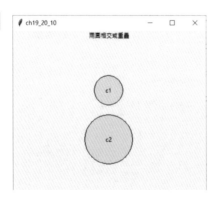 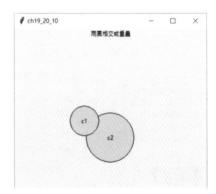

程式實例 ch19_20_11.py：設計一個程式，當按一下滑鼠左邊鍵再移動滑鼠時，可以顯示字串，指出滑鼠游標在圓內或是滑鼠游標在圓外。本程式畫布寬是 300，高是 240，圓中心在視窗中央，圓半徑是 100。

```python
1   # ch19_20_11.py
2   from tkinter import *
3
4   def inside_circle(xCenter, yCenter, radius, x, y):
5       distance = ((xCenter-x) * (xCenter-x) + (yCenter-y) * (yCenter-y)) ** 0.5;
6       if distance <= radius:
7           return True
8       else:
9           return False
10  def is_inside(event):
11      canvas.delete("text")
12      if inside_circle(wd/2, ht/2, r, event.x, event.y):
13          canvas.create_text(event.x, event.y - 5,
14                             text="滑鼠游標在圓內", tags="text")
15      else:
16          canvas.create_text(event.x, event.y - 5,
17                             text="滑鼠游標在圓外", tags="text")
18
19  wd = 300              # 視窗寬度
20  ht = 240              # 視窗高度
21  r = 100               # 圓半徑
22
23  window = Tk()
24  window.title("ch19_20_11")
25
26  canvas = Canvas(window, bg="yellow", width=wd, height=ht)
27  canvas.pack()
28  canvas.create_oval(wd/2 - r, ht/2 - r, wd/2 + r, ht/2 + r, tags = "circle")
29  canvas.bind("<B1-Motion>", is_inside)
30
31  window.mainloop()
```

執行結果

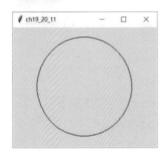  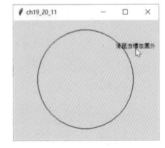

19-4 反彈球遊戲設計

這一節筆者將一步一步引導讀者設計一個反彈球的遊戲。

19-4-1　設計球往下移動

程式實例 ch19_21.py：定義畫布視窗名稱為 Bouncing Ball，同時定義畫布寬度 (14 行)
與高度 (15 行) 分別為 640,480。這個球將往下移動然後消失，移到超出畫布範圍就消
失了。

```python
1   # ch19_21.py
2   from tkinter import *
3   from random import *
4   import time
5
6   class Ball:
7       def __init__(self, canvas, color, winW, winH):
8           self.canvas = canvas
9           self.id = canvas.create_oval(0, 0, 20, 20, fill=color)   # 建立球物件
10          self.canvas.move(self.id, winW/2, winH/2)    # 設定球最初位置
11      def ballMove(self):
12          self.canvas.move(self.id, 0, step)       # step是正值表示往下移動
13
14  winW = 640                                      # 定義畫布寬度
15  winH = 480                                      # 定義畫布高度
16  step = 3                                        # 定義速度可想成位移步伐
17  speed = 0.03                                    # 設定移動速度
18
19  tk = Tk()
20  tk.title("Bouncing Ball")                       # 遊戲視窗標題
21  tk.wm_attributes('-topmost', 1)                 # 確保遊戲視窗在螢幕最上層
22  canvas = Canvas(tk, width=winW, height=winH)
23  canvas.pack()
24  tk.update()
25
26  ball = Ball(canvas, 'yellow', winW, winH)       # 定義球物件
27
28  while True:
29      ball.ballMove()
30      tk.update()
31      time.sleep(speed)                           # 可以控制移動速度
```

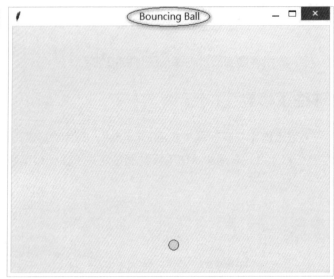

這個程式由於是一個無限迴圈 (28-31 行) 所以我們強制關閉畫布視窗時，將在 Python Shell 視窗看到錯誤訊息，這無所謂，本章最後實例筆者會改良程式此情況。整個程式可以用球每次移動的步伐 (16 行) 和迴圈第 31 行 time.sleep(speed) 指令的 speed 值，控制球的移動速度。

上述程式筆者建立了 Ball 類別，這個類別在初始化 __init__( ) 方法中，我們在第 9 行建立了球物件，第 10 行先設定球是大約在中間位置。另外我們建立了 ballMove( ) 方法，這個方法會依 step 變數移動，在此例每次往下移動。

19-4-2　設計讓球上下反彈

如果想讓所設計的球上下反彈，首先須了解 Tkinter 模組如何定義物件的位置，其實以這個實例而言，可以使用 coords( ) 方法獲得物件位置，它的傳回值是物件的左上角和右下角座標。

程式實例 ch19_22.py：主要是建立一個球，然後用 coords( ) 方法列出球位置的訊息。

```
1   # ch19_22.py
2   from tkinter import *
3
4   tk = Tk()
5   canvas= Canvas(tk, width=500, height=150)
6   canvas.pack()
7   id = canvas.create_oval(10,50,60,100,fill='yellow', outline='lightgray')
8   ballPos = canvas.coords(id)
9   print(ballPos)
```

執行結果
```
================= RESTART: D:/PythonGUI/ch19/ch19_22.py =================
[10.0, 50.0, 60.0, 100.0]
>>>
```

若以上述執行結果，可以用下列圖示做解說。

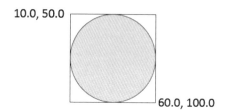

10.0, 50.0

60.0, 100.0

相當於可以用 coords( ) 方法獲得下列結果。

ballPos[0]：球的左邊 x 軸座標，未來可用於判別是否撞到畫布左方。

ballPos[1]：球的上邊 y 軸座標，未來可用於判別是否撞到畫布上方。

ballPos[2]：球的右邊 x 軸座標，未來可用於判別是否撞到畫布右方。

ballPos[3]：球的左邊 y 軸座標，未來可用於判別是否撞到畫布下方。

程式實例 ch19_23.py：改良 ch19_21.py，設計讓球可以上下方移動，其實這個程式只是更改 Ball 類別內容。

```
6   class Ball:
7       def __init__(self, canvas, color, winW, winH):
8           self.canvas = canvas
9           self.id = canvas.create_oval(0, 0, 20, 20, fill=color)  # 建立球物件
10          self.canvas.move(self.id, winW/2, winH/2)    # 設定球最初位置
11          self.x = 0                                    # 水平不移動
12          self.y = step                                 # 垂直移動單位
13      def ballMove(self):
14          self.canvas.move(self.id, self.x, self.y)   # step是正值表示往下移動
15          ballPos = self.canvas.coords(self.id)
16          if ballPos[1] <= 0:                         # 偵測球是否超過畫布上方
17              self.y = step
18          if ballPos[3] >= winH:                      # 偵測球是否超過畫布下方
19              self.y = -step
```

執行結果 讀者可以觀察螢幕，球上下移動的結果。

程式第 11 行定義球 x 軸不移動，第 12 行定義 y 軸移動單位是 step。第 15 行獲得球的位置資訊，第 16-17 行偵測如果球撞到畫布上方未來球移動是往下移動 step 單位，第 18-19 行偵測如果球撞到畫布下方未來球移動是往上移動 step 單位 (因為是負值)。

19-4-3　設計讓球在畫布四面反彈

在反彈球遊戲中，我們必須讓球在四面皆可反彈，這時需考慮到球在 x 軸移動，這時原先 Ball 類別的 __init__( ) 函數需修改下列 2 行。

```
11              self.x = 0                              # 水平不移動
12              self.y = step                           # 垂直移動單位
```

下列是更改結果。

```
11              startPos = [-4, -3, -2, -1, 1, 2, 3, 4]     # 球最初x軸位移的隨機數
12              shuffle(startPos)                          # 打亂排列
13              self.x = startPos[0]                        # 球最初水平移動單位
14              self.y = step                              # 垂直移動單位
```

上述修改的觀念是球局開始時，每個迴圈 x 軸的移動單位是隨機數產生。至於在 ballMove( ) 方法中，我們需考慮到水平軸的移動可能碰撞畫布左邊與右邊的狀況，觀念是如果球撞到畫布左邊，設定球未來 x 軸移動是正值，也就是往右移動。

```
18              if ballPos[0] <= 0:                        # 偵測球是否超過畫布左方
19                  self.x = step
```

如果球撞到畫布右邊，設定球未來 x 軸移動是負值，也就是往左移動。

```
22              if ballPos[2] >= winW:                     # 偵測球是否超過畫布右方
23                  self.x = -step
```

程式實例 ch19_24.py：改良 ch19_23.py 程式，現在球可以在四周移動。

```
 6  class Ball:
 7      def __init__(self, canvas, color, winW, winH):
 8          self.canvas = canvas
 9          self.id = canvas.create_oval(0, 0, 20, 20, fill=color)  # 建立球物件
10          self.canvas.move(self.id, winW/2, winH/2)          # 設定球最初位置
11          startPos = [-4, -3, -2, -1, 1, 2, 3, 4]            # 球最初x軸位移的隨機數
12          shuffle(startPos)                                  # 打亂排列
13          self.x = startPos[0]                               # 球最初水平移動單位
14          self.y = step                                      # 垂直移動單位
15      def ballMove(self):
16          self.canvas.move(self.id, self.x, self.y)         # step是正值表示往下移動
17          ballPos = self.canvas.coords(self.id)
18          if ballPos[0] <= 0:                               # 偵測球是否超過畫布左方
19              self.x = step
20          if ballPos[1] <= 0:                               # 偵測球是否超過畫布上方
21              self.y = step
22          if ballPos[2] >= winW:                            # 偵測球是否超過畫布右方
23              self.x = -step
24          if ballPos[3] >= winH:                            # 偵測球是否超過畫布下方
25              self.y = -step
```

執行結果 讀者可以觀察螢幕，球在畫布四周移動的結果。

19-4-4 建立球拍

　　首先我們先建立一個靜止的球拍，此時可以建立 Racket 類別，在這個類別中我們設定了它的初始大小與位置。

程式實例 ch19_25.py：擴充 ch19_24.py，主要是增加球拍設計，在這裡我們先增加球拍類別。在這個類別中，我們在第 29 行設計了球拍的大小和顏色，第 30 行設定了最初球拍的位置。

```
26  class Racket:
27      def __init__(self, canvas, color):
28          self.canvas = canvas
29          self.id = canvas.create_rectangle(0,0,100,15, fill=color)    # 球拍物件
30          self.canvas.move(self.id, 270, 400)                         # 球拍位置
```

　　另外，在主程式增加了建立一個球拍物件。

```
44  racket = Racket(canvas, 'purple')                # 定義紫色球拍
```

執行結果

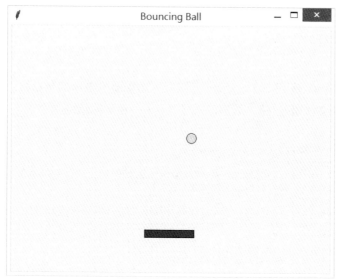

19-4-5 設計球拍移動

　　由於是假設使用鍵盤的右移和左移鍵移動球拍，所以可以在 Ractet 的 __init__( ) 函數內增加，使用 bind_all( ) 方法綁定鍵盤按鍵發生時的移動方式。

```
32            self.canvas.bind_all('<KeyPress-Right>', self.moveRight)    # 綁定按往右鍵
33            self.canvas.bind_all('<KeyPress-Left>', self.moveLeft)      # 綁定按往左鍵
```

所以在 Ractet 類別內增加下列 moveRight( ) 和 moveLeft( ) 的設計。

```
42        def moveLeft(self, event):                      # 球拍每次向左移動的單位數
43            self.x = -3
44        def moveRight(self, event):                     # 球拍每次向右移動的單位數
45            self.x = 3
```

上述設計相當於每次的位移量是 3，如果遊戲有設等級，可以讓新手位移量增加，隨等級增加讓位移量減少。此外這個程式增加了球拍移動主體設計如下：

```
34        def racketMove(self):                           # 設計球拍移動
35            self.canvas.move(self.id, self.x, 0)
36            pos = self.canvas.coords(self.id)
37            if pos[0] <= 0:                             # 移動時是否碰到畫布左邊
38                self.x = 0
39            elif pos[2] >= winW:                        # 移動時是否碰到畫布右邊
40                self.x = 0
```

主程式也將新增球拍移動呼叫。

```
61    while True:
62        ball.ballMove()
63        racket.racketMove()
64        tk.update()
65        time.sleep(speed)                              # 可以控制移動速度
```

程式實例 ch19_26.py：擴充 ch19_25.py 的功能，增加設計讓球拍左右可以移動，下列程式第 31 行是設定程式開始時，球拍位移是 0，下列是球拍類別內容。

```
26    class Racket:
27        def __init__(self, canvas, color):
28            self.canvas = canvas
29            self.id = canvas.create_rectangle(0,0,100,15, fill=color)   # 球拍物件
30            self.canvas.move(self.id, 270, 400)                         # 球拍位置
31            self.x = 0
32            self.canvas.bind_all('<KeyPress-Right>', self.moveRight)    # 綁定按往右鍵
33            self.canvas.bind_all('<KeyPress-Left>', self.moveLeft)      # 綁定按往左鍵
34        def racketMove(self):                           # 設計球拍移動
35            self.canvas.move(self.id, self.x, 0)
36            pos = self.canvas.coords(self.id)
37            if pos[0] <= 0:                             # 移動時是否碰到畫布左邊
38                self.x = 0
39            elif pos[2] >= winW:                        # 移動時是否碰到畫布右邊
40                self.x = 0
41        def moveLeft(self, event):                      # 球拍每次向左移動的單位數
42            self.x = -3
43        def moveRight(self, event):                     # 球拍每次向右移動的單位數
44            self.x = 3
```

下列是主程式內容。

```
58  racket = Racket(canvas, 'purple')              # 定義紫色球拍
59  ball = Ball(canvas, 'yellow', winW, winH)      # 定義球物件
60
61  while True:
62      ball.ballMove()
63      racket.racketMove()
64      tk.update()
65      time.sleep(speed)                          # 可以控制移動速度
```

執行結果 讀者可以觀察螢幕，球拍已經可以左右移動。

19-4-6 球拍與球碰撞的處理

在上述程式的執行結果中，球碰到球拍基本上是可以穿透過去，這一節將講解碰撞的處理，首先我們可以增加將 Racket 類別傳給 Ball 類別，如下所示：

```
6   class Ball:
7       def __init__(self, canvas, color, winW, winH, racket):
8           self.canvas = canvas
9           self.racket = racket
```

當然在主程式建立 Ball 類別物件時需修改呼叫如下：

```
67  racket = Racket(canvas, 'purple')              # 定義紫色球拍
68  ball = Ball(canvas,'yellow',winW,winH,racket)  # 定義球物件
```

在 Ball 類別需增加是否球碰到球拍的方法，如果碰到就讓球路徑往上反彈。

```
33          if self.hitRacket(ballPos) == True:     # 偵測是否撞到球拍
34              self.y = -step
```

在 Ball 類別 ballMove( ) 方法上方需增加下列 hitRacket( ) 方法，檢測是否球碰撞球拍，如果碰撞了會傳回 True，否則傳回 False。

```
16      def hitRacket(self, ballPos):
17          racketPos = self.canvas.coords(self.racket.id)
18          if ballPos[2] >= racketPos[0] and ballPos[0] <= racketPos[2]:
19              if ballPos[3] >= racketPos[1] and ballPos[3] <= racketPos[3]:
20                  return True
21          return False
```

上述偵測是否球撞到球拍的必須符合 2 個條件：

1： 球的右側 x 軸座標 ballPos[2] 大於球拍左側 x 座標 racketPos[0]，同時球的左側 x 座標 ballPos[0] 小於球拍右側 x 座標 racketPos[2]。

2： 球的下方 y 座標 ballPos[3] 大於球拍上方的 y 座標 racketPos[1]，同時必須小於球拍下方的 y 座標 reaketPos[3]。讀者可能奇怪為何不是偵測碰到球拍上方即可，主要是球不是一次移動 1 像素，如果移動 3 像素，很可能會跳過球拍上方。

下列是球的可能移動方式圖。

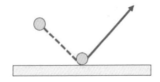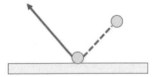

程式實例 ch19_27.py：擴充 ch19_26.py，當球碰撞到球拍時會反彈，下列是完整的 Ball 類別設計。

```
 6  class Ball:
 7      def __init__(self, canvas, color, winW, winH, racket):
 8          self.canvas = canvas
 9          self.racket = racket
10          self.id = canvas.create_oval(0, 0, 20, 20, fill=color)  # 建立球物件
11          self.canvas.move(self.id, winW/2, winH/2)      # 設定球最初位置
12          startPos = [-4, -3, -2, -1, 1, 2, 3, 4]        # 球最初x軸位移的隨機數
13          shuffle(startPos)                              # 打亂排列
14          self.x = startPos[0]                           # 球最初水平移動單位
15          self.y = step                                  # 垂直移動單位
16      def hitRacket(self, ballPos):
17          racketPos = self.canvas.coords(self.racket.id)
18          if ballPos[2] >= racketPos[0] and ballPos[0] <= racketPos[2]:
19              if ballPos[3] >= racketPos[1] and ballPos[3] <= racketPos[3]:
20                  return True
21          return False
22      def ballMove(self):
23          self.canvas.move(self.id, self.x, self.y)      # step是正值表示往下移動
24          ballPos = self.canvas.coords(self.id)
25          if ballPos[0] <= 0:                            # 偵測球是否超過畫布左方
26              self.x = step
```

```
27          if ballPos[1] <= 0:                     # 偵測球是否超過畫布上方
28              self.y = step
29          if ballPos[2] >= winW:                   # 偵測球是否超過畫布右方
30              self.x = -step
31          if ballPos[3] >= winH:                   # 偵測球是否超過畫布下方
32              self.y = -step
33          if self.hitRacket(ballPos) == True:      # 偵測是否撞到球拍
34              self.y = -step
```

執行結果 讀者可以觀察螢幕，球碰撞到球拍時會反彈。

19-4-7　完整的遊戲

　　在實際的遊戲中，若是球碰觸畫布底端應該讓遊戲結束，此時首先我們在第 16 行 Ball 類別的 __init__( ) 函數中先宣告 notTouchBottom 為 True，為了讓玩家可以緩衝，筆者此時也設定球局開始時球是往上移動 (第 15 行)，如下所示：

```
15          self.y = -step                           # 球先往上垂直移動單位
16          self.notTouchBottom = True               # 未接觸畫布底端
```

　　我們修改主程式的循環如下：

```
73  while ball.notTouchBottom:                        # 如果球未接觸畫布底端
74      ball.ballMove()
75      racket.racketMove()
76      tk.update()
77      time.sleep(speed)                             # 可以控制移動速度
```

　　最後我們在 Ball 類別的 ballMove( ) 方法中偵測球是否接觸畫布底端，如果是則將 notTouchBottom 設為 False，這個 False 將讓主程式的迴圈中止執行。同時如果關閉 Bouncing Ball 視窗時，不再有錯誤訊息產生了。

程式實例 ch19_28.py：完整的反彈球設計。

```
1  # ch19_28.py
2  from tkinter import *
3  from random import *
4  import time
5
6  class Ball:
7      def __init__(self, canvas, color, winW, winH, racket):
8          self.canvas = canvas
9          self.racket = racket
10         self.id = canvas.create_oval(0, 0, 20, 20, fill=color)  # 建立球物件
11         self.canvas.move(self.id, winW/2, winH/2)    # 設定球最初位置
```

```
12              startPos = [-4, -3, -2, -1, 1, 2, 3, 4]        # 球最初x軸位移的隨機數
13              shuffle(startPos)                              # 打亂排列
14              self.x = startPos[0]                           # 球最初水平移動單位
15              self.y = -step                                 # 球先往上垂直移動單位
16              self.notTouchBottom = True                     # 未接觸畫布底端
17          def hitRacket(self, ballPos):
18              racketPos = self.canvas.coords(self.racket.id)
19              if ballPos[2] >= racketPos[0] and ballPos[0] <= racketPos[2]:
20                  if ballPos[3] >= racketPos[1] and ballPos[3] <= racketPos[3]:
21                      return True
22              return False
23          def ballMove(self):
24              self.canvas.move(self.id, self.x, self.y)     # step是正值表示往下移動
25              ballPos = self.canvas.coords(self.id)
26              if ballPos[0] <= 0:                            # 偵測球是否超過畫布左方
27                  self.x = step
28              if ballPos[1] <= 0:                            # 偵測球是否超過畫布上方
29                  self.y = step
30              if ballPos[2] >= winW:                         # 偵測球是否超過畫布右方
31                  self.x = -step
32              if ballPos[3] >= winH:                         # 偵測球是否超過畫布下方
33                  self.y = -step
34              if self.hitRacket(ballPos) == True:            # 偵測是否撞到球拍
35                  self.y = -step
36              if ballPos[3] >= winH:                         # 如果球接觸到畫布底端
37                  self.notTouchBottom = False
38  class Racket:
39      def __init__(self, canvas, color):
40          self.canvas = canvas

41          self.id = canvas.create_rectangle(0,0,100,15, fill=color)   # 球拍物件
42          self.canvas.move(self.id, 270, 400)                         # 球拍位置
43          self.x = 0
44          self.canvas.bind_all('<KeyPress-Right>', self.moveRight)    # 綁定按往右鍵
45          self.canvas.bind_all('<KeyPress-Left>', self.moveLeft)      # 綁定按往左鍵
46      def racketMove(self):                          # 設計球拍移動
47          self.canvas.move(self.id, self.x, 0)
48          racketPos = self.canvas.coords(self.id)
49          if racketPos[0] <= 0:                      # 移動時是否碰到畫布左邊
50              self.x = 0
51          elif racketPos[2] >= winW:                 # 移動時是否碰到畫布右邊
52              self.x = 0
53      def moveLeft(self, event):                     # 球拍每次向左移動的單位數
54          self.x = -3
55      def moveRight(self, event):                    # 球拍每次向右移動的單位數
56          self.x = 3
57
58  winW = 640                                         # 定義畫布寬度
59  winH = 480                                         # 定義畫布高度
60  step = 3                                           # 定義速度可想成位移步伐
61  speed = 0.01                                       # 設定移動速度
62
```

```
63  tk = Tk()
64  tk.title("Bouncing Ball")                        # 遊戲視窗標題
65  tk.wm_attributes('-topmost', 1)                  # 確保遊戲視窗在螢幕最上層
66  canvas = Canvas(tk, width=winW, height=winH)
67  canvas.pack()
68  tk.update()
69
70  racket = Racket(canvas, 'purple')                # 定義紫色球拍
71  ball = Ball(canvas,'yellow',winW,winH,racket)    # 定義球物件
72
73  while ball.notTouchBottom:                        # 如果球未接觸畫布底端
74      ball.ballMove()
75      racket.racketMove()
76      tk.update()
77      time.sleep(speed)                            # 可以控制移動速度
```

執行結果

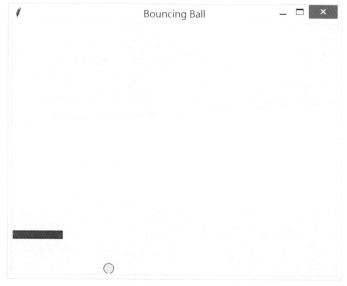

19-5 多個反彈球的設計

在螢幕上同時設計多個反彈球。

程式實例 ch19_29.py：這個程式有下列功能鈕：

增加球：可以產生一個球。

減少球：可以將串列末端球刪除。

暫停：可以暫停所有球的移動。

恢復：可以讓所有球移動。

結束：可以結束此程式。

```python
1   # ch19_29.py
2   from tkinter import * # Import tkinter
3   import random
4
5   # 傳回球的隨機顏色
6   def getColor():
7       colorlist = ['red', 'green', 'blue', 'aqua', 'gold', 'purple']
8       return random.choice(colorlist)
9
10  # 定義Ball類別
11  class Ball:
12      def __init__(self):
13          self.x = width / 2              # 發球的x軸座標
14          self.y = 0                      # 發球的y軸座標
15          self.dx = 3                     # 每次移動x距離
16          self.dy = 3                     # 每次移動y距離
17          self.radius = 5                 # 求半徑
18          self.color = getColor()         # 隨機取得球的顏色
19
20  def addBall():                          # 增加球
21      ballList.append(Ball())
22
23  def removeBall():                       # 刪除串列最後一個球
24      ballList.pop()
25
26  def stop():                             # 動畫停止
27      global ballRunning
28      ballRunning = True
29
30  def resume():                           # 恢復動畫
31      global ballRunning
32      ballRunning = False
33      animate()
34
35  def animate():                          # 球體移動
36      global ballRunning
37      while not ballRunning:
38          canvas.after(sleepTime)
39          canvas.update()                 # 更新
40          canvas.delete("ball")
41          for ball in ballList:           # 更新所有球
42              redisplayBall(ball)
43
44  def redisplayBall(ball):                # 重新顯示球
45      if ball.x > width or ball.x < 0:
46          ball.dx = -ball.dx
47      if ball.y > height or ball.y < 0:
```

```
48          ball.dy = -ball.dy
49      ball.x += ball.dx
50      ball.y += ball.dy
51      canvas.create_oval(ball.x - ball.radius, ball.y - ball.radius,
52                          ball.x + ball.radius, ball.y + ball.radius,
53                          fill = ball.color, tags = "ball")
54
55  tk = Tk()
56  tk.title("ch19_29")
57  ballList = []                          # 建立球的串列
58  width, height = 400, 260
59  canvas = Canvas(tk, width=width, height=height)
60  canvas.pack()
61
62  frame = Frame(tk)                      # 建立下方功能紐
63  frame.pack()
64  btnStop = Button(frame, text = "暫停", command = stop)
65  btnStop.pack(side = LEFT)
66  btnResume = Button(frame, text = "恢復",command = resume)
67  btnResume.pack(side = LEFT)
68  btnAdd = Button(frame, text = "增加球", command = addBall)
69  btnAdd.pack(side = LEFT)
70  btnRemove = Button(frame, text = "減少球", command = removeBall)
71  btnRemove.pack(side = LEFT)
72  btnExit = Button(frame, text = "結束", command=tk.destroy)
73  btnExit.pack(side = LEFT)
74
75  sleepTime = 50                         # 動畫速度
76  ballRunning = False
77  animate()
78
79  tk.mainloop()
```

執行結果

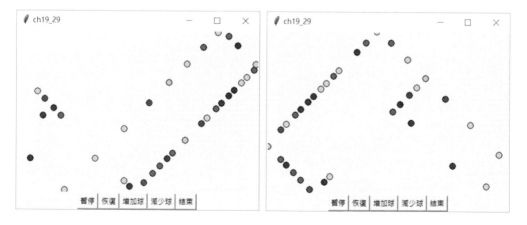

19-6 建立長條圖和執行排序

程式實例 ch19_30.py：設計一個含 1, 2, … , 20 數字的串列，這個串列會依數字大小產生不等長度的長條圖，這個視窗下方有執行鈕，按此鈕可以執行排序，排序完成如果再按一次執行鈕可以列出排序完成對話框，若是按重置鈕可以重新產生長條圖框，若是按結束鈕可以讓程式執行結束。

```
1   # ch19_30.py
2   from tkinter import *
3   import tkinter.messagebox
4   import random
5
6   def reset():
7       ''' 重設長條圖 '''
8       global i
9       i = 0                               # 重設索引
10      random.shuffle(mylist)
11      newBar()
12
13  def go():
14      ''' 執行排序 '''
15      global i
16      if i > len(mylist) - 1:
17          tkinter.messagebox.showinfo("showinfo", "排序完成")
18          return
19  # 將mylist[i]插入mylist[0 .. i-1]
20      currentValue = mylist[i]
21      k = i - 1
22  # 找尋mylist[i]適當位置
23      while k >= 0 and mylist[k] > currentValue:
24          mylist[k + 1] = mylist[k]
25          k -= 1
26  # 正式執行插入list[k + 1]
27      mylist[k + 1] = currentValue
28
29      newBar()                            # 繪製新的長條圖
30      i += 1                              # 增加串列指標
31
32  def newBar():
33      global i, gap
34      canvas.delete("line")               # 刪除bar
35      canvas.delete("text")               # 刪除bar上方數字
36      canvas.create_line(10, ht-gap, wd-10, ht-gap, tag="line")
37      barWd = (wd - 20) / len(mylist)
38
39      maxC = int(max(mylist))
40      for j in range(len(mylist)):
```

```
41              canvas.create_rectangle(j*barWd+10, (ht-gap)*(1-mylist[j]/(maxC+4)),
42                              (j+1)*barWd+10, ht-gap, tag="line")
43
44              canvas.create_text(j*barWd+10+barWd/2, (ht-gap)*(1-mylist[j]/(maxC+4))-8,
45                              text=str(mylist[j]), tag = "text")
46
47      if i >= 0:
48              canvas.create_rectangle(i*barWd+10, (ht-gap)*(1-mylist[i]/(maxC+4)),
49                              (i + 1)*barWd+10, ht-gap, fill="blue", tag="line")
50
51
52  wd = 400                            # 視窗寬度
53  ht = 200                            # 視窗高度
54  gap = 20                            # 長條圖與視窗的間距
55  i = 0                               # 這是目前排序指標
56
57  tk = Tk()
58  tk.title("ch19_30")                 # 視窗標題
59  canvas = Canvas(tk, width = wd, height = ht)
60  canvas.pack()
61
62  frame = Frame(tk)
63  frame.pack()
64
65  btnStep = Button(frame, text = "執行", command = go)
66  btnStep.pack(side = LEFT)
67  btnReset = Button(frame, text = "重置", command = reset)
68  btnReset.pack(side = LEFT)
69  btnReset = Button(frame, text = "結束", command = tk.destroy)
70  btnReset.pack(side = LEFT)
71
72  mylist = [ x for x in range(1, 20) ]
73  reset()
74  newBar()
75
76  tk.mainloop()
```

執行結果

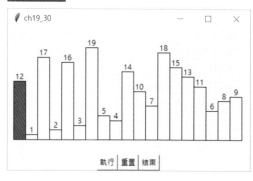 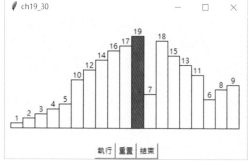

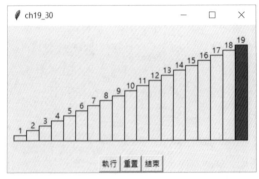

19-7 遞迴觀念與碎形

19-7-1 專題 - 使用 tkinter 處理謝爾賓斯基三角形

謝爾賓斯基三角形 (Sierpinski triangle) 是由波蘭數學家謝爾賓斯基在 1915 年提出的三角形觀念，這個三角形本質上是碎形 (Fractal)，所謂碎形是一個幾何圖形，它可以分為許多部分，每個部分皆是整體的縮小版。這個三角形建立觀念如下：

1： 建立一個等邊三角形，這個三角形稱 0 階 (order = 0) 謝爾賓斯基三角形。

2： 將三角形各邊中點連接，稱 1 階謝爾賓斯基三角形。

3： 中間三角形不變，將其它 3 個三角形各邊中點連接，稱 2 階謝爾賓斯基三角形。

4： 使用遞迴式函數觀念，重複上述步驟，即可產生 3、4 … 或更高階謝爾賓斯基三角形。

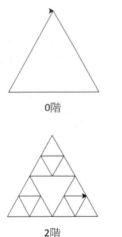

0階

1階

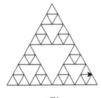

2階

3階

　　使用 tkinter 解這個題目最大的優點是我們可以在 GUI 介面隨時更改階乘數字，然後可以在畫布顯示執行結果。

程式實例 ch19_31.py：設計謝爾賓斯基三角形 (Sierpinski triangle)，這個程式基本觀念是在 tk 視窗內分別建立 Canvas( ) 物件 canvas 和 Frame( ) 物件 frame，然後在 canvas 物件內繪製謝爾賓斯基三角形。在 frame 物件內建立標籤 Label、文字方塊 Entry 和按鈕 Button，這是用於建立輸入繪製謝爾賓斯基三角形的階乘數與正式控制執行。

```
1   # ch19_31.py
2   from tkinter import *
3   # 依據特定階級數繪製Sierpinski三角形
4   def sierpinski(order, p1, p2, p3):
5       if order == 0:            # 階級數為0
6           # 將3個點連接繪製成三角形
7           drawLine(p1, p2)
8           drawLine(p2, p3)
9           drawLine(p3, p1)
10      else:
11          # 取得三角形各邊長的中點
12          p12 = midpoint(p1, p2)
13          p23 = midpoint(p2, p3)
14          p31 = midpoint(p3, p1)
15          # 遞迴呼叫處理繪製三角形
16          sierpinski(order - 1, p1, p12, p31)
17          sierpinski(order - 1, p12, p2, p23)
18          sierpinski(order - 1, p31, p23, p3)
19  # 繪製p1和p2之間的線條
20  def drawLine(p1,p2):
21      canvas.create_line(p1[0],p1[1],p2[0],p2[1],tags="myline")
22  # 傳回2點的中間值
23  def midpoint(p1, p2):
24      p = [0,0]                                # 初值設定
25      p[0] = (p1[0] + p2[0]) / 2
26      p[1] = (p1[1] + p2[1]) / 2
27      return p
28  # 顯示
29  def show():
30      canvas.delete("myline")
31      p1 = [200, 20]
32      p2 = [20, 380]
33      p3 = [380,380]
34      sierpinski(order.get(), p1, p2, p3)
35
36  # main
37  tk = Tk()
38  canvas = Canvas(tk, width=400, height=400)    # 建立畫布
39  canvas.pack()
40
```

```
41   frame = Frame(tk)                                    # 建立框架
42   frame.pack(padx=5, pady=5)
43   # 在框架Frame內建立標籤Label，輸入階乘數Entry，按鈕Button
44   Label(frame, text="輸入階數 : ").pack(side=LEFT)
45   order = IntVar()
46   order.set(0)
47   entry = Entry(frame, textvariable=order).pack(side=LEFT,padx=3)
48   Button(frame, text="顯示Sierpinski三角形",
49          command=show).pack(side=LEFT)
50
51   tk.mainloop()
```

執行結果

上述程式繪製第一個 0 階的謝爾賓斯基三角形觀念如下：

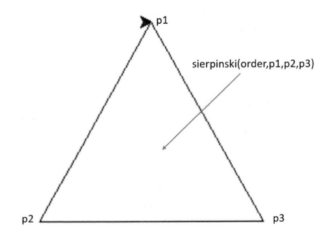

遞迴呼叫繪製謝爾賓斯基三角形觀念如下：

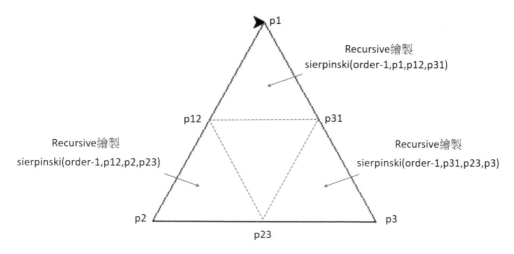

19-7-2　設計遞迴樹 Recursive Tree

下列是 0 階與 1 階的遞迴樹 (Recursive Tree)。

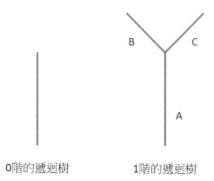

0階的遞迴樹　　1階的遞迴樹

在 1 階遞迴樹中，可參考上方右圖，線段 B 與 C 的長度是線段 A 的 0.6 倍，線段 B 和線段 C 則是呈現 90 度連接。

程式實例 ch19_32.py：繪製一個遞迴樹 Recursive Tree，假設樹的分支是直角，下一層的樹枝長度是前一層的 0.6 倍，下列是不同深度 depth 時的遞迴樹。

```
1   # ch19_32.py
2   from tkinter import *
3   import math
4
5   def paintTree(depth, x1, y1, length, angle):
6       if depth >= 0:
7           depth -= 1
8           x2 = x1 + int(math.cos(angle) * length)
9           y2 = y1 - int(math.sin(angle) * length)
10          # 繪線
11          drawLine(x1, y1, x2, y2)
12          # 繪左邊
13          paintTree(depth,x2, y2, length*sizeRatio, angle+angleValue)
14          # 繪右邊
15          paintTree(depth, x2, y2, length*sizeRatio, angle-angleValue)
16
17  # 繪製p1和p2之間的線條
18  def drawLine(x1, y1, x2, y2):
19      canvas.create_line(x1, y1, x2, y2,tags="myline")
20
21  # 顯示
22  def show():
23      canvas.delete("myline")
24      myDepth = depth.get()
25      paintTree(myDepth, myWidth/2, myHeight, myHeight/3, math.pi/2)
26
27  # main
28  tk = Tk()
29  myWidth = 400
30  myHeight = 400
31  canvas = Canvas(tk, width=myWidth, height=myHeight) # 建立畫布
32  canvas.pack()
33
34  frame = Frame(tk)                             # 建立框架
35  frame.pack(padx=5, pady=5)
36  # 在框架Frame內建立標籤Label，輸入depth數Entry，按鈕Button
37  Label(frame, text="輸入depth : ").pack(side=LEFT)
38  depth = IntVar()
39  depth.set(0)
40  entry = Entry(frame, textvariable=depth).pack(side=LEFT,padx=3)
41  Button(frame, text="Recursive Tree",
42          command=show).pack(side=LEFT)
43  angleValue = math.pi / 4          # 設定角度
44  sizeRatio = 0.6                   # 設定下一層的長度與前一層的比率是0.6
45
46  tk.mainloop()
```

執行結果

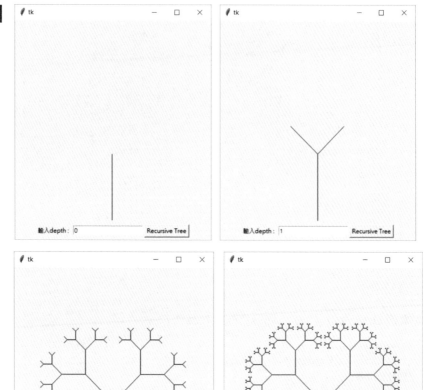

19-7-3　科赫 Koch 雪花碎形

科赫 (Von Koch) 是瑞典數學家 (1870 年 -1924 年)，這一節所介紹的科赫雪花碎形是依據他的名字命名，這個**科赫雪花碎形**原理觀念如下：

1： 建立一個等邊三角形，這個等邊三角形稱 0 階。

2： 從一個邊開始，將此邊分成 3 個等邊長，3/1 等邊長是 x 點 (**x 點座標**計算方式可參考第 13 行)、2/3 等邊長是 y 點 (**y 點座標**計算方式可參考第 14 行)，其中中間的線段向外延伸產生新的等邊三角形 (點是 z 點，**z 點座標**計算方式可參考第 15-16 行)。

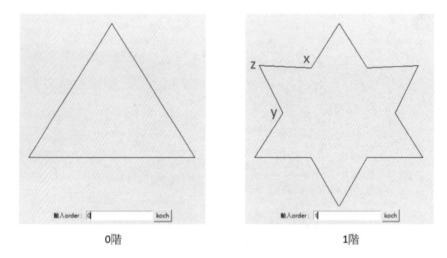

0階	1階

3:　重複步驟 2，產生 2 階、3 階、或更高階的**科赫雪花**，可以參考 ch19_34.py 的執行結果。

程式實例 ch19_33.py：從一個邊長產生科赫雪花。

```
1   # ch19_33.py
2   from tkinter import *
3   import math
4
5   def koch(order, p1, p2):
6       ''' 繪製科赫雪花碎形(Fractal) '''
7       if order == 0:                      # 如果階層是0繪製線條
8           drawLine(p1, p2)
9       else:                               # 計算線段間的x, y, z點
10          dx = p2[0] - p1[0]              # 計算線段間的x軸距離
11          dy = p2[1] - p1[1]              # 計算線段間的y軸距離
12  # x是1/3線段點，y是2/3線段點，z是突出點
13          x = [p1[0] + dx / 3, p1[1] + dy / 3]
14          y = [p1[0] + dx * 2 / 3, p1[1] + dy * 2 / 3]
15          z = [(int)((p1[0]+p2[0]) / 2 - math.cos(math.radians(30)) * dy /
16               (int)((p1[1]+p2[1]) / 2 + math.cos(math.radians(30)) * dx / 3
17          # 遞迴呼叫繪製科赫雪花碎形
18          koch(order - 1, p1, x)
19          koch(order - 1, x, z)
20          koch(order - 1, z, y)
21          koch(order - 1, y, p2)
22
23  # 繪製p1和p2之間的線條
24  def drawLine(p1, p2):
25      canvas.create_line(p1[0], p1[1], p2[0], p2[1],tags="myline")
26
27  # 顯示koch線段
28  def koch_demo():
```

```
29      canvas.delete("myline")
30      p1 = [200, 20]
31      p2 = [20, 320]
32      order = depth.get()
33      koch(order, p1, p2)                # 上方點到左下方點
34
35  # main
36  tk = Tk()
37  myWidth = 400
38  myHeight = 400
39  canvas = Canvas(tk, width=myWidth, height=myHeight)
40  canvas.pack()
41
42  frame = Frame(tk)                      # 建立框架
43  frame.pack(padx=5, pady=5)
44  # 在框架Frame內建立標籤Label，輸入order數Entry，按鈕koch
45  Label(frame, text="輸入order : ").pack(side=LEFT)
46  depth = IntVar()
47  depth.set(0)
48  entry = Entry(frame, textvariable=depth).pack(side=LEFT,padx=3)
49  Button(frame, text="koch",command=koch_demo).pack(side=LEFT)
50
51  koch_demo()                            # 第一次啟動
52  tk.mainloop()
```

執行結果 下列分別是 0 階、1 階與 2 階，與 3 階、4 階、5 階的科赫雪花。

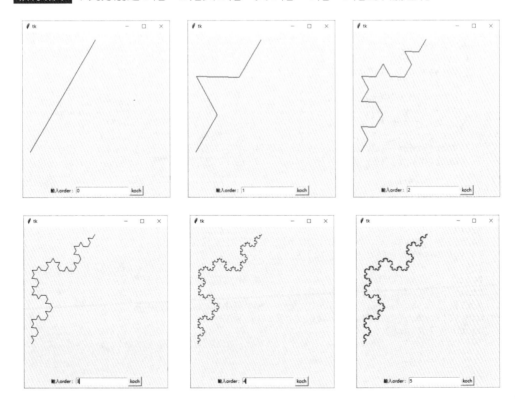

程式實例 ch19_34.py：擴充 ch19_33.py，建立等邊三角形，然後由此等邊三角形建立科赫雪花，主要是增加 32、35 和 36 行。

```
1   # ch19_34.py
2   from tkinter import *
3   import math
4
5   def koch(order, p1, p2):
6       ''' 繪製科赫雪花碎形(Fractal) '''
7       if order == 0:                    # 如果階層是0繪製線條
8           drawLine(p1, p2)
9       else:                             # 計算線段間的x, y, z點
10          dx = p2[0] - p1[0]            # 計算線段間的x軸距離
11          dy = p2[1] - p1[1]            # 計算線段間的y軸距離
12  # x是1/3線段點，y是2/3線段點，z是突出點
13          x = [p1[0] + dx / 3, p1[1] + dy / 3]
14          y = [p1[0] + dx * 2 / 3, p1[1] + dy * 2 / 3]
15          z = [(int)((p1[0]+p2[0]) / 2 - math.cos(math.radians(30)) * dy / 3),
16              (int)((p1[1]+p2[1]) / 2 + math.cos(math.radians(30)) * dx / 3)]
17          # 遞迴呼叫繪製科赫雪花碎形
18          koch(order - 1, p1, x)
19          koch(order - 1, x, z)
20          koch(order - 1, z, y)
21          koch(order - 1, y, p2)
22
23  # 繪製p1和p2之間的線條
24  def drawLine(p1, p2):
25      canvas.create_line(p1[0], p1[1], p2[0], p2[1],tags="myline")
26
27  # 顯示koch線段
28  def koch_demo():
29      canvas.delete("myline")
30      p1 = [200, 20]
31      p2 = [20, 300]
32      p3 = [380, 300]
33      order = depth.get()
34      koch(order, p1, p2)               # 上方點到左下方點
35      koch(order, p2, p3)               # 左下方點到右下方點
36      koch(order, p3, p1)               # 右下方點到上方點
37
38  # main
39  tk = Tk()
40  myWidth = 400
41  myHeight = 400
42  canvas = Canvas(tk, width=myWidth, height=myHeight)
43  canvas.pack()
44
45  frame = Frame(tk)                     # 建立框架
46  frame.pack(padx=5, pady=5)
47  # 在框架Frame內建立標籤Label，輸入order數Entry，按鈕koch
48  Label(frame, text="輸入order : ").pack(side=LEFT)
49  depth = IntVar()
```

```
50  depth.set(0)
51  entry = Entry(frame, textvariable=depth).pack(side=LEFT,padx=3)
52  Button(frame, text="koch",command=koch_demo).pack(side=LEFT)
53
54  koch_demo()                              # 第一次啟動
55  tk.mainloop()
```

執行結果

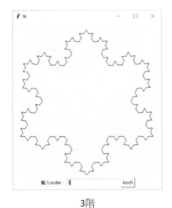
3階

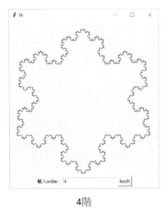
4階

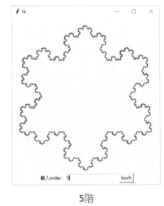
5階

第十九章　Canvas

第二十章

GUI 專題實作

20-1 mp3 音樂播放器

　　這一節將介紹一個簡單的 mp3 音樂播放器的製作，在這個音樂播放器中筆者的選單列表有 3 首 mp3，但是筆者在電腦內只找到 2 首 mp3 檔案，所以程式第 14 行重複使用 house_lo.mp3 檔案，讀者可以輕易至網路上搜尋免費 mp3 檔案取代此音樂。第 11 行的 NotifyPopup.mp3 是 Windows 作業系統內附的 mp3 檔案，如下所示：

程式實例 ch20_1.py：建立一個 mp3 播放器，本程式執行時預設音樂選單是第一首歌，可以用選項鈕更改所選的音樂，按播放鈕可以循環播放，按結束鈕可以停止播放。註：這個程式讀者需下載 mp3 檔案到 ch20 資料夾。

```
1   # ch20_1.py
2   from tkinter import *
3   import pygame
4
5   def playmusic():                                    # 處理按撥放鈕
6       selection = var.get()                           # 獲得音樂選項
7       if selection == '1':
8           pygame.mixer.music.load('house_lo.mp3')     # 撥放選項1音樂
9           pygame.mixer.music.play(-1)                 # 循環撥放
10      if selection == '2':
11          pygame.mixer.music.load('NotifyPopup.mp3')  # 撥放選項2音樂
12          pygame.mixer.music.play(-1)                 # 循環撥放
13      if selection == '3':
14          pygame.mixer.music.load('house_lo.mp3')     # 撥放選項3音樂
15          pygame.mixer.music.play(-1)                 # 循環撥放
16  def stopmusic():                                    # 處理按結束鈕
17      pygame.mixer.music.stop()                       # 停止撥放此首mp3
18
19  # 建立mp3音樂選項鈕內容的串列
20  musics = [('house_lo.mp3', 1),                      # 音樂選單串列
21            ('NofityPopup.mp3', 2),
22            ('happy.mp3', 3)]
23
24  pygame.mixer.init()                                 # 最初化mixer
25
26  tk = Tk()
```

```
27    tk.geometry('480x220')                              # 開啟視窗
28    tk.title('Mp3 Player')                              # 建立視窗標題
29    mp3Label = Label(tk, text='\n我的Mp3 撥放程式')       # 視窗內標題
30    mp3Label.pack()
31    # 建立選項紐Radio button
32    var = StringVar()                                   # 設定以字串表示選單編號
33    var.set('1')                                        # 預設音樂是1
34    for music, num in musics:                           # 建立系列選項紐
35        radioB = Radiobutton(tk, text=music, variable=var, value=num)
36        radioB.pack()
37    # 建立按鈕Button
38    # 按 Button1 撥放mp3音樂
39    button1 = Button(tk, text='撥放', width=10, command=playmusic)
40    button1.pack()
41    # 按 Button2 停止撥放mp3音樂
42    button2 = Button(tk, text='結束', width=10, command=stopmusic)
43    button2.pack()
44    mainloop()
```

執行結果

這個程式幾個重要觀念如下：

1： 程式第 27 行 geometry( ) 方法，是另一種使用 tkinter 模組建立視窗的方式。

2： 第 29-30 行在視窗內使用 Label( ) 建立標題 (label)，同時安置 (pack)。有的程式設計師喜歡在 pack( ) 方法內加上 anchor=W 表示安置時錨點事靠左對齊。

3： 第 32-36 行是建立選項鈕，這些相同系列的選項鈕必須使用相同的變數 variable，至於選項值則由 value 設定。。

4： 第 32 行表面意義是設定字串物件，真實內涵是設定選單用字串表示，如果想用整數可以將 StringVar( ) 改成 IntVar( )。

5： 第 33 行 set( ) 是設定預設選項是 1。

6：第 34-36 行迴圈是主要是使用 Radiobutton( ) 方法建立音樂選項鈕，音樂選單的來源是第 20-22 行的串列，此串列元素是元組 (tuple)，相當於將元組的第一個元素以 music 變數放入 text，第二個元素以 num 變數放入 value。

7：第 38 行當按播放鈕時執行 playmusic( ) 方法。

8：第 5-15 行是 playmusic( ) 播放方法，最重要是第 7 行 get( ) 方法，可以獲得目前選項鈕的選項，然後可以根據選項播放音樂。

9：第 40 行是當按播放鈕時執行 stopmusic( ) 方法。

10：第 16-17 行是 stopmusic( ) 方法，主要是停止播放 mp3 音樂。

20-2　專題：使用圖形介面處理 YouTube 影音檔案下載

YouTube 的影音檔案網址是由 "YouTube 網址 + 影音檔案序列碼所組成。

"https://www.youtube.com/watch?v=MC9WIS_Spr4"

上述 MC9WIS_Spr4 是影音檔案序列碼，程式設計時我們可以簡化要求使用者只輸入序列碼，YouTube 網址可以在程式中設定。

程式實例 ch20_2.py：使用 GUI 介面要求使用者輸入影音檔案序列碼，然後下載此檔案。

```
1   # ch20_2.py
2   from tkinter import *
3   from pytube import YouTube
4   import os
5
6   def loadVideo():                           # 列印下載資訊
7       mypath = path.get()
8       if not os.path.isdir(mypath):          # 如果不存在則建立此資料夾
9           os.mkdir(mypath)
10      vlinks = "https//www.youtube.com/watch?v="
11      vlinks = vlinks + links.get()          # 影音檔案網址
12      yt = YouTube(vlinks)
13      yt.streams.first().download(mypath)
14      x.set("影音檔案下載完成 ...")
15
16  window = Tk()
17  window.title("ex20_2")                      # 視窗標題
18
19  x = StringVar()
20  x.set("請輸入影音檔案序列碼")
```

```
21   links = StringVar()
22   path = StringVar()
23
24   lab1 = Label(window,text="輸入影音檔案序列碼 : ").grid(row=0)
25   lab2 = Label(window,text="請輸入儲存的資料夾 : ").grid(row=1)
26   lab3 = Label(window,textvariable=x,
27                height=3).grid(row=2,column=0,columnspan=2)
28
29   e1 = Entry(window,textvariable=links)    # 文字方塊1
30   e2 = Entry(window,textvariable=path)     # 文字方塊2
31   e1.grid(row=0,column=1)                  # 定位文字方塊1
32   e2.grid(row=1,column=1)                  # 定位文字方塊2
33
34   btn1 = Button(window,text="下載",command=loadVideo)
35   btn1.grid(row=3,column=0)
36   btn2 = Button(window,text="結束",command=window.destroy)
37   btn2.grid(row=3,column=1)
38
39   window.mainloop()
```

執行結果

下載完成後可以得到下列執行結果，所下載的影音檔案可以在 d:\exercise 資料夾內看到。

附錄 A

RGB 色彩表

色彩名稱	16 進位	色彩樣式
AliceBlue	#F0F8FF	
AntiqueWhite	#FAEBD7	
Aqua	#00FFFF	
Aquamarine	#7FFFD4	
Azure	#F0FFFF	
Beige	#F5F5DC	
Bisque	#FFE4C4	
Black	#000000	
BlanchedAlmond	#FFEBCD	
Blue	#0000FF	
BlueViolet	#8A2BE2	
Brown	#A52A2A	
BurlyWood	#DEB887	
CadetBlue	#5F9EA0	
Chartreuse	#7FFF00	
Chocolate	#D2691E	
Coral	#FF7F50	
CornflowerBlue	#6495ED	
Cornsilk	#FFF8DC	
Crimson	#DC143C	
Cyan	#00FFFF	
DarkBlue	#00008B	
DarkCyan	#008B8B	
DarkGoldenRod	#B8860B	
DarkGray	#A9A9A9	
DarkGrey	#A9A9A9	
DarkGreen	#006400	
DarkKhaki	#BDB76B	
DarkMagenta	#8B008B	
DarkOliveGreen	#556B2F	

色彩名稱	16 進位	色彩樣式
DarkOrange	#FF8C00	
DarkOrchid	#9932CC	
DarkRed	#8B0000	
DarkSalmon	#E9967A	
DarkSeaGreen	#8FBC8F	
DarkSlateBlue	#483D8B	
DarkSlateGray	#2F4F4F	
DarkSlateGrey	#2F4F4F	
DarkTurquoise	#00CED1	
DarkViolet	#9400D3	
DeepPink	#FF1493	
DeepSkyBlue	#00BFFF	
DimGray	#696969	
DimGrey	#696969	
DodgerBlue	#1E90FF	
FireBrick	#B22222	
FloralWhite	#FFFAF0	
ForestGreen	#228B22	
Fuchsia	#FF00FF	
Gainsboro	#DCDCDC	
GhostWhite	#F8F8FF	
Gold	#FFD700	
GoldenRod	#DAA520	
Gray	#808080	
Grey	#808080	
Green	#008000	
GreenYellow	#ADFF2F	
HoneyDew	#F0FFF0	
HotPink	#FF69B4	
IndianRed	#CD5C5C	

色彩名稱	16 進位	色彩樣式
Indigo	#4B0082	
Ivory	#FFFFF0	
Khaki	#F0E68C	
Lavender	#E6E6FA	
LavenderBlush	#FFF0F5	
LawnGreen	#7CFC00	
LemonChiffon	#FFFACD	
LightBlue	#ADD8E6	
LightCoral	#F08080	
LightCyan	#E0FFFF	
LightGoldenRodYellow	#FAFAD2	
LightGray	#D3D3D3	
LightGrey	#D3D3D3	
LightGreen	#90EE90	
LightPink	#FFB6C1	
LightSalmon	#FFA07A	
LightSeaGreen	#20B2AA	
LightSkyBlue	#87CEFA	
LightSlateGray	#778899	
LightSlateGrey	#778899	
LightSteelBlue	#B0C4DE	
LightYellow	#FFFFE0	
Lime	#00FF00	
LimeGreen	#32CD32	
Linen	#FAF0E6	
Magenta	#FF00FF	
Maroon	#800000	
MediumAquaMarine	#66CDAA	
MediumBlue	#0000CD	
MediumOrchid	#BA55D3	

色彩名稱	16 進位	色彩樣式
MediumPurple	#9370DB	
MediumSeaGreen	#3CB371	
MediumSlateBlue	#7B68EE	
MediumSpringGreen	#00FA9A	
MediumTurquoise	#48D1CC	
MediumVioletRed	#C71585	
MidnightBlue	#191970	
MintCream	#F5FFFA	
MistyRose	#FFE4E1	
Moccasin	#FFE4B5	
NavajoWhite	#FFDEAD	
Navy	#000080	
OldLace	#FDF5E6	
Olive	#808000	
OliveDrab	#6B8E23	
Orange	#FFA500	
OrangeRed	#FF4500	
Orchid	#DA70D6	
PaleGoldenRod	#EEE8AA	
PaleGreen	#98FB98	
PaleTurquoise	#AFEEEE	
PaleVioletRed	#DB7093	
PapayaWhip	#FFEFD5	
PeachPuff	#FFDAB9	
Peru	#CD853F	
Pink	#FFC0CB	
Plum	#DDA0DD	
PowderBlue	#B0E0E6	
Purple	#800080	
RebeccaPurple	#663399	

色彩名稱	16 進位	色彩樣式
Red	#FF0000	
RosyBrown	#BC8F8F	
RoyalBlue	#4169E1	
SaddleBrown	#8B4513	
Salmon	#FA8072	
SandyBrown	#F4A460	
SeaGreen	#2E8B57	
SeaShell	#FFF5EE	
Sienna	#A0522D	
Silver	#C0C0C0	
SkyBlue	#87CEEB	
SlateBlue	#6A5ACD	
SlateGray	#708090	
SlateGrey	#708090	
Snow	#FFFAFA	
SpringGreen	#00FF7F	
SteelBlue	#4682B4	
Tan	#D2B48C	
Teal	#008080	
Thistle	#D8BFD8	
Tomato	#FF6347	
Turquoise	#40E0D0	
Violet	#EE82EE	
Wheat	#F5DEB3	
White	#FFFFFF	
WhiteSmoke	#F5F5F5	
Yellow	#FFFF00	
YellowGreen	#9ACD32	

附錄 B

函數或方法索引表